温泉法の立法・改正審議資料と研究

北條　浩・村田　彰 編著

御茶の水書房

温泉法の立法・改正審議資料と研究　目次

目次

第二部 『温泉法』の研究

温泉法の立法・改正審議資料と研究

序

温泉法は、「昭和二三年七月一〇日法律一二五号」として公布され、同年八月九日に施行された。その後、温泉法は、今日に至るまで数次の改正がなされているが、具体的には以下のとおりである。すなわち、

① 「通商産業省設置法の施行に伴う関係法令の整理等に関する法律」（昭和二四年五月二四日法律一〇三号）一三条による改正

② 「審議会等の整理に伴う厚生省設置法等の一部を改正する法律」（昭和二五年三月三一日法律三四号）三条による改正

③ 「環境庁設置法附則」（昭和四六年五月三一日法律八八号）一四条による改正

④ 「行政事務の簡素合理化及び整理に関する法律」（昭和五八年一二月一〇日法律八三号）三条による改正

⑤ 「行政事務に関する国と地方の関係等の整理及び合理化に関する法律」（平成三年五月二一日法律七九号）二五条による改正

⑥ 「行政手続法の施行に伴う関係法律の整備に関する法律」（平成五年一一月一二日法律八九号）一九条による改正

⑦ 「地方自治法等の一部を改正する法律」（平成一〇年五月八日法律五四号）七条による改正

⑧ 「地方分権の推進を図るための関係法律の整備等に関する法律」（平成一一年七月一六日法律八七号）三九条によ

る改正

⑨「中央省庁等改革関係法施行法」（平成一一年一二月二二日法律第一六〇号）一二六七条による改正

⑩「温泉法の一部を改正する法律」（平成一三年六月二七日法律七二号）による改正（温泉法第一次改正）

⑪「温泉法の一部を改正する法律」（平成一九年四月二五日法律三一号）による改正（温泉法第二次改正）

⑫「温泉法の一部を改正する法律」（平成一九年一一月三〇日法律一二一号）による改正（温泉法第三次改正）

となっている。このうち、温泉法の重要な改正は、右の⑩⑪⑫の温泉法自体の三次にわたる改正である。そこで、第一部において、まず、温泉法案の内容および立法過程を紹介し（第一章）、ついで、温泉法の第一次改正（第二章）、第二次改正（第三章）および第三次改正（第四章）を紹介している。そして、第二部において、温泉法の立法趣旨（一）、温泉法における源泉（二）、温泉法における源泉の保護と掘さく（三）、『温泉法』の解釈（四）、温泉の掘さくと権利関係（五）、温泉台帳（六）、について若干の検討を加えている。なお、第一部の主たる担当者は村田であり、第二部の主たる担当者は北條である。

付録として、読者の便宜を考えて、温泉法第三次改正による現行の温泉法を掲載している。なお、「温泉法案」については、「第二回国会参議院厚生委員会会議録第一六号」一二～一四頁、国会審議については国立国会図書館のホームページ（http://www.ndl.go.jp/index.html）内にある「国会会議録検索システム」、三次にわたる改正案の内容については環境省のホームページ（http://www.env.go.jp/）内にある「国会提出法律案」中の「過去の国会提出法案」、をそれぞれ参照したことをここに記しておく。

第一部　温泉法の立法・改正審議資料

第一章　温泉法の立法

温泉法案は、昭和二三（一九四八）年六月二五日に閣議決定され、第二回通常国会（昭和二二（一九四七）年一二月一〇日～昭和二三（一九四八）年七月五日）会次中の昭和二三（一九四八）年六月二五日に提出された（内閣提出一九〇号）。同法案は、同国会において、参議院先議とされ、参議院において可決（同年六月二九日）された後、衆議院においても可決（同年六月三〇日）され、原案のとおり公布（昭和二三年七月一〇日法律一二五号）された。なお、同法の施行日は、「公布の日から起算して三十日を経過した日」（同法附則二六条）、すなわち、昭和二三（一九四八）年八月九日である。

温泉法案の内容および国会での主な審議はつぎのとおりである。

一　温泉法案の内容

温泉法案の内容は以下のとおりである（原文は旧字体であるが、以下では、新字体に改めている）。

温泉法案

温泉法案目次

第一章　総則

温泉法

第一章　総則

第一条　この法律は、温泉を保護しその利用の適正を図り、公共の福祉の増進に寄与することをもつて目的とする。

第二条　この法律で「温泉」とは、地中からゆう出する温水、鉱水及び水蒸気その他のガス（炭化水素を主成分とする天然ガスを除く。）で、別表に掲げる温度又は物質を有するものをいう。

2　この法律で「温泉源」とは、未だ採取されない温泉をいう。

第二章　温泉の保護

第三条　温泉をゆう出させる目的で土地を掘さくしようとする者は、省令の定めるところにより、都道府県知事に申請してその許可を受けなければならない。

2　前項の許可を受けようとする者は、掘さくに必要な土地を掘さくのために使用する権利を有する者でなければならない。

3　都道府県知事は、温泉を工業用に利用する目的で第一項の申請をした者に対して許可を与えるときは、あらかじめ商工局長に協議しなければならない。

第四条　都道府県知事は、温泉のゆう出量、温度若しくは成分に影響を及ぼし、その他公益を害する虞があると認めるときの外は、前条第一項の許可を与えなければならない。不許可の処分は、理由を附した書面をもつてこれを行わなければならない。

第五条　第三条第一項の許可を受けた者が、許可の日から一年以内に工事に着手せず、又は着手後一年以上その工事を中止したときは、都道府県知事は、その許可を取り消すことができる。但し、已むを得ない事由がある場合はこの限りでない。

第六条　都道府県知事は、第三条第一項の許可を与えた後第四条に規定する事由があると認めるときは、その許可を取り消し、又はその許可を受けた者に対して、公益上必要な措置を命ずることができる。

第七条　第三条第一項の許可が取り消されたとき、又は許可を受けて掘さくした場所に温泉がゆう出しないときは、都道府県知事は、その許可を受けた者に対して原状回復を命ずることができる。同項の許可を受けないで土地を掘さくした者に対しても、また同様とする。

第八条　温泉のゆう出路を増掘し、又は温泉のゆう出量を増加させるために動力を装置しようとする者は、省令の定めるところにより、都道府県知事に申請してその許可を受けなければならない。

2　前四条の規定は、前項の増掘又は動力の装置について、これを準用する。

第九条　都道府県知事は、温泉源保護のため必要があると認めるときは、温泉源より温泉を採取する者に対して、温泉の採取の制限を命ずることができる。

2　都道府県知事は、工業用に利用する目的で温泉を採取する者に対して、前項の命令をするときは、あらかじめ商工局長に協議しなければならない。

第十条　都道府県知事が、第三条第一項又は第八条第一項の規定による処分をする場合において、隣接都府県におけ る温泉のゆう出量、温度又は成分に影響を及ぼす虞があるときは、あらかじめ厚生大臣の承認を得なければならない。

第十一条　温泉をゆう出させる目的以外の目的で土地を掘さくしたため温泉のゆう出量、温度又は成分に著しい影響を及ぼす場合において公益上必要があると認めるときは、都道府県知事は、土地を掘さくした者に対してその影響を阻止するに必要な措置を命ずることができる。

2　都道府県知事が、法令の規定に基く他の行政庁の許可又は認可を受けて土地を掘さくした者に対して前項の措置を命じようとするときは、あらかじめ当該行政庁と協議しなければならない。

第三章　温泉の利用

第十二条　温泉を公共の浴用又は飲用に供しようとする者は、省令の定めるところにより、都道府県知事に申請してその許可を受けなければならない。

2　前項の許可を受けようとする者は、政令の定める手数料を納めなければならない。

3　都道府県知事は、温泉の成分が衛生上有害であると認めるときは、第一項の許可を与えないことができる。但し、この場合においては、都道府県知事は、理由を附した書面をもつて、その旨を通知しなければならない。

第十三条　温泉を公共の浴用又は飲用に供する者は、施設内の見易い場所に、省令の定めるところにより、温泉の成分、禁忌症及び入浴又は飲用上の注意を掲示しなければならない。

第十四条　厚生大臣は、温泉の公共的利用増進のため、施設の整備及び環境の改善に必要な地域を指定することができる。

第十五条　厚生大臣又は都道府県知事は、前条の規定により指定する地域内において、温泉の公共的利用増進のため特に必要があると認めるときは、省令の定めるところにより、温泉利用施設の管理者に対して、温泉利用施設又はその管理方法の改善に関し必要な指示をすることができる。

第十六条　都道府県知事は、温泉源より温泉を採取する者、又は温泉利用施設の管理者に対して、温泉のゆう出量、温度、成分、利用状況その他必要な事項について報告させることができる。

２　商工局長は、工業用に利用する目的で温泉を採取する者又はその利用施設の管理者に対して、前項の報告をさせることができる。

第十七条　都道府県知事は、必要があると認めるときは、当該吏員に温泉の利用施設に立ち入り、温泉のゆう出量、温度、成分及び利用状況を検査させることができる。

２　商工局長は、必要があると認めるときは、当該官吏に温泉を工業用に利用する施設に対して、前項の立入検査をさせることができる。

３　当該官吏又は吏員が前二項の規定により立入検査をする場合においては、その身分を示す証票を携帯し、且つ、関係人の請求があるときは、これを呈示しなければならない。

第十八条　都道府県知事は、公衆衛生上必要があると認めるときは、温泉源から温泉を採取する者又は温泉利用施設の管理者に対して、第十二条第一項の許可を取り消し、又は温泉の利用の制限若しくは危害予防の措置を命ずることができる。

第四章　諮問及び聴聞

第十九条　厚生大臣又は都道府県知事の諮問に応じ、温泉及びこれに関する行政に関し調査審議させるため、温泉審議会を置く。

2　温泉審議会は、中央温泉審議会及び都道府県温泉審議会とし、中央温泉審議会は厚生省に、都道府県温泉審議会は都道府県に、これを置く。

第二十条　厚生大臣は、第十条の規定による承認を与え、又は第十四条の規定による地域を指定しようとするときは、中央温泉審議会の意見を聞かなければならない。

2　都道府県知事は、第三条第一項、第四条（第八条第二項において準用する場合を含む。）、第六条（第八条第二項において準用する場合を含む。）、第八条第一項又は第九条の規定による処分をしようとするときは、都道府県温泉審議会の意見を聞かなければならない。

第二十一条　都道府県知事が、第五条（第八条第二項において準用する場合を含む。）、第六条（第八条第二項において準用する場合を含む。）、第九条又は第十八条の規定による処分をしようとするときは、その処分を受くべき者にその処分の理由を通知し、本人又はその代理人の出頭を求めて、公開による聴聞を行わなければならない。

第五章　罰則

第二十二条　第三条第一項又は第八条第一項の規定に違反した者は、これを一年以下の懲役又は一万円以下の罰金に処する。

2　前項の刑は、情状により、これを併科することができる。

第二十三条　左の各号の一に該当する者は、これを六月以下の懲役又は五千円以下の罰金に処する。

一　第六条（第八条第二項において準用する場合を含む。）、第七条（第八条第二項及び第二十八条第二項において準用する場合を含む。）、第九条又は第十八条の規定による都道府県知事の命令に従わない者

二　第十二条第一項の規定に違反した者

第二十四条　左の各号の一に該当する者は、これを五千円以下の罰金に処する。

一　第十三条の規定に違反した者

二　第十六条の規定による報告をせず、又は虚偽の報告をした者

三　第十七条第一項又は第二項の規定による当該官吏又は吏員の立入検査を拒み、妨げ、又は忌避した者

第二十五条　法人の代表者又は法人若しくは人の代理人、使用人その他の従業者が、その法人又は人の業務に関し、前三条の違反行為をしたときは、行為者を罰する外、その法人又は人に対しても、各本条の罰金刑を科する。

附　則

第二十六条　この法律は、公布の日から起算して三十日を経過した日から、これを施行する。

第二十七条　この法律施行の際、現に従前の命令の規定により、温泉をゆう出させる目的で土地の掘さくの許可を受けてその工事に着手している者は、第三条第一項の許可を受けたものとみなす。

第二十八条　この法律施行の際、現に従前の命令の規定により、温泉のゆう出路の増掘若しくはしゆんせつの許可又は温泉のゆう出量を増加させるための動力装置の許可を受けて、その工事に着手している者は、第八条第一項の規定による許可を受けたものとみなす。

第二十九条　昭和二十三年一月一日以後この法律施行までの間において、温泉をゆう出させる目的で土地の掘

さくをした者又は温泉のゆう出路を増掘し、若しくは温泉のゆう出量を増加させるため動力装置をした者は、法律施行の日から、三月以内に第三条第一項又は第八条第一項の規定によりその許可の申請をしなければならない。その申請に対して許否の処分があるまでは、第三条第一項又は第八条第一項の許可があつたものとみなす。

2　前項の期間内に許可の申請をせず、又は申請に対して不許可の処分があつたときは、第七条の規定を準用する。

第三十条　この法律施行の際、現に温泉を公共の浴用又は飲用に供している者は、この法律施行の日から三月間は、第十二条第一項の規定に拘わらず、引き続き温泉を公共の浴用又は飲用に供することができる。

2　前項の規定に該当する者は、この法律施行後三月以内に、都道府県知事にその旨を届け出なければならない。

3　前項の届出をした者は、第十二条第一項の許可を受けたものとみなす。

別表

一　温度（温泉源から採取されるときの温度とする。）　摂氏二十五度以上

二　物質（左に掲げるもののうち、いづれか一）

物質名	含有量（一キログラム中）
溶存物質（ガス性のものを除く。）	総量一、〇〇〇ミリグラム以上

遊離炭酸（CO_2）	二五〇ミリグラム以上
リチウムイオン（$Li^{\cdot}$）	一ミリグラム以上
ストロンチウムイオン（$Sr^{\cdot\cdot}$）	一〇ミリグラム以上
バリウムイオン（$Ba^{\cdot\cdot}$）	五ミリグラム以上
フエロ又はフエリイオン（$Fe^{\cdot\cdot}$, $Fe^{\cdot\cdot\cdot}$）	一〇ミリグラム以上
第一マンガンイオン（$Mn^{\cdot\cdot}$）	一〇ミリグラム以上
水素イオン（$H^{\cdot}$）	一ミリグラム以上
臭素イオン（$Br^{'}$）	五ミリグラム以上
沃素イオン（$I^{'}$）	一ミリグラム以上
ふっ素イオン（$F^{'}$）	二ミリグラム以上
ヒドロひ酸イオン（$HAsO_4^{''}$）	一・三ミリグラム以上
メタ亜ひ酸（$HAsO_2$）	一ミリグラム以上
総硫黄（S）〔$HS^{'}$ + $S_2O_3^{''}$ + H_2Sに対応するもの〕	一ミリグラム以上
メタほう酸（HBO_2）	五ミリグラム以上
メタけい酸（H_2SiO_3）	五〇ミリグラム以上
重炭酸そうだ（$NaHCO_3$）	三四〇ミリグラム以上
ラドン（Rn）	二〇（百億分の一キュリー単位）以上

ラヂウム塩（Raとして）　一億分の一ミリグラム以上

二　温泉法案の審議

温泉法案についての国会審議の主な内容は以下のとおりである。

1　第二回国会参議院厚生委員会（昭和二三〔一九四八〕年六月二六日）

温泉法案は、昭和二三（一九四八）年六月二五日に第二回国会参議院厚生委員会に新規本付託された。そして、翌二六日、同案は厚生委員会に緊急上程され、同案の提案理由についての説明が赤松常子政府委員（厚生政務次官）からなされた。その内容はつぎのとおりである。

続いて温泉法案提案の説明を申上げます。我が國は世界に冠たる温泉國でありまして、古來温泉は國民の保養又は療養に廣く利用されて参つたのでありますが、温泉地の発達に伴い或いは濫掘の結果、水位が下つて湧出量が減退又は枯渇するとか、或いは温泉に関する権利関係が複雑を極め、各種の紛争を起す等、いろいろの問題が出て参つたのであります。これらの問題を処理いたしますため従来都道府縣令を以て温泉に対する取締を行なつて参つたのでありますが、新憲法の施行により昨年末これらの府縣令はその効力を失つたのであります。併しながら温泉は我が國の天然の資源として極めて重要なものでありまして、これは保護すると共にその利用の適正を図り、一面國民の保健と療養に資すると同時に、他面その國際的利用による外資の獲得に役立つてますことは國家再建上喫緊の要務と存じますので、この際従來の都道府縣令の内容とするところを基礎とし、これを若干拡充いたしまして、温泉の保護とその利用の適正化に遺憾なきを期するためこの法律案を提出した次第であります。

この法律は全部で三十ケ條でありまして、これを総則、温泉の保護、温泉の利用、諮問及び聽聞並びに罰則の五章に分けて規定しております。先ず総則におきましては、この法律の目的と温泉の定義を規定しておるのであります。即ちこの法律の目的といたしましては、温泉を保護すると共にその利用の適正を図りまして、公共の福祉の増進に寄與することにあることを明らかにし、温泉の定義といたしましては、地中から湧出する水又はガスで一定の温度を有するか又は一定の成分を含有しているものを温泉と称することといたしているのであります。

次に第二章におきましては、温泉源を保護するために必要な事項を規定しているのでありまして、温泉の掘鑿、湧出路の増掘、湧出量増加のための動力装置につきまして都道府縣知事の許可を受けさせることとし、又温泉を枯渇させるような採取とか、他の温泉を侵害するような採取を防止するため、都道府縣知事に温泉を採取する者に対し採取の制限を命ずることができるようにいたしております。尚又温泉を湧出させる以外の目的、例えば池、井、溝渠の工事とか、鉱業とかの目的で土地を掘鑿したため温泉の湧出量、温度又は成分に著しい影響を及ぼす場合が考えられますが、かかる場合におきまして、それを放置することが公益上適当でないと認めるときは、都道府縣知事はその影響を阻止するに必要な措置を命ずることができるようにしております。

第三章におきましては、温泉の利用の過正を図つて公共の福祉の増進に寄與せしめるに必要な規定を設けております。即ち温泉を公共の浴用又は飲用に供しようとするときは、都道府縣知事の許可を受けさせると共に、施設内の見易い所に温泉の成分、禁忌症、入浴又は飲用上の注意を掲示させせまして、衞生上有害な温泉を公共の浴用又は飲用に供することのないようにいたしますことは勿論、その利用を十分合理的にいたして参りたいと存じております。又厚生大臣は必要に應じて施設の整備及び環境の改善に必要な地域を指定し、その地域内の温泉の利用施設の整備、その管理方法の改善等を指導いたしまして、理想的な温泉郷を建設して行くことによりまして、温泉の公共的利用の増進を期しているのであります。その他本章におきましては、所要の報告を聴する規定とか、立入檢査を行う規定等を設けておるのであります。

次に第四章におきましては、行政処分を民主的にするため、温泉審議会に対する諮問と公開による聽聞に関し規定しているのであります。即ち行政廳が、土地の掘鑿の許可のように利害関係の複雑な行政処分を行いますときは、関係行政廳の官公吏、関係業者、学識経驗者を以て組織した審議会に付議いたすこととすると共に、許可の取消のように、既存の地位を変更し制限する行政処分を行いますときは、その処分を受ける者に公開の聽聞において弁明し、且つ有利な証拠を提出する機会を與えるようにいたしているのであります。

次に第五章は罰則でありまして、最高一年以下の懲役から最低五千円以下の罰金に至る三階段の規定を設けているのであります。

尚最後に附則におきましては、施行期日と経過規定を設けているのでありますが、施行期日は審議会の設置、その他いろいろ準備が要りますので、公布後三十日を経過した日から施行することにいたしております。又経過規定におきましては、従前の法令下における状態はこの法律においてもこれをそのまま承認して行く建前の下に規定しておるのであります。

参議院環境委員会における政府委員からの温泉法案の提案理由についての説明は以上のとおりである。その後、温泉法案についての審議をみると、

○委員長（塚本重蔵君）……。
次に温泉法案について御質疑のある方はお述べを願います。速記を止めて。
〔速記中止〕
○委員長（塚本重蔵君）速記を始めて。本日はこれにて散会いたします。

となっている。したがって、同日において温泉法案に関してなされた質疑の具体的内容は明らかでない。なお、第二回国会参議院本会議で塚本重蔵・厚生委員長が参議院厚生委員会における温泉法案の審議の経過および結果を報告しているので、参照されたい。

2　第二回国会参議院厚生委員会（昭和二三〔一九四八〕年六月二八日）

昭和二三（一九四八）年六月二八日に開催された参議院厚生委員会において温泉法案についての質疑および答弁がなされた。その内容はつぎのとおりである。

○山下義信君　本法案につきまして若干のお尋ねをいたしたいと思います。この法案を通覧をいたしますと、結局現在の温泉そのものを保護する御規定のようでございますが、それにつきましてこの法案の目的は、結局この温泉の利用の適正化を図るのだ、公共の福祉の増進に寄与するのだ、こういう御趣旨のようでございます。もとより温泉を保護するそのことが目的ではないので、その保護したる温泉によってその利用の適正化を図り、公共の福祉の増進に寄与しよう、こういうのであります。つきましてはこの法案の中にその温泉の利用の適正化をお図りになるという面が、私共には十分に取入れられない。公共の福祉の増強に寄與されてあるということが、この法案のどこに強めてあるのかという点が実は取りにくい。強いて申しますると、その利用の適正化を図るためにいろいろ協議会でございますか、温泉の審議会というようなものが置かれてあるという程度のように見受けられるのであります。政府はここに温泉法というものを新たに制定して、そうしてこれらの目的を達するというためには、定めしこの法案以外に行政の面において、いわゆる温泉対策というものを持つておいでになるに相違ない、こう思う。で何か今申上げたこの温泉の利用の適正化を図る、公共の福祉の増進に温泉を十分活用しようというためには、どういう根本対策を持つておいでになるかということを先ず第一に承わりたいのであります。

第二は結局この法案によつて温泉源を保護するのか、特にそれが明白でないのでありますが、いずれにいたしましてもこの法案をそのまま実施いたしたのでは、成る程表面は温泉を保護するということでありましよう。けれども現実はその温泉によつて、営業をいたしておる温泉営業者、温泉企業者を保護することに終る、これは眞れが多分にあるのではないか、こう思うのである。新規に温泉を掘鑿することが、非常に抑制されて來るのでありまして、その一面には現在の温泉業者を非常に保護するということに相成る。それだけ保護した温泉を如何に公共のために開放させるか、如何に温泉療養のためにそれを十分に活用させるかということがこの法案の上に出ていない。言うまでもなく温泉盡くが然りではございませんが、今日の源泉を一つの企業といたしておりまする所は、到るところの温泉地はいわゆる享樂地に相成つております。温泉によつて療養しようといたしまする大衆は莫大な金を持つて参りません限りには、十分にこの温泉で療養ができないということに相成りましたのでは、私はこの法律の目的は達しないのではないかと考えます。そういう点につきまして、一面には現在の温泉企業者を保護するように相成りましても、一面にはその温泉を公共のために非常に廉價で利用させるというふうに導かなければならないのではないかと思うのでありますが、その点につきまして如何なる対策を持っておいでになりますか、伺いたいと思うのであります。

第四点は、温泉は一つの権利のように相成っておりまして、相当厖大なことにいわれておる。最近財産税などの徴收に当りまして、ほんの家庭の中に温泉を導いておるというような家庭用の入浴施設のようなものにも、先ず四、五万円という評價をして財産税を徴收いたしておる。そのくらいこの温泉というものの権利というものが厖大になつておる。こういう法案を布きますというと、もう殆んど独占になつてしまう。誠に私はこれは一つの権利としては厖大なものとなつて來ると思うのであります。それだけに十分この法案の実施に当りましては、許可とか、いろいろなことにつきましては注意をいたさなければならんと私は考える。然るにこの温泉法というものをお作りなるということが早くから巷間に漏れておる。昨年の夏であつたか、私はすでにいずれも温泉法というものができて、いろいろ規定せられるのだということで、兵庫縣下の某々が早くもこの法によつて抑制される前に、温泉についてのいろいろ利権運動をいたしておることなどを耳にいたしておる。ことはただ兵庫縣ばかりではありません。各所においてそうであると思いますが、この法案によりますと、附則によりまして、先ずそういうものも將來認めるということがあります。そうすると逸早くこの法案の立案を耳にいたした早耳筋がすでに掘鑿いたしておるということで、利権屋が相当動いておるのではないかという私は疑惑を持っております。この附則によりまして現在そういうことをいたしておる者を大体認めて行こうという上において、当局はそういう利権屋などについて相当の注意をしておるかどうかということを伺いたいのであります。

以上は大体根本的なものでありますが、一應その点をお伺いいたして、後は條文の一、二の点を簡單に御質疑をさせて頂きたいと思います。

○政府委員（三木行治君）　お答えいたします。只今山下委員からの御質問の各項は、温泉法といたしまして最も重要な諸点でございまして、私共も御意見に対して全く同感に存ずるところでございます。先ずこの法律案のやり方では、單に既得権の保護ということになつてしまう虞れはないかという御質疑のようでございまするが、御指摘になりましたように、本法案第四條におきまして「温泉のゆう出量、温度若しくは成分に影響を及ぼし、その他公益を害する虞があると認めるときの外は、前條第一項の許可を與えなければならない。」となつておるのであります。この書き方におきましても成るべく許可をする、許可が原則であるということになつておりますことが一つ、それから更に「温泉のゆう出量、温度若しくは成分に影響を及ぼす」など、公益に害を及ぼすと認めたときは許可をしない、公益を害する虞れがなければ許可をするという、こういう表現に相成つておるのであります。御存じのように今日の温泉界の問題は、丁度法律及び命令の空白時代でございまするので、先程御指摘のありましたような各地における濫掘或いは掘下げにおきまして、大きな動力を使う問題が随所にあることは、御指摘の通りでございまして、この故にこそ、我々は全体として温泉源の枯渇を防ぐために、これらの泉源の保護ということを先ず第一に取上げて規定しなければならないと考えておる次第であります。従いまして、この法律の條項によりまして、公益を害さない場合においてはできるだけ許可して行くけれども、併しその場合におきましては温泉脈全体を大局的見地から見て、温泉源の枯渇ということが公益を害するという見地に立つのでございまして、聊かの私益をも侵してはならないというような、既得権の権利の濫用という面につきましては、我々は十分注意して行かなければならん、かように考えておる次第であります。

併しながら結果論的に申しますというと、温泉の既得権者に対して利益を與えるかのごときことにならないとは限りません。さような場合におきましては第九條に規定してございますように「温泉源保護のため必要があると認めるときは、温泉源より温泉を採取する者に対して、温泉の採取の制限を命ずることができる。」というように規定いたしておるのでございます。既得権を持つておりましても、その既得権を侵害せられる形になるのでありますが、公益のためにその採取の制限も受けなければならないように規定いたしまして、能う限りこれらの既得権の濫用というようなことのないように、公益的見地から規正を加えて、利用開発と既得権というものとの調整を図つて行くというような行き方にいたしたいという趣旨で以て、規定いたしておる次第でございます。

更に利用の適正化の問題でございまするが、この点につきましても御指摘になりましたごとく、企業家或いはその他の利権屋のために壟断せられるということのございませんように、第九條を活用いたしまして、公益のためにこれを使つて行く、その地域の温泉源の利用開発という公益及びその他の公益のために使つて行くというような調節をいたしたい所存でございます。

更に温泉対策というものを政府は持つておるかという御意見でございますが、温泉の問題は我が國におきましても古くからの問題でございます。新憲法と共になくなりました地方命令におきましては、主として警察命令的な規定がなされておるに過ぎないのでありまして、取締に偏しておるという状況であつたのでございます。この法律案におきましては、第十四條におきまして「厚生大臣は、温泉の公共的利用増進のため、施設の整備及び環境の改善に必要な地域を指定することができる。」第十五條「厚生大臣又は都道府縣知事は、前條の規定により指定する地域内において、温泉の公共的利用増進のため特に必要があると認めるときは、省令の定めるところにより、温泉利用施設の管理者に対して、温泉利用施設又はその管理方法の改善に関し必要な指示をすることができる。」こういう規定がございまして、單に取締ということでなく、温泉の國民生活に向つて與える積極面につきましても、かような規定をいたしておるのでございまして、即ち温泉審議会に掛けましてこれらの温泉郷とも称すべきものを設定する。そうしてその温泉郷内におきましては、公共的利用増進のために特に必要があると認めましたときにおきましては、或いは治療、病院、プール・ハウスと申しますか、それからホテル、旅館、公衆浴場等を建設する。又その管理方法につきましても、ドイツ等によくございます泉医の利用に当りましては、單に習慣によつて、或いは湯の音頭と申しますか、音頭取によつて一齊に入り一齊に出るというようなことでなく、温泉というものを科学に立脚して利用し、療養に使う、或いは健康増進に使い得るというような科学的な温泉利用の面を拡充いたしますために、泉医を設定する、或いは又保養地帯を設定するというようなことをやりまして、この温泉というものを画期的に活用して公共の福祉のために利用し得るよう、單に従來の享樂地帯というようなことのないようにやつて行きたいと考えておる次第でございます。幸いにいたしまして、今日まで温泉というものは地中から出る温度、無機物質プラス或る物である、こういうふうな見解でございまして、温泉治療学というものが確立しておるとは必ずしも申されなかつたのでございます。併しながら最近に至りまして、温泉治療学の進歩と共に、御存じのように全国に大学の附属温泉治療研究所がございますが、そういう進歩と共に、温泉が皮下における形成細胞を増殖する、即ち温泉が疾病治療、健康増進にこの故に効き目がある、治療的に効き目があるということも明らかに相成りました次第でございますが、かような学問の基礎の上に立ちまして、十分に治療及び健康増進、国民福祉の増進のために温泉を利用するというような対策を樹立し、これに努力いたしたい。かように考えておる次第でございます。

次に、利権となつておる問題が相当莫大なことであるという御意見でございました。成る程温泉というものは従來の慣習、或いは経濟的な事情などに従いまして、相当な利権となつておることも否み難き事実であると思うのであります。ただこれからの権利、いわゆる独立いたしました不動産、物権としての温泉権というような問題につきましては、この法律案におきましても最初触れたかつたのでございますが、併しながら幾多の慣習その他の問題、地方的な事情もございまして、今直ちに温泉権なる特別の物権を設定することはどうであらうかということでございますので、法務廳の意見もございまして、次回改正のときに取決めて行きたい。是非ともやらなければならん時期に到達しておるのでございますけれども、非常に困難な問題でございますので、次回改正のときに一つ、それまで研究いたしたいということに相成つた次第でございます。御了承得たいと思います。

最後に、温泉法の制定が巷間に漏れて、それがために早耳筋はそれに相当な対策を講じておる。かよな《ママ》場合にこの法律案附則においてはそれらも一應承認するという形になつておるのであるが、政府はそれに対する対策はどうであるかという御質疑と承わつたのであります。実際問題といたしましては、地方廳等におきましてもそれぞれ指導の面におきまして、法的根拠はございませんけれども、温泉源全般の枯渇を防ぎますために、いろいろな措置を講じておるところもございますので、それらの卒業者が利権を獲得する、或いは採掘しておるという事実も非常に少くないということを知つておるのであります。併しながら仮にさような者がございまするならば、さような空白時代の、濫掘にあらずとするも、泉源の掘鑿或いは動力の利用、新設というような問題につきましては、更に申請せしめまして、本法律案によりまして、温泉審議会の議を経て愼重にその許可或いは不許可を決定する所存でございます。

○山下義信君　政府の説明で十分了承いたしました。この法案の目的は、既得権の徒らな保護ではなく、そういう企業者のための便益を図るのではなく、全く公共の福祉のためにやるのだと、従つて公共の目的のために新たに温泉を開発し、或いは種々なる温泉対策を公共のためにやるときに、若し既得業者或いは温泉の既得権者を、或いは公共のために抑制せねばならん面も十分あるのだという政府の説明で、私は了承しました。何とぞその線に副うて本法案の有効適切なる活用を行政上運用せられんことを切望に堪えません。

次は小さいことでございますが、第八條の動力を設置する場合の規定でございますが、これは温泉を甲から乙へ運搬をいたしますために動力を装置する場合も、この第八條に該当いたしますか、いたしませんか、これを伺いたい。

それから第二に、第十一條の温泉が湧出する場合の土地の掘鑿に関しまする規定でございますが、自然に自分の所有土地から噴出をいたしました場合は、この第十一條と関連いたしましてどうなるのでございますか。自然噴出の場合は大体においてよろしいのでございますか、如何でございましようか。

次に私は、第十四條、第十五條、即ちこれが温泉に対する政府の対策の本になるところであろうと思つておりましたが、今の御説明で果して然りでございました。この点は実に重大でございますが、どうぞ只今御説明に相成りましたような有効適切なる対策を御実行下さるようにお願いしておきます。

第三点は、第十九條の温泉審議会のことでございますが、温泉審議会を置くということだけありまして、二十條に中央の審議会と地方の審議会の取上げることをただ規定してあるのですが、これはどういう組織でやらせますか、御構想がありましたら伺いたい。中央の審議会というものはどういうようなメンバーにいたしましてやりますか。地方の審議会というものはどういうような大体メンバーになりますか。私共恐らくこの地方の審議会というのは温泉宿屋の主人みたいな者が集まつて委員になつたのでは誠に心許ないと思うのでございますが、どういう委員で以てやらせるというお考えであるか。一体私共の考えでは、この地方審議会というのは実は必要がないのではないか、これは中央審議会だけでいいのではないか、公平無私なる審議をしようとすれば中央審議会だけでよいと思う。それを地方々々に置いたならば、温泉業者の有力なる者達によつて当然左右される危険性が多分にある。局部的に相談せねばならんこともあるでしよう、けれども温泉対策というものを國策としてやつて行こうということになれば、中央審議会だけで私は十分だと思うのです。ともかく中央、地方の審議会の構成メンバーはどういう考え方を持つているかということをお聞きしたいのであります。以上でございます。
○政府委員（三木行治君）　お答えいたします。第八條におきまして、動力を使用する場合に、他人に分湯する場合にはこの條項に触れるかという御意見でありますが、これは泉源の開発と同様に、動力を利用いたしまして温泉源からどんどん湯を持出すという濫採取の防止という趣旨でございまして、他人に分湯するという場合はこの中には含まれておりません。

それから第十一條の自然に噴出するという場合はどうかという御質疑でございますが、これは別に掘鑿もいたさない次第でございますので、掘鑿に関する許可は勿論必要はございません。ただ第十二條の温泉の利用という見地から、若しこれを自分の家の風呂だけに使うという場合におきましては、自由にやつてよろしいわけであります。併しこれを公共の浴用又は飲用に供しようという場合におきましては、第十二條第十一項におきまして許可を受けなければならない、こういうことに相成る次第でございます。

最後に第十九條の温泉審議会につきまして、その構成メンバー等はどうなつておるかという御意見でございますが、これは温泉審議会令（昭和二三年八月九日政令二二三号）という政令で以て規定して行きたい所存でございまして、先ず目的とするところは、温泉に関する関係事務について諮問する、「関係各大臣は中央温泉審議会に関係行政廳は都道府縣温泉審議会に、温泉に関する関係事務について諮問することができる。」ということに相成つております。又「温泉審議会は、温泉に関する重要事項について、中央温泉審議会にあつては関係各大臣に、都道府縣温泉審議会にあつては関係行政廳に意見を具申することができる。」温泉審議会が逆に発案して意見を具申することもできるということになつておりまして、「中央温泉審議会は委員四十人以内で、都道府県温泉審議会は委員二十人以内でこれを組織する。」ということになつております。そうして「特別の事項を調査審議するため必要があるときは、前項の定員の外臨時委員を置くことができる。」、「委員及び臨時委員は、関係行政廳の官吏又は吏員、温泉に関する事業に従事する者及び学識経驗のある者の中から、中央温泉審議会にあつては、厚生大臣の申出により内閣でこれを命じ、都道府県温泉審議会にあつては、都道府県知事がこれを命ずる。」、こういう行き方をしたいと考えておるのであります。

尚御指摘になりました、むしろ中央を強くして置けば地方は要らないではないかという点につきましては、私共も御同感に存ずるのでありまするが、ただ地方自治の精神等を考えまするというと、やはり地方にもこれらの審議会を必要とするのではないか。殊に温泉につきましては、御存じのように、地方的な事情、地方的な慣習というようなものも相当にございまするので、特に地方にも置きたいと考えておるような次第でございます。併しながら御指摘になりましたように、中央審議会というものが、地質或いは温泉治療学その他の権威者も集め得るわけであります。又幾多の研究機関の成果も集め易いというような点もございまするし、又御指摘になりましたような、地方事情に動かされにくいというような点もございまするので、できるだけそういう点についての活用を図つて行きたい、運用の面で御期待に副うようにやりたいと考えておる次第であります。

○山下義信君　私の質疑は終つたのでありますが、これは注意でございますが、この第十九條、第二十條の審議会に関しまする書き方は、一つの立法技術として御注意を願いたいと思うのであります。將來は國家行政組織法が制定されますると、これらの審議会も恐らく法律事項になるのではないかと思うのであります。法律事項にならないにいたしましても、この審議会に関することは、政令によるか、省令によるか、何によるかということをここに明白にいたして置かなければならん。又それを明白にしないのならば、ここで明らかにそれらの構成に関するいろいろな要件を挙げて置かなければならんと思うのであります。この点政府におきまして、立法技術上多少の御注意を願いたいと思います。以上で私の質疑を終ります。

その後、温泉法案は、直ちに採決に付されて全会一致をもって原案どおり可決された。

3　第二回国会参議院本会議（昭和二三〔一九四八〕年六月二九日）

昭和二三（一九四八）年六月二九日開催の参議院本会議において、温泉法案を含む四案（健康保険法の一部を改正する法律案、へい獣処理場等に関する法律案、あん摩、はり、きゆう、柔道整復等営業法に関する特例案）が一括して議題とされることになり、厚生委員会における温泉法案の審議の経過および結果についての説明が塚本重藏・厚生委員長からなされた。

○　塚本重藏君〔厚生委員長〕君　……。

本〔温泉〕法案は、去る六月の二十五日本〔厚生〕委員会に本審査付託となり、同月の二十六日及び二十八日の両日に亘つて審議いたしたのであります。

先ず政府委員より提案理由及び法案の内容について説明がありました。その概況を申上げますと、我が國は世界に冠たる温泉國でありまして、古來温泉は國民の保養又は療養に廣く利用せられて参つたのでありますが、温泉地の発達に伴い、或いは濫掘とか、或いは温泉に関する権利関係が復雑を極め、各種の紛争を起す等、いろいろの問題が出て参つたのであります。これらの問題を処理いたしまするために、従來都道府縣令を以て温泉に対する取締りを行なつて参つたのでありますが、新憲法の施行により、昨年末これら都道府縣令はその効力を失うことになつたのであります。よつてこの際、従來の都道府縣令の内容とするところを基礎といたしまして、これに若干拡充をいたしまして、温泉の保護とその利用の適正化に遺憾なきを期するために、ここにこの法案を提出せられたのであります。

次に本法案の内容を御紹介申上げますと、この法律案は全部で三十ケ條でありまして、先ず総則におきましては、この法律の目的と温泉の定義を規定しておるのであります。即ちこの法律の目的といたしましては、温泉を保護すると共に、その利用の適正を図りまして、公共の福祉の増進に寄與することにあるのであります。温泉の定義といたしましては、地中から湧出する温水又はガスで一定の温度を有するか又は一定の成分を含有しておるものを温泉と称することにいたしたのであります。次に第二章におきましては、温泉源を保護するために必要な事項を規定しておるのであります。第三章におきまして、温泉の利用の適正を図つて公共の福祉の増進に寄與せしむるに必要な規定を設けております。次に第四章におきましては、行政処分を民主的にするために、温泉審議会に対する諮問と公開による聽聞に関する規定をいたしております。尚最後に附則におきましては、施行期日とその経過規定を設けておるのであります。

以上が本案の内容の大要でありますが、次に本法案について委員会における質疑の主なるもの一二だけを申上げますと、第一に、本法案の第五條によつて許可を取消したものが、公益に必要ある場合の再許可をどうするのであるか。これに対して、公益に必要あるものについては最初から許可を取消すなどというようなことはあり得ないから、その事例はないと思うとの答弁がありました。次に、温泉利用者に健康者と疾病者とがあるが、両者が同一のものを利用するのは衛生上不適当であるが、これについて何か取締りをする方法はないか。これに対しましては、政府といたしましてはその部面については公衆浴場法によつて取締つて行くつもりであるとの答弁がありました。次に、温泉熱を工業用等に利用する場合にはどうするのであるかとの質問に対し、これは地方商工局長と協議をしてその万全を期して行くつもりである。次に本法は温泉そのものを保護しておるようであるが、公共福祉の増進に寄與する点が明確でないではないか、この点について次の四つのことを明らかにすべきである。即ち第一、温泉利用の適正と公共福祉の増進に関する対策はどうであるか。第二に、温泉源の保護よりむしろ温泉営業者を保護する結果となりはしないか。第三に、温泉療養者が眞に療養のため利用できない実情にあるがどう思うか。第四に、温泉が権利のように取扱われておる現状では、独占的な傾向になるので、許可には十分考慮する必要があるが如何。右の質問に対しまして、温泉対策は從來主として警察命令によつて來たのであるが、今後は單に取締だけではなく、積極的に利用増進を図つて行くつもりである。第二点は、温泉源の保護を第一に考えておる。即ち濫掘を防止すると共に、その利用の適正を考慮しておる。温泉の既得権者についても、公共の福祉のために必要であるときは、採取を制限し、調整する等の途を図るのである。第三の点は、療養のための温泉利用についても、学問的研究の成果と相俟つて対策を講じて行くつもりである。第四点は、温泉が権利として取扱われておるのは否めない事実であるが、慣習その他地方的な事情もあるので、今物権として温泉権を設定することは適当でないので、今後の研究に俟ちたい。温泉法施行前の取扱については、附則によつてこれを処理するつもりであるという答弁がありました。

かくて六月二十八日の委員会におきまして質疑を打切り、討論を省略して原案通り可決すべきものと全会一致を以て決定いたした次第であります。

その後、温泉法案は、採決されて過半数の賛成を得て原案どおり可決された。

4　第二回国会衆議院厚生委員会（昭和二三〔一九四八〕年六月三〇日）

参議院から送付された温泉法案は、昭和二三（一九四八）年六月二九日に衆議院厚生委員会に付託され（一九八号）、六月三〇日に厚生委員会で審議に付された。まず、温泉法案の提案の理由および要旨の説明が喜多楢治郎政府委員（厚生政務次官）からなされた。

わが國は、世界に冠たる温泉國でありまして、古來温泉は國民の保養または療養に廣く利用されてまいつたのでありますが、温泉地の発達に伴い、あるいは濫掘の結果、水位が下つて湧出量が減退または枯渇するとか、あるいは温泉に関する権利関係が複雑を極め、各種の紛争を起す等、いろいろの問題が出てまいつたのであります。これらの問題を処理いたしますため、從來都道府縣令をもつて温泉に対する取締りを行つてまいつたのでありますが、新憲法の施行により、昨年末これらの都道府縣令はその効力を失つたのであります。しかしながら、温泉はわが國の天然の資源として、きわめて重要なものでありまして、これを保護するとともに、その利用の適正をはかり、一面國民の保健と療養に資すると同時に、他面その國際的利用による外資の獲得に役立てますことは、國家再建上喫緊の要務と存じますので、この際從來の都道府縣令の内容とするところを基礎とし、これを若干拡充いたしまして、温泉の保護とその利用の適正化に遺憾なきを期するため、この法律案を提出した次第であります。

第一章　温泉法の制定

この法律は、全部で三十箇條でありまして、これを総則、温泉の保護、温泉の利用、諮問及び聴聞並びに罰則の五章にわけて規定しております。

まず総則におきましては、この法律の目的と温泉の定義を規定しているのであります。すなわち法律の目的といたしましては、温泉を保護するとともに、その利用の適正をはかりまして、公共の福祉の増進に寄与することにあることを明らかにし、温泉の定義といたしましては、地中から湧出する水又はガスで一定の温度を有するか、または一定の成分を含有しているものを温泉と称することといたしているのであります。

次に第二章におきましては、温泉源を保護するために必要な事項を規定しているのでありまして、温泉の掘鑿湧出路の増掘、湧出量増加のための動力装置につきまして、都道府県知事の許可を受けさせることとし、また温泉を枯渇させるような採取とか、他の温泉を侵害するような採取を防止するため、都道府県知事は温泉を採取する者に対し、採取の制限を命ずることができるようにしております。なおまた温泉を湧出させる以外の目的、たとえば、池、井、溝渠の工事とか、鉱業とかの目的で土地を掘鑿したため、温泉の湧出量、温度または成分に著しい影響を及ぼす場合が考えられますが、かかる場合におきまして、それを放置することが公益上適当でないと認めるときは、都道府県知事は、その影響を阻止するに必要な借置を命ずることができるようにしております。

第三章におきましては、温泉の利用の適正をはかつて、公共の福祉の増進に寄与せしめるに必要な規定を設けております。すなわち温泉を公共の浴用または飲用に供しようとするときは、都道府県知事の許可を受けさせるとともに、施設内の見やすい所に温泉の成分、禁忌症、入浴または飲用上の注意を掲示させまして、衛生上有害な温泉を、公共の浴用または飲用に供することのないようにいたしますことはもちろん、その利用を十分合理的にいたしてまいりたいと存じております。また厚生大臣は、必要に應じて施設の整備及び環境の改善に必要な地域を指定し、その地域内の温泉利用施設の整備、その管理方法の改善等を指導いたしまして理想的な温泉郷を建設していくことによりまして、温泉の公共的利用の増進を期しているのであります。その他本章におきましては、所要の報告を徴する規定とか、立入検査を行う規定等を設けているのであります。

次に第四章におきましては、行政処分を民主的にするため、温泉審議会に対する諮問と公開による聴聞に関して規定しているのであります。すなわち行政廳が土地の掘鑿の許可のように利害関係の複雑な行政処分を行いますときは、関係行政廳の官公吏、関係業者、学識経驗者をもつて組織した審議会に附議いたすこととするとともに、許可の取消しのように、既存の地位を変更し、制限する行政処分を行いますときは、その処分を受ける者に、公開の聴聞において、弁明し、かつ有利な証拠を提出する機会を與えるようにいたしているのであります。

次に第五章は罰則でありまして、最高一年以下の懲役から、最低五千円以下の罰金に至る三段階の規定を設けているのであります。

なお最後に附則におきましては、施行期日と経過規定を設けているのでありますが、施行期日は審議会の設置その他いろいろ準備が要りますので、公布後三十日を経過した日から施行することにいたしております。また経過規定におきましては、従前の法令下における状態は、この法律においても、これをそのまま承認していく建前のもとに規定しているのであります。

以上簡單でございますが、温泉法の提案の理由及び要旨を御説明申し上げた次第であります。何とぞ御審議の上、速やかに可決されんことをお願いいたします。

続いて、温泉法案について質疑がなされた。

○小笠原〔八十美〕委員　温泉法について簡單に大臣から答弁を願っておきたいことが三点あります。一つは厚生省で温泉法をつくられるということに相なりまするということ、やはり衛生方面に重点をおかなければならぬことはもちろんであります。従來温泉の弊害というものは、温泉は慰安的な温泉と治療関係の温泉、療養を重点としておる方面とあつたのであります。その温泉の効力の分析算に対しましては、今までは温泉業者自体に任しておつたようでありまして、今度もまたその法文を見ますると、浴場を開設するものは、おのおの分析をして、そうして医事関係の効力なんかを加えて、認可を受けるというようなことになつておるのであります。これは厚生省の方で積極的に温泉の医事効力に対して分析をして、この温泉はどういう病氣に効力があるというようなことをおやりにならなければ、今度厚生省で温泉法を取扱つたことに対して矛盾するような感がいたすのであります。その点の用意あるかどうかということを伺いたいのであります。

それから第二点は、ただいま法案の御説明によりますと、この温泉関係の施設は外貨の獲得ということもあります。それは多分に観光施設とよほど関連のあることに重点を置いておられるだろうと思いますが、いかに外客云々という目的のもとにいたしましても、やはり温泉に対する施設が伴わなければ、外貨の獲得ということはできないことはもちろんでありますが、一体厚生省の方には外客誘致なんということについて、施設の関係で予算関係とにらみ合せて本年はどういうことをなさるか。あるいは將來はどういうことをするか、補助関係によるか、政府の方で外客誘致に対する施設関係に大きな方針でもお立てになつているかというようなことを伺わないと、これは観光施設と相まつて温泉の外客誘致に対する方針などは、われわれはただ法案の説明だけ聽いては何ら見えないのでありますがゆえに、この点を伺つておきたいのであります。

第三点は一般の衞生関係の浴場でありますが、これらも温泉は山岳地帯に多分にあるのでありまして、その湧出量も相当むだになつている点がたくさんあります。そういう山岳地帯の温泉のむだになつていることを利用する都市がたくさんあるのであります。それが五十キロくらいの所まで引張つても何ら温度に対する影響のない研究ができているということを承つておるのであります。この燃料不足のとき、また一般浴場の衞生に今日困難を來しております場合に、そういう方面にそれらの施設をなさることになりましたならば、この燃料関係の緩和や衞生方面の施設に対して、温泉地帯附近の都市はそれによつて救われることが多いと思うのであります。そういうこともお考えになつているかどうか。以上三点を伺いたいのであります。

○竹田〔儀一〕國務大臣〔厚生大臣〕　小笠原委員の御質問は三点であつたと思います。

第一点はこうして厚生省が温泉法を出す以上、温泉の質に対して分析を積極的にやつたらどうか、こういう御意見のように承つたのであります。仰せごもつともでございますが、温泉は何分近い所にある温泉は別でありますが、全國に散布しております遠方の温泉を東京へもつてまいりますことは、その泉質等に変化を來すことが多いそうでありまして、その地方々々の府縣廳に衞生試驗所がありまして、その府縣の衞生試驗所において分析をいたすようにいたしておるのであります。厚生省といたしましては、直接積極的に温泉に出張いたしまして、その現場で分析をいたしますということも、考えれば考えられないことはないのでありまして、多分そういうふうにしたらよいじやないかという御意見であらうと思いますが、これはよく研究をいたしまして、かく温泉法ができまして、厚生省が直接温泉方面の利用、厚生、保護というような面にタツチいたします。以上、そこまで乗り出してやるのがほんとうかとも思うのであります。今日ただいまそういたしますと御返事申し上げるのがほんとうかもしれませんけれども、事務当局ともよく相談いたしまして、なるべく御趣旨の線に沿いましてそういうふうに取計らいたいと思つております。

第二の御質問は外客誘致等に関して積極的にどういうことを考えておるか、こういう意味の御質問であつたように思うのであります。閣議等においても外客誘致等についていろいろ議論のあつたことは事実でございます。さりながら、小笠原委員御承知の通り、今日財源につきまして非常な苦心をいたしておりますときに、今ただちに外客誘致について拙速を貴んでかれこれと各省において割拠的にいろいろなことをやりますよりもさらに内閣直属のもとに観光審議委員会を設けて、総合的な大きな対策をつくることが必要じやないか、こういうようなことに一応閣議で決定をいたしたのであります。さような話合の結果、内閣直属の観光審議委員会というものを設けまして、そうして外客誘致に対して、内閣直属の一つの事務当局を設けまして外客誘致のことを取扱いますか、あるいは各省にまたがつてそういう仕事をいたしますか、あるいは厚生省がそういう仕事をいたしますか、まだ決定しておらぬのでありまして、白紙の状態で観光審議委員会の決定にまつということになつておるのでありますが、厚生省といたしましては、観光審議委員会の審議が進みますならば、われわれといたしましては、十四條に「温泉の公共的利用増進のため、施設の整備及び環境の改善に必要な地域を指定することができる。」こういう條文もありまして、われわれとしましては、一つの温泉郷というものを指定いたしたいと思つております。なお十五條にありますが、温泉利用施設の管理者に対して、温泉利用施設――これは療養所とかホテルとかいうようなもの、またその管理方法の改善というようなことにつきましては、泉医というようなものも設けましたり、保養地帯というようなものも設けたりすることを考えておるのであります。観光審議委員会の審議が進みます場合におきましては、厚生省といたしましては相当突込んだ建議をいたしまして、外客誘致の面において温泉をかにして利用するかということにつきましては、相当積極的な意見を提供いたしたいと考えておる次第であります。

なお第三の、山岳地帯に相当温泉があつて、その温泉を引湯いたしまして、今日のこうした木材も足りないで各浴場が困つておるときに、その温泉を利用いたしまして、各浴場に提供したらよいではないかという御意見のように拝聴いたしたのであります。仰せはごもつともと思います。ただ残念なことには、今日温泉の引湯をいたしまする資材、これはあるいは温泉の質によつては、その管が木材でないともたない、硫黄泉のようなものもあると思います。この引湯をいたします資材の面におきまして、今日ただいま御意見のようにいたしますことができるかどうかということについては、多少研究を要すると思うのであります。しかしながら、今日木材等も不足しておりまして、浴場が非常に足りない、湯賃が非常に高い、國民の保健衞生の上におきまして非常な支障を生じております場合に、小笠原委員の御意見は非常に傾聽に値すべき御意見であると思いますので、その資材の面とにらみ合せまして、でき得る限り貴意に副うように何とか研究いたしたいと思います。

○小笠原委員　第一点の問題、いかにも政府の方では全國の数多くの温泉を分析研究するということは困難でありましようが、これまで縣に依頼して分析した結果が、どこの温泉へ行つても、皮膚病にもきけば、胃腸病にもきく、全部に効果があるようなものばかり宣傳しておる。ああいうことではあまり温泉としての権威がなさ過ぎる。そこでほんとうに分析して信用のあるような程度にしなければならぬ、厚生省でこの案を出し、今度この法律によつて衞生方面の取締りを厚生省がしようということで出発した以上は、その点だけは重点を置いて、やはり権威ある分析、調査をして、國民に安心せしめることが一番必要だと思つてお尋ねしたのであります。

それから第二の問題は、いかにも外客誘致ということは、今日の財政上政府が積極的にできないというようなことはわれわれよくわかります。しからば民間でこれに対するところの施設をしよう、こういうことに出た場合にはいかにするか。この法案を出す以上は、復興院とかそういう方面との連絡があつて、そういうものに対しては優先的に許可する方針であるとか何とかいう用意があつてしかるべきじやないかというふうに考えられるのでお尋ねしたようなわけであります。この点も、近いうちに観光審議会の問題になるでありましようが、かえつて審議会とかそういうものができて、一年も二年もかかつたりしておつては問題にならぬから、こういう方案を出す以上は、何か民間の方の希望があつてそれだけの施設ができるということでありますならば、それを積極的に許可する方針であるとか何とかなければ、温泉法というものを國民がもらつても何ら効果がない、ただ取締られるだけの法律であつては、國民の方が積極的に國家再建に対して協力しようとしたことがむだということに相なるのじやないか。こういうふうに思われる。

それから第三の、一般國民衞生から見て、むだになつておる温泉をひつぱつてくるということは、そう資材なんかは困難じやない。たとえば赤松の丸太にしても、これに使うくらいのものは、わずかなものがあればできるのでありますが、それと今の燃料の木材の数量を比較したならば問題にならぬ。ただ政府の方でやるという熱意さえあれば、各所にたくさんでき得るものでありますので、特にこれは御研究を願いたいのでありまして、温泉法を出し、温泉の利用をするということになれば、この点に重点を置かなければならぬと私は考えておるのであります。事務当局も、大臣の政治的の方面も、これはとくと考えなければならぬ大きな問題だと考えるのであります。……。

○竹田國務大臣　第一の点はごもつともであると思います。これはひとつ何とか研究いたしまして、小笠原委員の仰せの通り、どこの温泉へ行つても胃腸にきく、どこの温泉に行つても脚氣にきくということでは、少しく不見識であると思います。厚生省がかく温泉法に乗り出しました以上、必ず何とか早速御意見の線に沿つて実行するように考えてみたいと思います。

第二の問題でありますが、その大網は観光審議会できまるのでありますけれども、ただいまの厚生省の立場としましては、民間の希望者があれば、それを私が許可をいたしまして、どしどしやつていただくようにしたいと思つております。これは箱根の國立公園の一部でありますが、御料地の中へも相当のホテルの建設を希望しております。それは神奈川縣知事とも相談をいたしまして、許可いたしたいという方針で進んでおります。なお外資の導入につきましても各方面から私に話があります。そういう話も非常にいい話だと思いますから、これをよく調べぬといけませんので調べておりますが、よく筋の通つたものはただちに外資の導入によつて観光施設の温泉地帯における処理を進めたいと思います。

それから第三の問題はよくわかりました。資材も簡單で済むところはどしどしそういうふうな方向に進みたいと思います。

○山崎委員長　それではこれにて一應休憩にはいりまして、午後一時より再開いたします。

午前十時四十一分休憩

◇

午後一時四十五分開議

〔以下筆記〕

○田中委員長代理　これより休憩前に引続いて再開いたします。……。

……。

○山崎（道〔子〕）委員　私は近く社会保障法が制定されることを期待しておりますので、いろいろ不満の点や不備な点も見出すが、社会保障法の実現を期するということを條件といたしましてこの法案〔国民健康保険法の一部改正法律案〕に賛成いたしたいと存じますと同時に、いま一つ温泉法とからみ合うことになるのでございますが、これは國民の健康保険法と申します以上は、疾病から予防へ行きたいと思います。ところが從來温泉というものが、一部特権階級のために存するように思い勝ちでございます。さきほどの御質問の中に、観光政策としての温泉に対する政府の心構への御質問がございましたが、これも私一應御質問がございましたが、これも私一應御もつともと存じます、しかし私は新憲法下におきまして、日本も勤労國家として生きていく。つまり國民はすべて勤労の権利を有し義務を負う、この精神に則つて日本の再建をいたそうといたしております今日、できますれば温泉を大衆のもの、國民の温泉として拡げていきたいと存じます。つまり温泉は決して贅沢な場所でなく、ここに行きまして病後の療養をいたしますと同時に、健康の泉となるべき場所にしたい。つまり私の申しますのは、この國民健康法に次ぐ法規として施行にあたりましては、やはりこの組合の事業の一部として温泉施設を利用することのできるように、つまりデンマークのごとく、働く農民自身が週末旅行にはそうした所へ行つて、家族こぞつて樂しい日を送ることができる。これによつて今までの働くことの苦労を忘れ、明日の労働力を回復するという施設としての温泉がほしいと存じております。つまりこつちの健康保險法の中に、私はこういうことを希望するのでございますが、こうしたことに対しての御用意があるや否や、將來厚生省といたしましては、温泉はこの法律でやることについて、一部分お考え直しを願うように私は考えているのでございます。從いまして今日どの程度に行われているか、それに対してどういう考えであるかということを私はお伺いしたい。

○宮崎〔太一〕政府委員〔厚生事務官〕　ただいま山崎委員から國民健康保險法に関連して御質問がございましたが、健康保險法と併せて答弁いたします。國民健康保險法におきましては、山崎さんが仰せになりました温泉療養につきましては、その程度は少いが、今日におきましては石川縣と長野縣、群馬縣におきまして温泉の療養をいたしております。殊に石川縣の片山津温泉は、この温泉を患者の治療に利用したいと云うことを目下研究しておりまして、健康保險におきましてはつとに山崎委員のお考のようなことを考えまして、十年ほど前から温泉の保養所を設けまして、それには病人というよりも病氣の癒つた人、あるいは虚弱なる人のために保養所を設けておりまして、政府の管掌する府縣におきましては二十六箇所、組合の管掌する府縣におきましては六十箇所、本年二月末現在におきまして政府の管掌する府縣におきましては四千九百八十八件、組合の管掌する府縣におきましては一万五千人の方々が、この温合の療養所を利用いたしておるのでございまして、殊に箱根の湯元におきましては十箇所もございまして、労働者の人達が嬉々としてこれを利用しておるのでございます。おついでがございましたらごらんを願いたいと思います。

○山崎（道）委員　たいへん結構なお話を伺いましたが、まだ労働者の数から見れば、微々たるものと思います。それで私は是非病後の者や一部の者でなく、國民全般の上に拡げてまいりたいのが念願でございます。静岡縣長岡温泉で湯の家ができまして、これは養老院でございまして、養老院といえば非常に暗いかげがついてまわつておりましたが、これをこの後明るい、殊にこうした社会制度の下においては、老いてからみじめな人が沢山出てまいりますが、國民は安心して老後を養えるような施設がほしいと考えておりまして、現在長岡温泉の一部には湯の家を拵えて二十人ばかりの養老さんを入れております。これは非常に結果が宜しく、私はこうした面から考えて、黙々と働いている労働者、農民、殊に農家の諸君が、供出でも終つたならばほつと一と息、親子夫婦連れで一週間保養に行くことができたならば、何の夢もない現在の世の中に、それだけ明るく人心を導いていくということを考えまして、この際特にお願いした次第でございます。さきほど申しましたように、今日非常に繁雑に、やれ社会何とかだとか、國民保險法だとか、健康保險法だとか、船員保險、失業保險とたくさんございますので、私たち自身憶えるのに忙しいくらいでございます。どうぞ一日も早くこれが社会保障制度としてお心に含められることを、心から希望いたして私の質問を終ります。

〇野本〔品吉〕委員　……。

……。

最後にもう一つお伺いしたいのは、温泉に関することでありますが、さきほどちよつとこの点に触れた質問があつたようでありますが、温泉をめぐつての権益にからまりまして、各種の紛争が起り、いろいろめんどうな問題があるのも事実であります。それから温泉の特性といつたものが、明確に入浴者に理解されていないのも事実であろうと思う。そこで私が伺いたいのは、この温泉地帯にどの程度の温泉の源があるか、またどういう性質をもつて、どういうものに適当であるかということについての、温泉に対する総合的な、科学的な研究を進めていく必要があろうかと思います。これらについてのお考えを重ねてお伺いしたい。

〇三木〔行治〕政府委員〔厚生技官〕　御指摘になりました各種の紛争の原因としては、温泉源、それを明確ならしめ、かつ、その出てくる温泉を分析して、その薬事的の規格を明かにする必要があるという御意見には賛成であります。わが國におきましては、御存じのように何しろ稀な温泉地帯でありまして、到る処に湧き出ているような次第で、これに対する研究機関も不十分であるというわけで、すべての温泉について科学のメスを加えることが困難でありますが、しかしながら地質学会あるいはこれらの総合的の仕事をやつている温泉協会では、すでにそういう研究を始め、今日もやつているわけで、そういう方面と十分連絡して温泉経営の問題、地下に埋蔵せられている温泉源の問題について、十分研究していきたい。それを行政の上に運用していきたいと考えております。なお、それらの温泉の性質の問題、薬事的作用については、これまたこのたびの法律におきましても考えているのでありまして、許可にあたりましてはそれらの温泉を科学的に分析する。それはあるいは地方の側でやるということを規定しているので、そこで十分分析して、どういう性能があるかということを明かにしたいと思います。なお、午前の委員会でも御指摘があつたのでありますが、万病にきくがごときことは適当でないという御意見で、私もまつたくさように存ずるので、わが國においても温泉治療学というものが、各地の大学の附属施設で研究するというわけで各地にできております。かようなわけでありまして温泉地質学も相当進歩して、従來地中から湧いて出ます温かい水がきくのであるといつたような時代ではない。そのきき目を顕微鏡下に見ることもできるという研究もたくさんできている。そういう研究の上に立ちまして、その薬事的な使命を明かにし、従來のごとく鷺が傷いた脚を洗つていたから癒るであろうというようなことのない、文化的な、科学的な温泉の薬事作用、かような方面にもつていつて國民生活の上に結びつけていきたいと考えている次第でございます。

○山崎委員長　次に斎藤昇君。

○齋藤委員　私はこの温泉法についてお聴きしたいが、ただいま野本委員から質問がありました通り、日本は非常に温泉源に富んでいる。この温泉の利用についてもいろいろあると思うので、今後とも温泉利用についてぜひ科学的な方面を考えていきたいと要望しますが、それと同時に温泉を保護するという意味において、日本が温泉をもつているのは、これはやはり活火山という火山脈によるのでありまして、そういう立場から、私の地方へ参りますれば炭鉱地帯において温泉が多量に湧出する。温泉を掘る意思ではなかつたが、温泉が多量に湧出する。しかし炭鉱のためにかつて温泉掘鑿権をもつておる人も、全然温泉を利用することができない。そこで炭鉱も重大なる増産の中心でありますけれども、しかしまた温泉が公衆のためにも、あるいは療養のためにも必須であるにかかわらず、すべてが犠牲にされる。私どもの地方は常盤炭鉱地方でありますが、温泉業者と炭鉱業者はいろいろな紛争が、永年にわたつてあるので、私どもはこの問題につきまして、温泉法が作られて温泉が完全に保護されるということでありましたならば、このように國家の政策においては重大なる面には立つているが、しかし温泉を保護する見地から見て、今後温泉を掘る意思がなくして温泉が湧き出した。しかしそれは温泉の権利をもつている人が全然利用できない立場になつている。こういう時において、いかなる処置をとるか、今後重大なる問題として、政府の所見を聴きたいと思います。

○三木政府委員　ただいま御指摘になりました問題は、掘る意思がなくて温泉が出たという場合において、政府の措置はどうかというのでありませうが、たとえば電柱を立てる時に、図らずも温泉が出たという場合、もつと一般的に申すと、たとえば炭鉱等の問題においては、この炭鉱を掘り続けることが公益としていいか、それともそれをやめて温泉を湧出せしめた方が、公益上有益であるかという観点に立つて処理していく。こういう考えでありまして、たとえば炭鉱の場合におきましては商工局長と縣知事が協議する、こういう風にやつていきたい。いずれを重しとするかについて、最も適切にやつていきたいと考えている次第でございます。

○齋藤委員　もちろんそういう場合においては、いろいろ縣並に商工省との協議がありませう。もしも炭鉱内に湧き出した場合に、さきに温泉の権利をもつていた者に対して、その方面に仕向けるという立場の時に、炭鉱は何らそれに應じない。しかし実際の湧出量は相当にあるということで紛争が起る場合もある。いわゆる炭鉱のために犠牲になるか、あるいは両方とも利用できるという場合もあるが、それがお互にただ権利のみを考えましたならば、全然そういう方面に考慮を拂わない。そういう場合においての措置をお考え願いたいと思う。

○三木政府委員　御指摘になりましたような両立しうる場合においては、これは両者の協議によつて両方の利益が完うすればこれに越したことはないのでありまして、非常に結構だと考えます。

○齋藤委員　なお、この炭鉱を保護する立場から言いまして、これらの問題は実際的に重大な権利で、温泉の生命に関するものでありまして、どうかこうしたことは今後ともひとつ御検討を願いたい。單に温泉を利用するだけでなく、それ以外の重大なる問題を起すことも往々あるから、今後とも御検討を願いまして、そうして温泉が利用されるようにしたい。永い間にわたる温泉が、その町村の生命を断つことも考えられますので、これをよく検討してみなければ、一概に優劣は決せられないと考える。なお聴きたい点は、第七條におきまして、もしも温泉を掘鑿した場合に、温泉が湧き出なかつた。そうしてその場合は原状回復を命ずることができるということになつているが、もし完全な回復がされないで相当に土地が荒廃したという場合に対して、補償の制度はないか、これをお聴きしたい。

○三木政府委員　お伺いしますが補償と申しますのは、都道府縣が補償するのですか。それとも十分に原状回復ができなかつたから申し訳ないというのでその人が補償するという意味ですか。

○齋藤委員　都道府縣知事が原状の回復を命じても原状の回復をしない。その土地が荒廃したという時に、補償の制度を一應考えたかどうですか。

○三木政府委員　その場合は私法上の規定によつてこれを行うつもりでございます。

○齋藤委員　最後に温泉審議会の件であります。この温泉審議会のことはさきに質問があつたかもしれませんが、温泉審議会の内容機構につきまして、一應お聴きしたいと思います。

○三木政府委員　温泉審議会第二十條にあるようには中央及び地方におきまして、厚生大臣が第十條の規定によつて承認を與え、または重要なる問題について審議するということになつているので、これの構成メンバーは中央温泉審議会又は都道府縣温泉審議会とし委員及び臨時委員は、行政廳の官吏または吏員、温泉に関する事業に従事するもの、及び学識経驗ある者の中から、中央におきましては厚生大臣の申し出により内閣において命じ、都道府縣にあつては、都道府縣知事がこれを命ずるということになつているのでございます。

○齋藤委員　温泉審議会が今後できまして、温泉に関する学識経験者によつて温泉の利用、温泉のいろいろの問題について審議されることは、特殊な人々のみでなく、温泉が一般に開放されて、一般の温泉として審議されるということを希望します。さきほども言われましたが、温泉が特殊な権利者のみに奪われる。たとえばさきに掘鑿権をもつている者が権利を主張するために、新らしい温泉の場所において実際に利用したいと思いましても、利用できない、設備があつても利用されない、こういう事も考えられます。温泉が大衆のために開放されて、十分に日本において、無限の温泉が利用されることは日本の特権であるから、特に御考慮を願いたいと思います。

○……。

○有田〔二郎〕委員　民主自由党を代表いたしまして、この際政府に質問警告を発したいと思います。それは六月二十六日に薬事法案、……の四案が委員会を通過する。さらにまた一昨二十八日におきましては予防接種法案、……案というような法案が委員会において可決になつて、本会議にかけ、これにさらにまた今日におきましては興行場法案、……、温泉法案、……案というのを本日の委員会において可決して、そうして本会議に移すことになつているが、まつたく與党の各委員も常に質問の中に申しておられる通りに、政府の法案を上程される態度におきまして、私どもはまつたく不満を感ずるものでございます。しかも会期切迫いたしまして、聞くところによりますと本日終了いたしまする予定の國会が、五日間與党側では延ばしたい希望であるようでございますが、とにかく会期切迫の際、かくも多数の法案を一時に出すという政府のやり方には、與党側の各議員も不満であると共に、野党の私ども民主自由党といたしましては、まつたく不満の意を表するものであります。しかもこれを修正いたしますと、やはりいろいろな関係からわれわれは十分な審議もできないし、十分な修正もできない状態に置かれている。私どもはこの点においてまことに遺憾に思う。しかも本日可決になる予定の興行場法案とか、…

…、温泉法案、……案は、明七月一日から行われるかもしれない緊急なる法案であります。その緊急な法案を会期切迫した今日において全部通さなけば《(ママ)》ならぬ。そうでないと國民大衆が困る。しかも私たちに十分な審議もさせないというような状態に置かれているのは、非常に私達遺憾に思うがこの点につきましては與党側の民主党としても、社会党としても、國協党としても、おそらく御同感のことであろうと思います。従って第一國会におきまして可決になりましたこの理容師法並びにあん摩、はり、きゆう問題にしましても、再びこれを補充しなければならぬような欠陥が出てくるように思うのであります。従って第二國会におきまして今まで可決になりあるいは本日可決になる、またその後に可決になる法案につきましても、いろいろと欠陥があることであろうと思うのですが、その責任はわれわれ委員の責任ではなくしてまつたく政府当局の責任である、かように私は考えるものであります。従って第三國会におきましてこれらの法律の修正を私どもやります場合に、政府としてはその責任を十分御痛感になつて御協力あるべきであると私は存ずるのであります。……さらに本日の質問も、浴場法案についても、旅館業法案についても、まだいろいろ質問する事項がたくさんあるのであります。特に野党といたしまして、われわれ民主自由党といたしまして、やらなければならぬものがあるわけでありますが、明日から施行したい、施行しなければ國民が困るというような状態に置かれている以上いたし方ないのであります。……。これもこれを修正することによつて第二國会を通過することができないというような諸般の事情を併せ考えまして、わが民主自由党としましては、はなはだ遺憾であるけれども、これをもつて質疑を打切るということに決したのでありますが、私ども野党としての立場においても、このたくさんの法案を一時に可決し、一時に本会議に上程していくということは、厚生委員の中の民主党自体として一番責任を痛感しておることと思う。政府当局としては十分この点を熟考して、この案について誤りなきよう、かつまた第三國会における修正等についても、國会においてすでにあなた方が採択してくださつたのじやないかという意味合でなく、政府の責任において、会期切迫しておる時に法案を一度に出したそのために、十分なる審議ができないで、りつぱな法律案ができなかつたのは政府の責任であるということを、十分肝に銘じていただきたい、かように考えるものであります。政府の御意見を承りたい。

○喜多政府委員　ただいま有田委員の御意見まことに御もつともでございます。厚生省といたしまして会期切迫いたし、多数の重要なる法案を提出いたしまして、委員各位の御審議を賜わつておりますことを、深く感謝いたしておる次第であります。厚生省といたしましても成るべく早く提出したいというふうに考えていたのでございますが、いろいろの事情のために遅延いたしましたことは、悪しからず御了承願いたいと思うのであります。その際における審議に対しまして十分の時間も與えられなかつた関係上、これが修正等を第三國会において委員によつて審議をされることについて、厚生省としてはやぶさかでありませんので、どうか第三國会においてもこの法案を御審議くださることに異存なきことを表明いたします。……。

続いて、温泉法案を含む法案が一括して討論され、有田二郎委員がこれに賛成の意を表した後、温泉法案は全員の賛成によって原案のとおり可決された。

5　第二回衆議院本会議（昭和二三〔一九四八〕年六月三〇日）

昭和二三（一九四八）年六月三日開催の第二回国会衆議院本会議において、温泉法案を含む七案（興行場法案、公衆浴場法案、旅館業法案、理容師法特例案、国民健康保険法の一部を改正する法律案、あん摩、はり、きゆう、柔道整復等営業法に関する特例案）が一括して議題とされることにされ、山崎岩男厚生委員長が温泉法について厚生委員会における審議の経過および結果の説明を求められた。同委員長の説明はつぎのとおりである。

○山崎岩男君　……。

温泉は、わが國の天然資源として、古來きわめて重要なものでありまして、これを保護するとともに、その利用を公共福祉に適應せしめることは、國家再建上緊喫の要務でありますので、從來の都道府縣令の内容を基礎とし、これを若干拡充して、温泉の保護とその利用の適正化に遺憾なきを期せんとするのが、政府の本法律案提案の理由であります。

一、二その内容を申し上げますれば、第一は、温泉源を保護するために、温泉の掘鑿、涌出路の増掘は都道府縣知事の許可を受けさせることとし、また温泉を枯渇させるような採取等を防止するため、採取の制限を命ずることができるようにいたしておるのであります。第二は、厚生大臣は必要に應じて施設の整備及び環境の改善に必要な地域を指定し、その地域内の温泉利用施設の整備、その管理方法の改善等を指導して、理想的な温泉郷を建設していこうとするのが、本法律案の内容であります。

……。

以上四法律案中、……、温泉法案は二十五（九？）日、……、本委員会に付託せられ、いずれも本日審議に入つたのでありますが、質疑應答の後、討論を省略して採決に入りましたところ、全員一致原案通り可決すべきものと決した次第でございます。

その後、温泉法案を含む七案は一括して採決に付され、委員長報告のとおり可決された。

かくて、温泉法案は、原案のとおり温泉法として公布された。

第二章　温泉法第一次改正

温泉法は、「温泉法の一部を改正する法律」（平成一三年六月二七日法律七二号）により改正（第一次改正）された。この法律の原案である「温泉法の一部を改正する法律案」（以下、「温泉法第一次改正案」または「第一次改正案」と称することがある。）は、平成一三（二〇〇一）年三月九日に閣議決定され、第一五一回通常国会（平成一三〔二〇〇一〕年一月三一日～同年八月六日）に提出された（内閣提出六六号）。そして、衆議院でも参議院でも原案のとおり可決され、公布された。

一　第一次改正案の内容

温泉法第一次改正案の内容は、以下のとおりである。

1　第一次改正案の提出理由

温泉法第一次改正案の提出理由はつぎのとおりである。

温泉をゆう出させるための土地の掘削の実施状況にかんがみ、当該掘削の許可の有効期間を設けるとともに、温泉に入浴する者等の健康を保護するため、温泉の成分等の掲示に際してその分析をする者に関する登録制度を設ける等の必要がある。これが、この法律案を提出する理由である。

2　第一次改正案の要綱

温泉法第一次改正案の要綱はつぎのとおりである。

第一　掘削等の許可の失効手続の迅速化

一　温泉の掘削等の許可の有効期間を許可の日から起算して二年とするとともに、一定の場合には一回に限り二年を限度として、有効期間を更新することができることとすること。（第五条関係）

二　温泉の掘削等の許可を受けた者は、その工事を完了し、又は廃止したときは、その旨を都道府県知事に届け出なければならないこととし、その届出があったときは当該許可は効力を失うものとすること。（第六条関係）

第二章　温泉法第一次改正

第二　温泉の成分等の掲示の適正化

一　温泉の成分等の掲示について、その内容を都道府県知事に届け出なければならないものとするとともに、届出を受けた都道府県知事は、必要があると認めるときは、掲示内容の変更を命ずることができるものとすること。

（第十四条第三項及び第四項関係）

二　温泉の成分等の掲示は、都道府県知事の登録を受けた機関（以下「登録分析機関」という。）の分析に基づいてしなければならないこととするとともに、登録分析機関の登録に関し必要な規定を置くこと。

（第十四条第二項及び第十五条から第二十四条まで関係）

第三　その他

罰金の額の引き上げ等所要の規定の整備を図ること。

第四　施行期日等

一　この法律は、公布の日から起算して一年を超えない範囲内において政令で定める日から施行するものとすること。

（附則第一条関係）

二　所要の経過措置を設けるものとすること。

（附則第二条から第五条まで関係）

三　政府は、この法律の施行後五年を経過した場合において、新法の施行の状況を勘案し、必要があると認めるときは、新法の規定について検討を加え、その結果に基づいて必要な措置を講ずるものとすること。

四　関係法律について、所要の改正を行うものとすること。

（附則第六条関係）

3　**第一次改正案**

温泉法第一次改正案は、以下のとおりである。

温泉法（昭和二十三年法律百二十五号）の一部を次のように改正する。

題名の次に次の目次を付する。

目次

附則

第一条に見出しとして「(目的)」を付する。

第二条に見出しとして「(定義)」を付し、同条第一項中「ゆう出する」を「ゆう出する」に改める。

第三条に見出しとして「(土地の掘削の許可)」を付し、同条第一項中「ゆう出させる」を「ゆう出させる」に、「掘さくしよう」を「掘削しよう」に、「環境省令の」を「環境省令で」に改め、同条第二項中「掘さく」を「掘削」に改め、同条第三項中「許可を与える」を「同項の許可をしようとする」に改める。

第四条から第六条までを次のように改める。

(許可の基準)

第四条　都道府県知事は、前条第一項の許可の申請があつたときは、当該申請が次の各号のいずれかに該当する場合を除き、同項の許可をしなければならない。

一　当該申請に係る掘削が温泉のゆう出量、温度又は成分に影響を及ぼすと認めるとき。

二　前号に掲げるもののほか、当該申請に係る掘削が公益を害するおそれがあると認めるとき。

三　申請者がこの法律の規定により罰金以上の刑に処せられ、その執行を終わり、又はその執行を受けることがなくなつた日から二年を経過しない者であるとき。

四　申請者が第七条第一項第三号の規定により前条第一項の許可を取り消され、その取消しの日から二年を経過しない者であるとき。

五　申請者が法人である場合において、その役員が前二号のいずれかに該当する者であるとき。

2　都道府県知事は、前条第一項の許可をしないときは、遅滞なく、その旨及びその理由を申請者に書面により通知しなければならない。

（許可の有効期間等）

第五条　第三条第一項の許可の有効期間は、当該許可の日から起算して二年とする。

2　都道府県知事は、第三条第一項の許可に係る掘削の工事が災害その他やむを得ない理由により当該許可の有効期間内に完了しないと見込まれるときは、環境省令で定めるところにより、当該許可を受けた者の申請により、一回に限り、二年を限度としてその有効期間を更新することができる。

（工事の完了又は廃止の届出）

第六条　第三条第一項の許可を受けた者は、当該許可に係る掘削の工事を完了し、又は廃止したときは、遅滞なく、環境省令で定めるところにより、その旨を都道府県知事に届け出なければならない。

2　前項の規定による届出があったときは、第三条第一項の許可は、その効力を失う。

第二十七条から第三十条までを削る。

第二十六条中「、これを」を削り、同条の条名を削る。

第二章　温泉法第一次改正

第二十五条中「前三条」を「第三十四条から前条まで」に、「外」を「ほか」に改め、同条を第三十八条とし、同条の次に次の一条を加える。

第三十九条　次の各号のいずれかに該当する者は、十万円以下の過料に処する。

一　第十七条第一項の届出を怠つた者

二　第二十条の規定に違反した者

第二十四条中「左の各号の一」を「次の各号のいずれか」に、「これを五千円」を「三十万円」に改め、同条第一号を次のように改める。

一　第六条第一項、第十四条第三項又は第十六条の規定による届出をせず、又は虚偽の届出をした者

第二十四条第三号中「第十七条第一項又は第二項」を「第二十四条第一項又は第三十一条第一項若しくは第二項」に改め、「当該官吏又は吏員の」を削り、「又は忌避した」を「若しくは忌避し、又は質問に対して陳述をせず、若しくは虚偽の陳述をした」に改め、同号を同条第六号とし、同条第二号中「第十六条」を「第二十四条第一項又は第三十条」に改め、同号を同条第五号とし、同条第一号の次に次の三号を加える。

二　第十四条第一項の規定による掲示をせず、又は虚偽の掲示をした者

三　第十四条第二項の規定に違反した者（前号の規定に該当する者を除く。）

四　第二十三条の規定に違反した者

第二十四条を第三十七条とする。

第二十三条中「左の各号の一」を「次の各号のいずれか」に改め、「これを」を削り、「五千円」を「五十万円」に改め、同条第一号中「第六条（第八条第二項において準用する場合を含む。）、第七条（第八条第二項及び第二十九条第二項」を「第七条第二項若しくは第八条（これらの規定を第九条第二項」に、「第九条又は第十八条」を「第十条第一項又は第二十七条第二項」に、「従わない」を「違反した」に改め、同条第二号中「第十二条第一項」を「第十三条第一項」に改め、同条に次の二号を加える。

三　第十五条第一項の規定に違反して登録を受けないで温泉成分分析を行つた者

四　不正の手段により第十五条第一項の登録を受けた者

第二十三条を第三十五条とし、同条の次に次の一条を加える。

第三十六条第十四条第四項の規定による命令に違反した者は、五十万円以下の罰金に処する。

第二十二条第一項中「第八条第一項」を「第九条第一項」に改め、「これを」を削り、「一万円」を「百万円」に改め、同条第二項中「刑は」を「罪を犯した者には」に、「これを」を「懲役及び罰金を」に改め、同条を第三十四条とする。

第五章を第六章とする。

第二十一条に見出しとして「（聴聞の特例）」を付し、同条第一項中「都道府県知事が、第六条（第八条第二項」を「都道府県知事は、第七条第二項（第九条第二項」に、「第九条第一項又は第十八条」を「第十条第一項又は第二十七条第二項」に改め、同条第二項中「第五条（第八条第二項において準用する場合を含む。）、第六条（第八条第二項」を「第七条（第九条第二項」に、「第九条第一項又は第十八条」を「第十条第一項又は第二十七条」に改め、第四章中同条を第二十九条とする。

第二十条に見出しとして「（審議会その他の合議制の機関への諮問）」を付し、同条中「第四条（第八条第二項」を「第四条第一項（第九条第二項」に、「第六条（第八条第二項」を「第七条（第九条第二項」に、「第八条第一項又は第九条」を「第九条第一項又は第十条第一項」に改め、同条を第二十八条とする。

第十九条を削る。

第四章の次に次の一章を加える。

第五章雑則

（報告徴収）

第三十条　都道府県知事は、この法律の施行に必要な限度において、温泉をゆう出させる目的で土地を掘削する者に対し、土地の掘削の実施状況その他必要な事項について報告を求め、又は温泉源から温泉を採取する者若しくは温泉利用施設の管理者に対し、温泉のゆう出量、温度、成分、利用状況その他必要な事項について報告を求めることができる。

2　経済産業局長は、この法律の施行に必要な限度において、工業用に利用する目的で温泉源から温泉を採取する者又はその利用施設の管理者に対し、温泉のゆう出量、温度、成分、利用状況その他必要な事項について報告を求めることができる。

（立入検査）

第三十一条　都道府県知事は、この法律の施行に必要な限度において、その職員に、温泉をゆう出させる目的で行う土地の掘削の工事の場所、温泉の採取の場所又は温泉利用施設に立ち入り、土地の掘削の実施状況、温泉のゆう出量、温度、成分若しくは利用状況若しくは帳簿、書類その他の物件を検査し、又は関係者に質問させることができる。

2　経済産業局長は、この法律の施行に必要な限度において、その職員に、温泉を工業用に利用する施設に立ち入り、温泉のゆう出量、温度、成分若しくは利用状況若しくは帳簿、書類その他の物件を検査し、又は関係者に質問させることができる。

3　第二十四条第二項及び第三項の規定は、前二項の規定による立入検査について準用する。

（政令で定める市の長による事務の処理）

第三十二条　第三章、第二十九条第一項（第二十七条第二項の規定による処分に係る部分に限る。）、第三十条第一項（温泉をゆう出させる目的で土地を掘削する者に対する報告の徴収に係る部分を除く。）又は前条第一項

第二章　温泉法第一次改正

（温泉をゆう出させる目的で行う土地の掘削の工事の場所への立入検査に係る部分を除く。）の規定により都道府県知事の権限に属する事務の一部は、政令で定めるところにより、地域保健法（昭和二十二年法律第百一号）第五条第一項の政令で定める市（次項において「保健所を設置する市」という。）又は特別区の長が行うこととすることができる。

2　保健所を設置する市又は特別区の長は、前項に規定する事務に係る事項で環境省令で定めるものを都道府県知事に通知しなければならない。

（経過措置）

第三十三条　前条第一項の規定に基づき政令を制定し、又は改廃する場合においては、その政令で、その制定又は改廃に伴い合理的に必要と判断される範囲内において、所要の経過措置（罰則に関する経過措置を含む。）を定めることができる。

第十六条から第十八条の三までを削る。

第十五条に見出しとして「（改善の指示）」を付し、同条中「環境省令の」を「環境省令で」に改め、第三章中同条を第二十六条とし、同条の次に次の一条を加える。

（許可の取消し等）

第二十七条　都道府県知事は、次に掲げる場合には、第十三条第一項の許可を取り消すことができる。

一　公衆衛生上必要があると認めるとき。
二　第十三条第一項の許可を受けた者が同条第二項第一号又は第三号のいずれかに該当するに至つたとき。
三　第十三条第一項の許可を受けた者がこの法律の規定又はこの法律の規定に基づく命令若しくは処分に違反したとき。
2　都道府県知事は、前項第一号又は第三号に掲げる場合には、温泉源から温泉を採取する者又は温泉利用施設の管理者に対して、温泉の利用の制限又は危害予防の措置を講ずべきことを命ずることができる。
第十四条に見出しとして「(地域の指定)」を付し、同条中「温泉利用施設」の下に「(温泉を公共の浴用又は飲用に供する施設、温泉を工業用に利用する施設その他温泉を利用する施設をいう。以下同じ。)」を加え、同条を第二十五条とする。

第十三条に見出しとして「(温泉の成分等の掲示)」を付し、同条中「見易い」を「見やすい」に、「環境省令の」を「環境省令で」に改め、同条に次の三項を加える。
2　前項の規定による掲示は、次条第一項の登録を受けた者(以下「登録分析機関」という。)の行う温泉成分分析(当該掲示のために行う温泉の成分についての分析及び検査をいう。以下同じ。)の結果に基づいてしなければならない。
3　温泉を公共の浴用又は飲用に供する者は、第一項の規定による掲示をしようとするときは、環境省令で定めるところにより、その内容を都道府県知事に届け出なければならない。

4　都道府県知事は、第一項の施設において入浴する者又は同項の温泉を飲料として摂取する者の健康を保護するために必要があると認めるときは、前項の規定による届出に係る掲示の内容を変更すべきことを命ずることができる。

第十三条を第十四条とし、同条の次に次の十条を加える。

（温泉成分分析を行う者の登録）

第十五条　温泉成分分析を行おうとする者は、その温泉成分分析を行う施設（以下「分析施設」という。）について、当該分析施設の所在地の属する都道府県の知事の登録を受けなければならない。

2　前項の登録を受けようとする者は、次に掲げる事項を記載した申請書を都道府県知事に提出しなければならない。

一　氏名又は名称及び住所並びに法人にあつては、その代表者の氏名

二　分析施設の名称及び所在地

三　温泉成分分析に使用する器具、機械又は装置の名称及び性能

四　その他環境省令で定める事項

3　都道府県知事は、第一項の登録の申請が次の各号のいずれにも適合していると認めるときは、前項第一号及

び第二号に掲げる事項並びに登録の年月日及び登録番号を登録分析機関登録簿に登録しなければならない。

一　前項第三号に掲げる事項が、温泉成分分析を適正に実施するに足りるものとして環境省令で定める基準に適合するものであること。

二　当該申請をした者が、温泉成分分析を適正かつ確実に実施するのに十分な経理的基礎を有するものであること。

4　次の各号のいずれかに該当する者は、第一項の登録を受けることができない。

一　この法律の規定により罰金以上の刑に処せられ、その執行を終わり、又はその執行を受けることがなくなつた日から二年を経過しない者

二　第二十一条（第三号を除く。）の規定により登録を取り消され、その取消しの日から二年を経過しない者

三　法人であつて、その役員のうちに前二号のいずれかに該当する者があるもの

5　都道府県知事は、第一項の登録をしたときはその旨を、当該登録を拒否したときはその旨及びその理由を、遅滞なく、申請者に書面により通知しなければならない。

（変更の届出）

第十六条　登録分析機関は、前条第二項各号に掲げる事項に変更（環境省令で定める軽微なものを除く。）があつたときは、遅滞なく、その旨を都道府県知事に届け出なければならない。

（廃止の届出）
第十七条　登録分析機関は、温泉成分分析の業務を廃止したときは、遅滞なく、その旨を都道府県知事に届け出なければならない。
２　前項の規定による届出があつたときは、当該登録分析機関の登録は、その効力を失う。
（登録の抹消）
第十八条　都道府県知事は、前条第二項の規定により登録がその効力を失つたとき、又は第二十一条の規定により登録を取り消したときは、当該登録分析機関の登録を抹消しなければならない。
（登録分析機関登録簿の閲覧）
第十九条　都道府県知事は、登録分析機関登録簿を一般の閲覧に供しなければならない。
（登録分析機関の標識）
第二十条　登録分析機関は、環境省令で定めるところにより、その事務所及び分析施設ごとに、公衆の見やすい場所に、環境省令で定める様式の標識を掲示しなければならない。
（登録の取消し）
第二十一条　都道府県知事は、登録分析機関が次の各号のいずれかに該当するときは、その登録を取り消すことができる。

一　第十五条第一項及び第二項、第十六条、第十七条第一項、前条、次条並びに第二十三条の規定並びにこれらの規定に基づく命令の規定に違反したとき。
二　第十五条第三項各号に掲げる要件に適合しなくなつたとき。
三　第十五条第四項第一号又は第三号のいずれかに該当するに至つたとき。
四　不正の手段により第十五条第一項の登録を受けたとき。

（環境省令への委任）
第二十二条　第十五条から前条までに定めるもののほか、登録の手続、登録分析機関登録簿の様式その他登録分析機関の登録に関し必要な事項は、環境省令で定める。

（温泉成分分析の求めに応ずる義務）
第二十三条　登録分析機関は、温泉成分分析の求めがあつた場合には、正当な理由がなければ、これを拒んではならない。

（報告徴収及び立入検査）
第二十四条　都道府県知事は、温泉成分分析の適正な実施を確保するために必要な限度において、温泉成分分析を行う者に対し、その温泉成分分析に関し必要な報告を求め、又はその職員に、その者の事務所若しくは分析施設に立ち入り、温泉成分分析に使用する器具、機械若しくは装置、帳簿、書類その他の物件を検査し、若しくは関係者に質問させることができる。
2　前項の規定により立入検査をする職員は、その身分を示す証明書を携帯し、関係者に提示しなければならない。
3　第一項の規定による立入検査の権限は、犯罪捜査のために認められたものと解釈してはならない。
第十二条に見出しとして「(温泉の利用の許可)」を付し、同条第一項中「環境省令の」を「環境省令で」に改め、同条第三項を削り、同条第二項中「前項」を「第一項」に改め、同項を同条第三項とし、同項の次に次の一項を加える。
4　第四条第二項の規定は、第一項の許可をしないときについて準用する。
第十二条第一項の次に次の一項を加える。
2　次の各号のいずれかに該当する者は、前項の許可を受けることができない。
一　この法律の規定により罰金以上の刑に処せられ、その執行を終わり、又はその執行を受けることがなくなつた日から二年を経過しない者
二　第二十七条第一項第三号の規定により前項の許可を取り消され、その取消しの日から二年を経過しない者
三　法人であつて、その役員のうちに前二号のいずれかに該当する者があるもの
第十二条を第十三条とする。

第十一条に見出しとして「(他の目的で土地を掘削した者に対する措置命令)」を付し、同条第一項中「温泉をゆう出させる」を「都道府県知事は、温泉をゆう出させる」に、「を掘さくしたため」を「が掘削されたことにより」に、「ゆう出量」を「ゆう出量」に、「を及ぼす」を「が及ぶ」に、「都道府県知事は、土地を掘さくした」を「その土地を掘削した」に、「阻止する」を「防止するため」に改め、「措置を」の下に「講ずべきことを」を加え、同条第二項中「都道府県知事が」を「都道府県知事は」に、「基く」を「基づく」に、「掘さくした」を「掘削した」に改め、第二章中同条を第十二条とする。

第十条に見出しとして「(環境大臣への協議等)」を付し、同条第一項中「第八条第一項」を「第九条第一項」に改め、同条を第十一条とする。

第九条に見出しとして「(温泉の採取の制限に関する命令)」を付し、同条第一項中「温泉源保護の」を「温泉源を保護する」に、「温泉源より」を「温泉源から」に改め、同条を第十条とする。

第八条に見出しとして「(増掘又は動力の装置の許可)」を付し、同条第一項中「ゆう出路」を「ゆう出路」に、「ゆう出量」を「ゆう出量」に、「環境省令の」を「環境省令で」に改め、同条第二項中「前四条」を「第四条から前条まで」に改め、「装置」の下に「の許可」を加え、「、これを」を削り、同項に後段として次のように加える。

この場合において、第四条第一項第一号及び第二号、第五条第二項、第六条第一項並びに第七条第一項第一号中「掘削」とあるのは「増掘又は動力の装置」と、前条中「掘削が行われた場合」とあるのは「増掘又は動力の装置が行われた場合」と、「当該掘削」とあるのは「当該増掘若しくは動力の装置」と、「温泉をゆう出させる目的で土地を掘削した者」とあるのは「温泉のゆう出路を増掘し、又は温泉のゆう出量を増加させるために動力を装置した者」と読み替えるものとする。

第八条を第九条とする。

第七条に見出しとして「(原状回復命令)」を付し、同条中「第三条第一項の許可が取り消されたとき、又は許可を受けて掘さくした」を「都道府県知事は、第三条第一項の許可に係る掘削が行われた場合において、当該許可を取り消したとき、又は当該掘削が行われた」に、「ゆう出しない」を「ゆう出しない」に改め、「、都道府県知事は」を削り、「土地を掘さくした」を「温泉をゆう出させる目的で土地を掘削した」に改め、「また」を削り、同条を第八条とする。

第六条の次に次の一条を加える。

(許可の取消し等)

第七条　都道府県知事は、次に掲げる場合には、第三条第一項の許可を取り消すことができる。

一　第三条第一項の許可に係る掘削が第四条第一項第一号又は第二号のいずれかに該当するに至つたとき。

二　第三条第一項の許可を受けた者が第四条第一項第三号又は第五号のいずれかに該当するに至つたとき。

三　第三条第一項の許可を受けた者がこの法律の規定又はこの法律の規定に基づく命令若しくは処分に違反したとき。

2　都道府県知事は、前項第一号又は第三号に掲げる場合には、第三条第一項の許可を受けた者に対して、公益上必要な措置を講ずべきことを命ずることができる。

附則

（施行期日）

第一条　この法律は、公布の日から起算して一年を超えない範囲内において政令で定める日から施行する。

（掘削等の許可に関する経過措置）

第二条　この法律の施行の際現にこの法律による改正前の温泉法（以下「旧法」という。）第三条第一項又は第八条第一項の許可を受けている者に係る当該許可については、この法律による改正後の温泉法（以下「新法」という。）第五条（新法第九条第二項において準用する場合を含む。）の規定は適用せず、旧法第五条（旧法第八条第二項において準用する場合を含む。）の規定は、なおその効力を有する。この場合において、新法第二十九条第二項中「第七条」とあるのは、「温泉法の一部を改正する法律（平成十三年法律第号）附則第二条の規定によりなおその効力を有するものとされる同法による改正前の第五条（同法による改正前の第八条第二項において準用する場合を含む。）、第七条」とする。

（許可の取消しに関する経過措置）

第三条　この法律の施行の際現に旧法第三条第一項又は第八条第一項の許可を受けている者に対する新法第七条第一項（新法第九条第二項において準用する場合を含む。）の規定による許可の取消しに関しては、この法律の施行前に生じた事由については、なお従前の例による。

第四条　この法律の施行の際現に旧法第十二条第一項の許可を受けている者に対する新法第二十七条第一項の規定による許可の取消しに関しては、この法律の施行前に生じた事由については、なお従前の例による。

（温泉の成分等の掲示に関する経過措置）

第五条　この法律の施行の際現に旧法第十三条の規定によりされている掲示については、新法第十四条第二項及び第三項の規定は適用しない。

（検討）

第六条　政府は、この法律の施行後五年を経過した場合において、新法の施行の状況を勘案し、必要があると認めるときは、新法の規定について検討を加え、その結果に基づいて必要な措置を講ずるものとする。

（伊東国際観光温泉文化都市建設法の一部改正）

第七条　伊東国際観光温泉文化都市建設法（昭和二十五年法律第二百二十二号）の一部を次のように改正する。

第三条第一項中「虞」を「おそれ」に、「第八条第一項」を「第九条第一項」に、「掘さく」を「掘削」に改める。

二　第一次改正案の審議

温泉法第一次改正案の国会での主な審議は以下のとおりである。

1　第一五一回国会衆議院環境委員会（平成一三〔二〇〇一〕年五月二五日）

平成一三（二〇〇一）年五月二五日に開かれた衆議院環境委員会において、第一次改正案についての提案の理由および主な改正内容が川口環境大臣からつぎのように説明された。

我が国は、世界的な温泉国であり、温泉は私たちの生活の一部として欠かすことのできない天然資源であると言っても過言ではありません。

この法律案〔第一次改正案〕は、こうした温泉の保護及び適正な利用を推進するため、土地の掘削等の許可の失効手続の迅速化、温泉の成分等の掲示の届け出と温泉成分の分析機関の登録制度を整備しようとするものであります。

次に、この法律案の内容を御説明申し上げます。

第一に、温泉を湧出させるための土地の掘削等には都道府県知事の許可が必要でありますが、この土地の掘削の許可を得ながらこれを放置する事例が少なからず見られることから、温泉の掘削等の許可の有効期間を原則として許可の日から起算して二年とするとともに、この許可を受けた者が、その工事を完了し、または廃止したときは、その旨を都道府県知事に届け出なければならないことといたします。

第二に、温泉の利用に際しては、温泉の成分、禁忌症及び浴用または飲用上の注意に関する掲示が必要でありますが、この掲示をしようとするときは、都道府県知事に届け出なければならないこととするとともに、都道府県知事は、必要があると認めるときは、掲示内容の変更を命ずることができることといたします。

第三に、温泉の成分の分析機関に関する登録制度の整備であります。温泉の成分、禁忌症及び浴用または飲用上の注意についての掲示は、都道府県知事の登録を受けた分析機関が行う分析に基づかなければならないこととし、登録基準等の分析機関の登録に関して必要な規定を置くことといたします。

このほか、罰金の額の引き上げ等所要の規定の整備を図ることとしております。

以上が、この法律案の提案の理由及びその内容であります。

その後、第一次改正案についての実質的な審議はなされず、委員会は散会した。

2　第一五一回国会衆議院環境委員会（平成一三〔二〇〇一〕年六月一日）

平成一三（二〇〇一）年六月一日に開かれた環境委員会において、第一次改正案の質疑がなされた。質疑および答弁はつぎのとおりである。

○樋高〔剛〕委員〔自由党〕　……。

そして、温泉関連の質問なんですけれども、こちらにおいでの関係の皆様方も御経験があるかもしれませんけれども、実は、温泉の成分が含まれていないにもかかわらず温泉だとうたっているケースが現に、事件というか、あったようであります。

温泉法という今回法律でありますけれども、その温泉法という法律からは、いわゆる害はないからということで温泉という名称を使うことは取り下げろとは言えないんだそうでありますけれども、一方で私は、不当表示防止法また軽犯罪法に触れる可能性が十分にあるのではないかと思うわけであります。

いわゆる広告等によりまして温泉に行ってみたけれども、温泉の成分が実は入ってなかったよというのがあったと伺っておりますけれども、このことにつきましていかがお考えでしょうか。

○川口国務大臣　委員おっしゃられましたように、単に温泉というふうに称しているということだけであれば、それによってその利用者に健康被害があるとか、それから健康被害を起こすおそれがあるというふうには言えませんで、温泉法で禁止することにはなじまないということでございます。

それで、虚偽の成分掲示をいたしましたり、それから効能効果を広告していいということではおっしゃるように全くありませんで、一般の人に著しい誤解を与える場合には、それは不当景品類及び不当表示防止法あるいは不正競争防止法、軽犯罪法違反の問題として扱われるということでございます。

いずれにいたしましても、環境省といたしましては、その温泉の利用によって、利用なさっていらっしゃる方の健康被害があってはいけませんし、温泉源の保護は適切に行われないといけませんので、その観点から、温泉法の適切な運用には努力をしていきたいと思います。

○樋高委員　温泉の成分というのは、温泉というのは長い歴史があるわけで、その地域地域に根差した形であると思うんですけれども、例えば地殻の変動、地震等々、また自然のいろいろな状況の変化によりまして成分が変わるということも考えられるんだそうでありまして、いわゆるこの成分が変わることによって健康被害を及ぼすということも私は考えられるんではないかと。

事故が起きてからでは手おくれでありますけれども、何か伺いましたところ、いわゆる十年ごとに再分析の通知、十年ごとに分析をするようにという通知は出しているけれども、一切義務化はしていなくて、実は、一番最初に温泉をつくるときに、その一番最初に温泉をつくったのが百年前なのか二百年前なのか三百年前なのかわかりませんけれども、そのときにある意味でもう実質温泉として使用されている部分につきましては、もうなし崩し的に現状も使われているということであります。

いわゆる温泉の成分によって事故が起きる因果関係というのは大変立証しにくい面ももちろんあるとは思うんですけれども、今回温泉法という法律案につきまして検討しているわけでありますから、温泉のこういった成分の見直し、許可も、やはり定期的にきちっと検査をして見直していく必要があるのではないかと考えるんですが、いかがでしょうか。

○川口国務大臣　私が理解をいたしておりますのは、温泉の成分については、一般的には、季節や時間帯で変化をする場合もありますけれども、大体泉質が、温泉の質が大きく変わることはないというふうに言われているということでございます。

したがいまして、委員おっしゃられますように、温泉成分を定期的に分析することを義務づけているということではない。ただ、各温泉地の地質や気象等を総合的に判断して、おおむね十年ごとに再分析をすることが望ましいというふうに都道府県に対して指導を申し上げているということだと思います。

一般的に、余り変化をすることがないという前提に立てば、それを義務づけることによって生ずるコストなりということと、それによって得る便益を比較して、義務づけることが妥当かどうかという判断でもあると思いますけれども、この場合には、余り変化をしないということで私ども理解をいたしておりますので、そういうことだということですから、義務づける必要はないのではないかというふうに考えております。

○樋高委員　科学者、学者の先生にもちょっとヒアリングをしたところによりますと、一〇〇%成分が変わらないということはむしろあり得ないんだということでありましたので、御警告を申し上げておきたいと思います。

……。

○細野〔豪志〕委員〔民主党〕　温泉法は、温泉の資源をどうしたら有効に生かしていけるかという話になるんだと思うんですね。

今回の改正、主に三点ございまして、私は、それぞれ問題があるとは基本的には考えておらないんですが、少し細部についてお話を伺って、環境省さんの方の基本的な認識を確認していきたいというところがございます。

まず一つ目なんですが、掘削期限の問題でございます。

今まで掘削期限に関しては一応一年という基準はあったわけですが、実際はだらだらとなされているような事例を私もたくさん見ておりました。掘り始めたものの、掘削者の方がお金が続かなくなって放置されている例であるとか、また経営が破綻したような例というのも多々ございます。

そういう観点からして、掘削期限を二年に区切るというのはそれなりの合理的な理由があるのかなというふうには感じるんですが、一方では、温泉の有効利用という観点から、ちょっと注意して見ていかなければならないこともあるのかなという感じがするわけでございます。

というのは、温泉の掘削ですので、これは自然を相手にいたします。そうしますと、例えばかたい岩盤に当たって機械が故障するようなことも結構あるということを聞いておるんですね。

そこで伺いたいのが、二年で仮に掘削が終わらなかった場合、プラス二年延長が可能になるという例外規定のようなものが実はあるわけですが、ここで言われている災害その他のやむを得ない事由というものを環境省さんの方としてはどのようにお考えなのかという点を伺いたいと思うんです。

……。

○西尾〔哲茂〕政府参考人〔環境省自然環境局長〕……。

今回の〔第一次〕改正案で温泉の掘削の有効期限を二年といたしましたのは、都道府県とか掘削業者のヒアリングなどによりまして、通常は三カ月から六カ月程度で完了するんじゃないか。確かに、途中で岩盤に当たった場合などは、工事を完了するまでに一年以上かかる場合もありますが、まず大体二年以上を要することは極めてまれであるということから、有効期間を二年と設定いたしました。

しかしながら、これは、さきに先生からも御指摘がありましたように、許可を得てからなかなか工事にかからないとか、そういうことを防止するためでございますので、まじめにと申しますか、誠実に作業をしておる者がやむを得ない事由で二年間で工事ができないというような場合には、これは保護しなければいけません。したがいまして、災害その他やむを得ない理由により二年間で完了しないと見込まれるときは、都道府県知事が二年を限度として有効期間の更新をできるとしています。

その災害その他のやむを得ない理由というのにどういうようなものがあるか、こういうことでございますが、これは、非常に典型的なものとしましては、地震で掘削坑、穴に被害を受けたりとか、あるいは洪水で掘削の機械ややぐらが流されたりというようなものがございます。それから、当然ながら、事前の地質調査では想定されなかったようなかたい岩盤に当たった、そこで、一生懸命作業をするんだけれども不測の日数がかかるというような場合もございます。

そのように、掘削者が誠実に仕事をしているにもかかわらず、みずからの責めでなくて時間がかかっているというような場合につきましては、ここで言う災害その他のやむを得ない理由に該当するというふうに考えるということで提案させていただいている次第でございます。

○細野委員　ヒアリングに関しては、掘削業者の方からもされたということは伺っております。ただ、私がちょっと懸念しておりますのは、中小の掘削業者なんですね。

環境省さんの方としては、大手の掘削業者の方にはヒアリングをされたということなんですが、技術力といい、実際の人的な資源といい、やはり中小は劣る部分がございます。この部分、恐らく自治事務でそれぞれの都道府県が責任を持ってやるということだと思うんですが、そういう業者を結果として締め出すことにならないように、きちっと環境省の方で御配慮いただきたいということだけお願いさせていただきたいと思います。

もう一点、ちょっと似たような問題で、掘削の許可の基準についても確認をさせていただきたいと思います。これも、もう地方分権の時代で、それぞれ地方がやれということになっていると認識しております。ただ、この許可基準についても、これは基本的には、温泉が枯渇するようなことがあってはならない、資源の保護と有効利用のバランスの問題だと私は考えます。

したがいまして、都道府県によっては、例えば、一つ穴を掘ったら二百メートル半径には掘ってはいけない、こういう規定を設けているところがあるんですね。それはそれで、温泉の保護を図るという意味では合理的な規定なのかなというふうに考えるんですが、ボーリング業者なんかと話をしておりまして少しひっかかるのが、代替掘削。

つまり、一つの温泉というのは、穴というのは、掘って一応周りを、ケーシング管というそうなんですが、鉄で固める、鉄を入れる。それが七十年から八十年すると結構腐食してきて、だんだん穴が詰まってくるというふうな現象があるらしいんですね。そこで、またその補修で掘って、毎回繰り返しでやっていくわけですが、最終的に、七、八十年たってくると、掘り直すことが非常に難しいということが多々あるそうです。そうなると、業者としては、温泉を持っている側としては、隣に掘りたい。もうそこは使えないのであるから、隣に掘りたい、これが代替掘削というんですが、こういうことをやりたいときも、この二百メートル規制というのがひっかかってできないというような事例が散見されております。

これは都道府県の独自の判断とはいいながら、温泉の保護という目的とは必ずしも合致しないようなこういう規制は、環境省さんとしてどのようにお考えになるかということをお伺いしたいと思います。

○西尾政府参考人　温泉の掘削の許可をいたします際の基準のことでございます。

これは、先生御指摘のように、それぞれの都道府県におきまして、それからこれは専門家も入った審議会の議論も経て検討するということでございますので、その場合に、各地域の温泉の湧出量でございますとか利用施設の数などの実情に応じて、掘削場所の距離制限など、一応独自に客観的な基準を設けて判断しているという事例はございます。

ただ、御指摘のように、これらの基準は、温泉の保護と適正な利用を推進する観点から設けられたものでございますので、その目的に対して合理的でなければならないというふうに思っております。そういう面では過度の規制にならないように運用される必要はあるのだと思っております。

確かに、温泉の削泉井、いろいろ補修しましても、そのままの井戸を補修するというのは大変難しい場合がございます。確かに、新しく掘らないと能力を増強したり安全なものにならないというような事例もあるかと思いますが、その具体的な当てはめにつきましては、今後も、都道府県のいろいろなケースも私どもも勉強させていただきまして、各都道府県と連絡をとり、必要な場合は助言をするということで、温泉法の趣旨が全うされるように努力をしてまいりたいというふうに思っております。

○細野委員　ちょっとしつこいようで恐縮なんですが、代替掘削というのはかなり大きな問題になっているんですね。ここに限ってどのようにお考えかということを確認させていただきたいのですが。

○西尾政府参考人　基本的には、温泉許可の趣旨に照らして柔軟に対応すべきものだと思っております。ただ、それぞれの都道府県の判断におきまして、その扱いでありますとか運用でありますとかについてそれぞれ独自な部分があると思います。それにつきましては、やはり私どもとしては、過度の規制にならないという方向から必要な連絡をとっていきたいというふうに思っております。

○細野委員　とにかく、温泉の保護という観点から、これは今非常に非合理な規制になっているという実情がございますので、適切に指導監督していただきたいというふうに思います。

次に、温泉の有効利用という観点からちょっと、温泉法を離れるわけではございませんが、今回の改正部分とは違うのですが、御質問させていただきたいと思います。

近年、先ほど大臣も御指摘いただきましたとおり、温泉に対する関心は高まっております。その高まり方なんですが、いわゆる団体で温泉場に繰り出して、それこそ座敷で大宴会を催して、場合によっては大酔っぱらいで温泉に入るのも忘れて帰る、そういう旅行ではなくて、まさにいやしを求めるような形での温泉利用ということで関心が高まってきているのかなという気がしております。

そこで、私ちょっと注目しましたのが、温泉法の二十五条にあります国民保養温泉地、実は今のところ余りなじみのない制度なわけですが、これについて少し質問をさせていただきたいと思います。

資料をいただきますと、これは昭和二十九年からある極めて歴史のある制度でございまして、日本の湯治場的な部分を掘り起こしていこうという意図があったのだと思うのですが、そもそも環境省さんとしては、どういう温泉地を指定しよう、どういうイメージでこの国民保養温泉地というのをお考えなのか、これは大臣にまずお答えいただきたいと思います。

○川口国務大臣　国民保養温泉地というのが何かという御質問でございますけれども、まず温泉は、国民の健康の増進あるいは自然との触れ合いといった観点で非常に大きな役割を果たすということでございますので、それにふさわしい温泉地を国民保養温泉地として指定するということになっておりまして、これは、おっしゃいましたように昭和二十九年から始めまして、現在まで八十九カ所が国民保養温泉地として指定をされているということでございます。どちらかといえばひなびた温泉地という感じの温泉地でございます。

さらに環境省は、ほかに国民保健温泉地整備事業というものを行っております。それは、今申し上げた国民保養温泉地の中から適切な地域を選んで、昭和五十五年度から施設整備の推進を図るために行っている事業でございます。中身といたしましては、市町村に補助を行いまして、温泉の多目的利用施設や飲食施設、遊歩道などを整備するということで、合計二十一カ所の整備を行いました。

さらに、平成五年度からは、健康の保持増進に加えまして、自然との触れ合いを重視する自然教育の拠点として温泉地の育成をするという観点で市町村支援を実施することにいたしまして、これは、ふれあい・やすらぎ温泉地整備事業ということでございまして、自然観察施設や自然探求の歩道、それから温泉利用と自然と親しむ機能を備えた自然ふれあい・温泉センターの整備というものを補助するものでございまして、これまでに二十カ所選定をいたしておりまして、整備を実施または実施中でございます。

今後とも、この事業の趣旨に沿って市町村の支援をしていきたいというふうに思います。

済みません、先ほど飲食施設と言ったようですけれども、飲泉に訂正させていただきます。失礼いたしました。

○細野委員　この制度なんですが、基本的には国民の健康志向なり温泉の志向と合った制度だということを私は感じておりまして、事業自体に正面から反発するつもりはございません。

ただ、ちょっと疑問が出てまいりますのは、このふれあい・やすらぎ事業にしても国民保健温泉地事業にしても、多目的施設などを一つ補助対象とされている。しかも、この補助の事業の金額が結構大きい。三年間で三億円。これは小さい温泉地にとればやはりかなり大きな補助金だと思うのですね。

どういう多目的施設をこの支援対象にしていくのかというところがもう少し明確にならないと、場合によっては、民業圧迫といいますか、それこそほかの温泉に人が来なくなるというようなことも考えられなくはないのではないか。

伊豆半島などを見ておりますと、いっぱい外湯があるのに、温泉センターみたいなものが役場の遊休地にどかんとできてしまって、客のとり合いをしているというような見苦しい状況というのも実は散見されるものですから、その点で、この施設をどういうことに利用しようかということについてもう少し明確なコンセプトがあってもいいのではないかというふうに思います。

そこで、私としては、これをもう少し健康志向に利用できるようなものに特化していくというのも一つのアイデアではないかなというふうに思うのですね。

最近この手の調査が幾つか出ておりまして、私も温泉好きなものですからいろいろ見てまいったのですが、去年の三月に国民健康保険中央会というところが出した「温泉を活用した保健事業のあり方に関する研究報告書」などを見ると、来られるお客さんの方が今温泉に何を一番求めるかというと、やはり健康志向なんですね。

サービスを提供する側は実は勘違いをしておりまして、いまだに遊興歓楽の温泉場を守っているわけですが、ここの、やはりサービスを提供する側と受ける側のギャップが非常に大きい。それを埋めていくことも、これは民間の努力で当然やるべきなんですが、こういう制度を利用するのであれば非常に望ましい方向性ではないかというふうに考えるんですが、御意見いかがでしょうか。

……。

○西尾政府参考人　現在、国民保養温泉地あるいはふれあい・やすらぎ温泉地事業で行っております温泉センター施設の趣旨のお尋ねでございます。

これにつきましては、もちろん地域の温泉、業として行っておられる温泉等々と競合するという趣旨は全くございませんで、市町村からの要望に基づいて整備をいたすものでございます。その趣旨は、それぞれの旅館でございますとか施設とかでございますとか、そういうところで内湯を持っておりますけれども、せっかくの温泉地であるので、全体に開放されたようなささやかな温泉施設があってもいいのではないかということがスタートでございまして、国民保養温泉地の場合にはそういうセンターを備えておりました。

さらに、地域での温泉場の歴史でございますとか、あるいは自然環境を紹介するとかいう機能を持ったような施設がもう少し要るんじゃないかということで、市町村から御要望がある場合に補助をしておるということでございます。

したがいまして、この事業は、そういうものもございますけれども、やはり基本的には、温泉地を自然探勝しながら歩いていただく遊歩道でございますとか、ベンチでございますとか、自然に親しむ施設、そういったものに大いに力を入れていきたいと思っています。

それから、せっかくのことであるのだから、そこはもうちょっと、療養型といいますか、医療に近いようなことの連携はどうするのかということがございます。この点につきましては、厚生省でもいろいろ工夫をして進めておられますクアハウス的な事業がございます。そういったものとはこれからも大いに連携をして、協力をお願いしていきたいというふうに思っているということでございます。
○細野委員　この補助事業というのは、確かに自治体が上げてくる、市町村がやってくるものですから、もちろん決定権はそちらにある、発案はそちらにやっていただく必要があると思うんですが、やはり国からお金を出す以上、ネガティブチェックですね、意外と地方の市町村というのは雇用対策でそういうのをつくったりもしますので、そうじゃなくて、温泉場にとって本当にいいものであるというところはしっかりとチェックをしていただきたいということだけお願いをさせていただきたいと思います。
先ほどちょっとお話にも出ました、厚生省との連携というところに私は非常に興味を持っております。ちょっと参考までに紹介をさせていただいて、厚生労働省の方にお答えをいただきたいのですが、現在、厚生労働省の方には、温泉利用型健康増進施設というものがございます。指定を受けた施設でお医者さんの指導を受けて何らかのケアを受け入れた場合に、医療費の控除を受けられるという制度がございます。

この制度自体、いろいろ資料をいただいて見てみたのですけれども、極めて条件が厳しいんですね。指定されている施設が二十七カ所、箇所が二十七カ所というのも問題なんですが、最大の問題は、利用している人が昨年度はたったの九十三人ということを聞いております。

国民の健康志向が高まっている中で、厚生労働省さんとしてこの利用状況の低さというのをどういうふうにお考えになっているかということをちょっと先にお伺いできますでしょうか。

○篠崎〔義紀〕政府参考人〔環境委員会専門員〕　今先生御指摘のございました温泉利用型の健康増進施設のことでございますが、ちょっと前ぶれの御説明をさせていただきますと、この施設については、国民の健康づくりにおいて運動が非常に大切である、まず運動という面から入りまして、昭和六十三年に創設をされ、そのときに、あわせて温泉利用型の健康増進施設ということで、運動施設プラス温泉ということだったものですから、若干要件が厳し過ぎるということがあったのかもしれません。

ただ、今年度から私ども、健康日本21というのを、十年がかりで国民健康づくり運動として展開をしようと考えております。温泉につきましては、ストレスを低減させるとかそういう効果が期待されるところでございます。

前回、先生に予算委員会の分科会で同じような御質問をいただきまして、そのときは、「必要とあらば事務的に検討」というふうに申し上げましたが、その後、局内でいろいろ検討いたしまして、十年間で二十七施設というのもちょっと国民健康づくり運動の拠点とするには数が少な過ぎるというので、要件と現状とがちょっと合っていないということも考えましたので、今後は認定要件の緩和についても検討を進めさせていただきたいと思っております。

○細野委員　その方向性をぜひ進めていただきたいなと思います。

その際に、私、ちょっと厚生労働省さんの方に考えていただきたいのが、医療というのを考えたときに、今のこの施設の考え方というのは、基本的に施設の中ですべて完結する。要するに対症療法的に、リューマチになった方がその施設に行って何らかの温泉療養をした場合に、温泉に入ってどうぞ帰ってください、そういう話なんですね。でも実際は、この温泉というのは、もう少し広く湯治というのはとらえていくべきであろうと思うんです。

といいますのは、湯治文化というのは、まさに地域の風土が非常に重要です。その周りの例えば空気であるとか水であるとか風景であるとか、そういうものを総合的に、精神的な部分も含めて享受できたときにやはり初めて成果が出てくるものであると私は認識しているんですね。

その意味でいいますと、この国民保養温泉地の中に、こういう補助事業で例えばこういう利用施設をつくっていくようなことがもう少し進んでもいいのではないか。すなわち、両方の施策の融合というのをぜひ厚生労働省さんと環境省さんの方で進めていただきたいなというふうに思います。

では、まずちょっと厚生労働省さんの方にお答えいただいてよろしいでしょうか。

○篠崎政府参考人　大変貴重な御意見でございますので、国民保養温泉地と私どもの温泉利用型健康増進施設につきまして、それぞれ協議の場を設けるなどいたしまして、環境省と連携しながらその普及促進に努めてまいりたいと思っております。

○細野委員　では、大臣の方にもお答えいただきたいのですが、この温泉法でおもしろいのは、昭和四十六年に環境庁ができたときに所管になられている、その前は厚生労働省にあったのですね。ですからこれは、制度自体を見ておりますと、環境庁が当時できたことは非常に望ましいことではあったと思うんですが、縦割りの弊害がここへ来てかなり出てしまっているのではないかなという気が非常に強くいたします。

……。

○川口国務大臣　最近、社会の変化が速くなってきていて、国民のニーズが非常に多様化している、こういう状況で、各省の施策の融合といいますか連携というのは非常に重要なことだと思っております。

これは、温泉のみならず、一般的に広く行われるべきものでございまして、温泉につきましても、厚生省の温泉利用型健康増進施設と連携をして行っている山形県の碁点温泉という例もあるようでございますし、こういう例は今後とももっとふやしていきたいと思います。

○細野委員　……。

温泉というのは、私が先ほど来強調しておりますとおり、非常に健康にいい作用ももたらす、一方で、場合によってはマイナスの作用ももたらしかねない、薬にもなるけれども毒にもなり得るという性格がございます。そこで、やはりその部分に関しても何らかの注意が政府としても必要なのではないかと考えております。

実際、先ほど樋高委員の方からも御質問がありましたとおり、掲示されているものの中には、例えば長時間入ってはいけないとか、心臓病の人は気をつけてくださいと書いてあるんですが、そもそも、掲示されているその掲示板を見ると、これはもう三十年か四十年前に掲示されたままになっているんじゃないかというようなところがございます。また、見る人がほとんどいないようなところに掲示されていて、実際、私なんかは温泉によく入るんですが、年配の方で、大丈夫かいなと思うぐらい長時間肩までつかっていらっしゃる方もよく見ます。

実際、温泉場なんかにおりますと、時々そういう温泉事故なんかの話を耳にしますと、せっかく健康志向で入ってきているのに、これは本当に不幸なことだなという気がするんですが、温泉の注意事項の掲示の問題ですね。

あと、これは民間の取り組みになるとは思うんですが、温泉組合のようなところで温泉の健康被害みたいなことに対する何らかのガイダンス的なものがもう少しあればこういう事故は改善されるのではないかと思うんですが、この辺、大臣の御所見を最後にお伺いしたいと思います。

○川口国務大臣　温泉に行って事故があるというようなことがあってはいけないということで、発生しないような注意は非常に大事なことです。

温泉法の施行に当たりましては、例えば硫化水素が高濃度にならないといったような施設構造上の配慮をする、これを都道府県知事が指導するということでございますが、それから温泉の禁忌症や、委員おっしゃった利用に当たっての注意については、注意事項の掲示を義務づけているということでございます。

今、民でできることは民でということでございますから、民が民の立場で基本的に注意をすべきことをしていただくということが基本だというふうに思いますけれども、環境省といたしましても、適正に温泉を利用していただけますように、都道府県と協力をして対処していきたいというふうに思います。
○細野委員　この問題も、レジオネラ菌のような大問題に発展したケースもございまして、厚生労働省と環境省と両方にとって極めて重要なテーマだというふうに考えますので、あわせて緊密な連携をとっていただきたい、このことを最後にお願いさせていただきたいと思います。ありがとうございました。
○……。
○岡下〔信子〕委員〔自由民主党〕……。
次に、温泉法の改正についての質問をいたします。

温泉の成分を分析する機関について、環境大臣の指定から都道府県知事への登録に改められて、民間機関でも一定の能力があれば登録を受けることが可能になるとのことですが、この点については民間参入あるいは雇用の創出、そして新しいビジネスチャンスの発掘にもつながる大変よいことだと私は思います。

ただ、温泉成分の中には、さっき出ましたように、硫化水素のような有毒な成分もあって禁忌症を引き起こしたりすることがありますので、しっかりとした温泉成分の分析、検査が行われる必要があります。適切な分析機器を用いて、適切な能力を持った人が分析を行うことが制度的に担保されなくてはならないと思います。そして、新しい登録制度において正確な温泉成分分析をどのように確保するのかお聞かせをいただきたいと思います。
○西尾政府参考人　御指摘のように、温泉の成分を正しく分析するということは、温泉利用、すなわちこれを適正に浴用あるいは飲用していくというための基本的な条件でございます。今回の改正案の核心にかかわるお尋ねだと思っております。

御指摘のありましたように、硫化水素あるいは砒素といったようなもの、特に濃度が高い場合には健康影響が生じかねないわけでございますので、十分な能力を有している機関に分析させる必要がございます。

この点につきまして、今回の改正案では、分析機関は都道府県知事への登録制としておりますけれども、登録に当たっては、都道府県知事が、一定の分析能力を有しているかどうかを確認するという仕組みになっております。

そのときには、具体的には、水素イオンや総硫黄や、それから、そのほか今申し上げました有害な成分その他各種の温泉成分を適正に測定する、このために必要な分析機器をきちんとその業者が備えておるか、あるいは、その業者のもとには分析業務の従事者、しかるべき能力を有しておる者が従事しておるかといったようなことにつきまして環境省令で基準をきちんと定めました。それに従いまして都道府県知事がこれを確認するということにおきまして、必要な分析能力の確保を図るという仕組みといたしております。

○岡下委員　ありがとうございました。

次に、温泉の掘削についてでございますけれども、先ほどもどなたか委員がおっしゃいましたけれども、掘削の許可を受けながら工事に着工せず、そして放置されたまま置いている、それが問題化している例があると聞いております。今回の改正案では、このような問題を防止するために、許可の有効期限を原則二年にし、そして期間経過後は失効する制度に改められるとされておりますけれども、一体それで十分なのかなと私は懸念をいたしております。

せっかく改正するのであれば、温泉法がざる法であると言われないためにも、例えば、許可を受けて以後、失効までの二年間を待つのでなくて、工事を着手し、ボーリングをし、湯脈を掘り当て、そして工事が完了というそれぞれの段階で報告を求めて、必要な指導を行い抜け穴を防ぐような仕組みをつくる必要があると考えますが、その点についてはいかがでございましょうか。

○西尾政府参考人　御指摘のように、許可の有効期間内におきましても、適時その進捗状況等の把握が行われることは望ましいと思っております。

実は、現在の施行規則におきましても、工事の着手や完了の予定日を記載するというような規定はございますが、今般、これに加えまして、この改正案では、工事が完了した場合あるいは事業者側が工事を廃止した場合は、遅滞なく都道府県知事に届け出るということを法律上義務づけることとしております。

この届け出があれば、二年を待たずして許可の効力を失うことはもちろんでございますけれども、これを事業者が届け出の懈怠をする、届け出ない、ちゃんとやらないというふうな場合には、三十万円以下の罰金に処せられるということにもいたしておるわけでございます。

したがいまして、今後都道府県で、これらの規定に基づきまして、こういう届け出を励行させるというようなことも適切に指導いただくことによりまして、二年間の許可の有効期間中におきましても、法律の趣旨に適した対応がとれるのではないかというふうに考えております。

○岡下委員　どうぞ、そのように推し進めていただきたいと思います。

最後に、私が思いますに、我が国には二万六千もの温泉がありまして、私たちは温泉については、くつろぎ、憩い、安らぎ、そして疲れた体をいやしてあすへの活力を蓄える、そういう意味合いにおいて古くから親しんでまいりました。昨今、若い人の間でも秘湯めぐりが非常にブームになって、温泉が一層クローズアップされてまいりました。

しかし、温泉と称しながら、その実、温度が少し高かったり、あるいは冷泉を沸かしているものであったり、温泉という言葉の意味からして違和感を感じるものが多くなりました。貴重な天然資源である温泉の保護と有効活用にどのような方針で今後取り組んでいかれるのかお聞かせをいただいて、私の質問を終わりといたします。

○風間副大臣　先生おっしゃるとおりだと思います。

いずれにしても、古事記や日本書紀にも温泉が登場しておりまして、もう江戸時代には湯治ということが一般庶民の間で普及している状況の中でありまして、今まで温泉と健康な生活維持のための、いわゆる庶民との関係においては、一つはレジャー、観光、もう一つはレクリエーション、今度は、保健、健康管理という観点で注目を浴びているのも間違いございませんので、今おっしゃいましたように、「環（わ）の国」が豊富な資源に恵まれているということからしますと、いかに広くこの温泉資源を保護していくかということが必要になりますし、また、国民の心と体をいやす効果をどのように担保していけるかということも大事になってまいりますので、都道府県と協力いたしまして、温泉保護の観点から、今回掘削地の許可制度の適切な運用に努めていくということにもこの法案でさせていただいた次第でございます。

また、先ほど来議論になっております、国民温泉保養地、つまり、ふれあい・やすらぎ温泉地整備事業も含めて推進していかなければならないと思っていまして、広く国民の皆様方に温泉がいろいろな意味合いにおいて利用されていただけるような施策を、厚生労働省とも連携をとって進めていかなければならないと思っておるところでございます。

○……。

○青山（二〔三〕）委員〔公明党〕　……。

今回の温泉法の改正につきましては、温泉の保護とその利用の適正化のために必要でございまして、速やかな法案の成立が望まれるところでございます。私の住んでおります栃木県は、皆様御存じのとおり、数多くの温泉地がございます有名な地域でございます。

公明党には、温泉療法の発展と温泉地の振興を目指す東北・北海道温泉活用推進議員連盟があるのでございます。この議連が四月に「温泉療法の発展と温泉地振興の推進に関する提言」を発表いたしました。この提言は、国民の健康を守る立場から、東北、北海道を初め、我が国の豊富な温泉に着目いたしまして、温泉療法の普及と温泉の効果を生かした特色ある町づくりを目指しております。

近年、国民の健康意識の高まりや疾病予防や、また健康づくり対策の推進が強く要請されていることからも、こうした特色ある町づくりは、今後大いに推進すべき重要な施策であると考えております。

さて、温泉法の第十四条、新法では二十五条になっておりますけれども、国家的な見地から、温泉が本来有する機能を十分果たし得るような施策を講じる必要があることから、「環境大臣は、温泉の公共的利用増進のために、温泉利用施設の整備及び環境の改善に必要な地域を指定することができる。」との規定が置かれております。これに基づきまして、先ほど来議論のありますふれあい・やすらぎ温泉地整備事業などが行われているわけでございます。

そこで、これをさらに充実発展させ、温泉資源を広く活用するために、仮称ではございますけれども、温泉地振興法というようなものを制定いたしまして、国民の健康の増進と全国の温泉地域の振興を図るべきであると思いますけれども、御所見を伺いたいと思います。

○風間〔昶〕副大臣〔環境副大臣〕　先生が今お話しされました、公明党内での推進議連による、仮称ではございますけれども、温泉地振興法を四月の中旬に出されたということは承知いたしておりまして、そういう意味では、単なる温泉利用ということだけではなくて、町づくりも含めた総合的な政策推進という観点に立っておる御提言だと思いますので、極めて興味深く思っております。

特に、温泉地の振興については、交通、通信関係あるいは観光産業の振興とも相まって、関係省庁で検討しなければならない部分も相当あろうかと思いまして、まだ仮称としていらっしゃるようでしたら、ぜひ党内でも煮詰めていただきますよう期待をしております。

今先生から御指摘のありました、いわゆるふれあい・やすらぎ温泉地の施設整備に当たっては、特にこれから、病弱なといいましょうか、健康不全な高齢者の方々も含めた高齢者の方々の御利用が極めて念頭に置かれているものというふうに思っておりまして、その部分につきましても、私どもが進めているこのふれあい・やすらぎ温泉地の施設整備に当たっては工夫をしていく必要があるものというふうに痛感しているところでございます。

○……。

○　奥田〔建〕委員〔民主党〕　……。

……。

今いろいろと温泉のお話をさせていただきました。環境省、そして旧の主管官庁でもございました厚生労働省の方に、これからの温泉利用、温泉大国日本、聞くところによりますと、市町村の八割のところに日本は温泉が存在するというふうに言われております。これらの温泉利用に関して、これからの大きな流れといったものについて御所見を伺いたいと思います。環境大臣の方からお願いできますでしょうか。
○川口国務大臣　委員おっしゃられましたように、温泉というのは日本には非常に豊富にありまして、多くの国民が、小さいときから老年に至るまで、温泉をかなり、しばしば楽しむということになっていると思います。
そういった温泉を、国民が健康に問題のないような状況で、きちんと安全な形で温泉を楽しむことができるようになるということは非常に大事なことでございますし、それから、温泉に行きやすいといった、あるいは行きたくなるといったさまざまな整備も重要なことだろうと思います。

温泉法はそういったことを目的としているわけでございますけれども、環境省といたしまして、この温泉法の改正を通じまして、また一層事業に、その行政に努力をしていきたいというふうに考えております。
○奥田委員　それでは、同じ質問を厚生労働省の方にお願いしたいと思います。
先ほど細野議員も何か保健関係の資料を出しておりましたけれども、国民健康保険中央会、国保中央会の方がことしの四月十八日に出しました「医療・介護保険制度下における温泉の役割や活用方策に関する研究」、こういった報告書が出されております。一言で言えば、温泉の活用で元気であることによって高齢者の医療費を抑制することができるのではないかという研究報告でございます。

こういった報告を踏まえまして、厚生労働省の方に、これからの温泉活用、そして地域の予防医療のあり方といったものについてお伺いしたいと思います。

○大塚政府参考人　ただいまお示しがございましたように、本年四月に国民健康保険中央会という団体のところの研究会が温泉利用に関する報告書をまとめられました。

その中で、幾つかの市町村、相当数の市町村のヒアリング調査なんかをしているわけでございますけれども、温泉を利用いたしました保健事業、いわゆるヘルス事業でありますが、健康づくりを含めました保健事業を推進している地域と医療費との関係を見ますと、相対的に老人医療費が低い、もしくは低下をしているというようなレポート、それから温泉を利用しておられる高齢者の方々の医療費が相対的に低いというようなレポートが含まれているわけでございます。

また同時に、同じ報告書におきましては、こうした地域におきましては、温泉利用を中心としながら、保健婦活動でありますとかその他の健康づくり活動と一体的に進めておるというところが特徴でございまして、また、そうしたところの地域の効果が特に顕著だというような内容でございます。

私ども、これから高齢化が進む中で、高齢者医療あるいは高齢者の健康づくりというのは極めて重要でございますので、こうした地域の特性に応じました創意と工夫に基づく事業というのが大変重要であろうと思いまして、私どもの立場で、さまざまな情報を提供いたしたり、こうした国民健康保険中央会による研究の報告を御紹介したりというような活動を通じまして、地域のさまざまな健康づくり活動が推進されますように努めてまいりたいと考えております。

○奥田委員　報告書の中の事例集を短く紹介させていただきたいと思いますけれども、例えば山形県村山市というところでは、二十年来こういった健康づくりの施策に取り組んでおって、小さいながらも、そういう施策の積み重ねをしていることによって高齢者医療費の伸びをとめている、あるいはわずかであるけれども削減に成功しているといった事例がございます。

そして、長野県北御牧村というところでは、いろいろと、温泉施設を中心にしまして、地域のコミュニケーション、そして医療施設、医療相談所といいますか、診療所を併設して、リラックスしたままくつろぎに来る方の健康相談にこたえる。さらには、村の保健福祉課もそういった温泉施設の中に取り込んでおりますし、さらには、隣接して、特別養護老人ホーム、痴呆対応型老人共同生活施設といった集約施設にして成功しているという例もございます。

そして、香川県財田町というところでは、保健と医療と福祉の連携強化といった包括的ケア体制をつくる。こういう施設の隣にも家庭菜園など、訪ねる方が楽しめるような要素を取り込んで成功している、こういった紹介事例もございます。

ぜひともここにおられる委員の皆様も、こういった資料をぜひ取り寄せて、地域での温泉の活用をしていただければと思う次第でございます。

……。

そしてもう一つ、温泉の方で、今度はメンテナンスという形になります。細野議員の方からも、温泉の配管などの傷みが激しいといったお話がございました。確かに、スケールと申しますか、温泉にいろいろな成分があるのはいいけれども、機械や設備を傷めやすいといったメンテナンスの問題がございます。

そしてもう一つ、私も、この場の質問を言われてから、温泉の掘削とメンテナンスをする何人かの業者の方と少しお話をさせていただくことがございました。

厚生労働省の方に聞きたいのですけれども、少し昔、古くは一九七六年に始まりますけれども、アメリカで在郷軍人病というものが発生いたしました。日本におきましては、近年、循環型の二十四時間ぶろにレジオネラ菌が発生して、命にかかわる、あるいは、その販売をしていた家電メーカーがすべて販売を停止するといった事態が皆さんの記憶にもあるかと思います。そして、私も少し驚いたことに、これは昨年におきましても依然として何件も発生しておるわけでございます。

先ほど言いました、温泉に仕事としてかかわる人たちとお話をしましたときにも、やはり温泉を管理する中で一番怖いのがこのレジオネラ菌なんだというお話を伺いました。健康を守るということとともに、扱い方を間違えれば命にかかわることになる。温泉だけではございません、プールなんかもそうですし、あるいは空調機のクーリングタワーといったところにも発生します。あるいは、多くはありませんけれども、院内感染といった問題も含んでおります。

厚生労働省の方に、温泉に対するレジオネラ菌対策といいますか、一つのウイルス対策と言えばいいのですかね、菌の繁殖に関しての対策についてお話を伺いたいと思います。

○篠崎政府参考人　お尋ねのレジオネラ菌でございますが、この菌は細菌でございますけれども、土の中や河川あるいは湖沼など自然界に生息をいたしておりまして、アメーバなどの原生動物に寄生をいたしておりますが、ちょうど温度が二十度から五十度ぐらいの間で増殖をするというようなばい菌でございますので、冷却塔の水ですとか、あるいは今先生がおっしゃった循環式の浴槽水などから菌が出るわけでございます。

というのは、特に温泉でございますと、湯気から呼吸器系に入って肺炎を起こすというような病気なんでございます。昨年も、三月と六月に、静岡と茨城の温泉施設等においてレジオネラ症への感染による死亡事故が発生をいたしております。

このため、厚生労働省といたしましては、昨年の八月に、レジオネラ症防止対策に関する営業者向けの「よく知ろう「レジオネラ症」とその防止対策」というパンフレットをつくりまして、全国の営業者の方に配布をいたしたところでございます。

また、昨年の十二月には、旅館業等に対する指導の指針としております衛生管理要領というのがございますが、それを改正いたしたところでございます。その中身につきまして申し上げますと、旅館などの入浴施設の水質基準項目に新たにレジオネラ菌の数を加えました。それから、浴槽水の換水頻度、消毒方法などを定めまして、レジオネラ症の発生防止対策を追加したところでございます。

今後とも、この管理要領に基づきまして、適切な入浴施設の管理が行われますように地方自治体を指導してまいりたいと思っております。

○奥田委員　新たな検査項目の一つに入っておるという言葉を聞いて少し安心しましたけれども、端的でよろしいですから、レジオネラ菌対策に関する決定打と申しますか、有効な予防方法はあるかということをちょっとお聞きしたいと思います。

○篠崎政府参考人　予防というのは、一つは、衛生管理上のことにつきましてはこのパンフレットにも書いてございますが、おふろには髪の毛や何かが入りまして、それが、換水をする蛇口といいますか、お湯の出るところをふさいで、フィルターでうまく菌がとれないということがあるのでございまして、そこに髪の毛などがつかないようにキャップをつけるような仕組みがございます。そういうものをするとか、あるいはお湯を、二十四時間ずっととはいいましても、ある時間、あるタイミングで新しいものに取りかえるとか、それから、ろ過をする膜がついておるのだそうでございますが、その膜をある頻度で取りかえるというようなことが書いてございます。

それから、人の方のことで申しますと、子供さんとかあるいは老人の方とか抵抗力が弱い人にかかるような病気でございますので、そういう抵抗力をつけるということが大事でしょうし、また、早目にこういうものが発見されれば、呼吸器症状でございますから、早目の手当てによってそういう死亡事故というようなものは防げるのではないか、このように思っております。

○奥田委員　小まめに清掃をしろという、すべてに通じるようなお話になったかと思いますけれども。

検査項目には入ったけれども、本当に検知しやすいものなのかどうか、そういったことも知りたいのと同時に、先ほど言いました院内感染なんかもあります。

前の質問のときにも、ごみの焼却場でガス化溶融炉という煙突の要らないような焼却施設ができたということを言わせてもらいましたけれども、今も、新しい技術でスーパーオキシドイオンという、これは活性酸素なのかな、物々しい名前がついておりますけれども、そういったもので循環水を浄化するという技術もございます。

……。

本来の、温泉の分析機関の門戸の開放といったところの質問をさせていただきたいと思います。

現在、大臣指定の八十五機関、それを都道府県知事登録に変えるということが今回の法改正で出ております。今も八十五機関のリストを見せていただきましたけれども、大体、旧公害衛生研究所といったようなところが、公的なお墨つきを持つ分析結果の発表あるいは分析を行う機関として当然指定されておるようでございます。

私自身、地元の方でも、では今、温泉分析をするときに実際そこへお願いしているのかと聞きましたら、確かにお願いしている、そんなに件数が一遍にあるわけじゃない、ただ、そういった機関は来てほしいときに来てくれないんだと。例えばダイオキシンの問題がありましたときにはそちらの方にかかりっ切りで、当分の間は、その仕事が終わるまで、そんな、温泉の分析評価の仕事に現地まで来てくれない。そしてほかにも、そこからさらに委託されている機関も公的な公益法人としてあって、本当に細かな仕事なんかはそちらの方にどうも委託している部分があるようであるというような話も聞いております。

この分析能力を有する者を登録するという中で、先ほどもお話がありましたけれども、その基準についてどういうふうに考えるか。例えば、当然、分析設備が必要だということはだれもが思うことであると思いますけれども、そういったものに今ある資格というものはどういうふうに絡んでくるのか。小林議員のお話にもありましたけれども、環境計量士という資格もあるそうでございます。あるいは、そういったものが必須になってくると考えればよいのであろうか。あるいは、今の分析体制の中でもし苦情というものがありましたら、あわせてそういったこともお聞きしたいと思います。環境省にお願いいたします。

○西尾政府参考人　お答えします。

今お尋ねの、この改正法によりまして登録制といたします分析機関の基準でございますが、これにつきましては、今後環境省令で具体的内容を定めたいと思っておりますが、二つの側面から基準を定める必要があると思っております。

第一点は、御指摘の施設の面でございます。施設につきましては、これは水素イオンや総硫黄や、そうした各種の温泉成分を化学分析いたしますので、通常のｐＨや分光計から始まりまして、ガスクロマトグラフ、イオンクロマトグラフといったような基本的な化学分析の施設を持っている必要がございますので、そういうものを定めたいと思っております。

それから、同時に、人的な要素でございますが、それに必要な技術者がいるということは必要でございます。そこの規定の書き方につきましては、これからさらに精査をしていかなければいけないと思っておりまして、環境計量士のような資格を持っている方は十分できるものであるというふうに考えておりますが、現実にこのほかにも、今までそういう県の衛生試験場のようなところで現に担当しておられる方とか、あるいは大学などでそういう分野を専攻しておられる方もいらっしゃいますので、同様な能力のある方であれば、そういう能力を有するということを判定して認めればいいのではないか。ただ、これは都道府県知事が判定しなければいけませんから、外形的にもわかる書き方をどうしようかということにつきましては、今後さらに精査をして適切な規定を置きたいと思っております。

それから、これまでの指定分析機関につきましては、実は、ほとんどが衛生試験場でありますとか、そういうものをいわばちょっとアウトソーシングいたしました同様の機能を有する公益法人といったような機関を指定しておりました。したがいまして、これらの指定機関自身は分析能力というのは十分でございますので、今までは、そういう面では狭い機関でございましたが、逆に言えば、そういう機関で分析しておりますので、特に苦情があるとか、その分析について問題があったというような報告を都道府県から受けておりませんで、これらは適切に分析が実施されてきたものだというふうに理解しておるところでございます。

○奥田委員　いま二つほど環境省の方に聞きたいと思います。

ただいま、分析能力についてお話をいただきました。当然、都道府県の権限ということになりますけれども、都道府県の責任の中で果たそうとするときに、やはり判断が難しいというものもあるかと思います。そういったときに、決めつけるものではないにしても、一定のガイドラインといったものをぜひとも出していただければと思う次第でございます。

もう一つ、温泉法の第四条について少し問題指摘を受けております。

これによりますと、知事が掘削に関しての認可をおろすということになっておりますけれども、条文の中では、公益を害するおそれがあると認めるときのほかは、掘削の許可を与えなければならないということになっております。

これも先ほどのガイドラインと重なってきますけれども、ここいらが、地方によって、地域によって、都道府県によって、半径五百メーターであるとか一キロ以内での二重三重の掘削は認めないというような条文はございますけれども、そういった何メーターという権利さえも余りしっかりとした根拠に基づいていないということがございます。あるいは、大深度の千メーターから二千メーターといったところで温泉をくみ上げるということが周辺にどのような影響を与えるかはっきりと示す、あるいはその根拠を出すということは都道府県の力では大変難しいといったお話もございます。

平成十二年に、これは環境庁の方から「温泉の大深度掘削の基準作成検討調査報告書」というものが出ているとは聞いておりますけれども、都道府県の権限ではあるけれども判断に困る、あるいは根拠に困るといったものについて、相談を受ける体制というのは環境省の方にございますでしょうか。お伺いしたいと思います。

○西尾政府参考人　最初にお尋ねの、四条の許可を行う場合の基準のありようでございますが、これにつきましては、やはり地域地域の地質その他の条件に照らして適切な基準を設け、あるいは適切な判断をするということで、今までそれぞれの地方で判断をしてきたところでございます。

そういう積み重ねがございますので、できるだけ新しい知識なり技術なりというものは、できますれば、私どもの方からもできるだけ技術的助言を行うということは当然であると思っています。

そういうことで、御指摘の大深度掘削、これは近年、一千メートル以上の大深度の掘削が行われる、そういう場合には、どうも今までと違ったような影響でありますとか、違ったような判定をしなければいかぬのじゃないか、こういうことは都道府県の方で迷われるところであります。それにつきましては、実は、平成十年度から十二年度にかけまして専門家に議論をしていただきまして私どもでまとめました。

しかしながら、大深度といいましても、地質構造でありますとか地域によりまして事情が異なっておりますので、通常の基準と大深度の基準とは全然違う別の基準なんだとかいうようなクリアな形で判断基準を設けることは非常に困難であるということになりました。しからば、都道府県知事は一体どのようにしていったらいいのかということに相なります。

そこで、大深度の場合には特に普通の地域に比べて注意しなければいけないということはやはりございまして、計画をした深度に対して、実際に掘っていった深度のどのあたりで事業を完了させるべきかということについてきちんと指導をする必要があるとか、あるいは大深度の場合には、いわばたまり水というようなものに行き当たっているのではないか、そういう場合には、そういうものをくみ上げた一定期間後に分析をしたり、適正なくみ上げ量をはからなければいけないというような特性がございます。

そういったような特性につきまして、ケース・バイ・ケースにはなりますけれども、こういうことに注意をしたらいいのではないかという形で調査報告書をまとめまして、都道府県にも参考に送付させていただいているところでございます。

したがいまして、出てきますそういう問題につきましては、私ども、専門家にもいろいろ検討をいただきまして、そして、得た新しい知識を都道府県に提供していくという努力は今後も行ってまいりたいと思っております。

○奥田委員　もう一つ、……、環境省にお尋ねしたいと思います。

今回、温泉の分析という業務について一つの門戸開放の糸口が開かれるということは間違いのないことだと思います。ただ、浄化槽法の方でも、やはり水の検査、排水検査というものがございます。厚生労働省の所管になると思いますけれども、口に入る水一つでも、水道法での水の分析が必要であり、あるいは建物に貯水槽を置けばビル衛生管理法の水質検査が必要になる、そして食品業であれば食品衛生法に準じた水の検査が必要になる、これは省庁の所管ごとの水の検査ということでございますけれども、一般の市場の方から見れば同じ水質検査、分析でございます。

こういった一つの規制緩和の動きが、例えば水の検査ということ一つとってみましても、同じような基準で同じような時期にされているのか、そういった点について、はっきりと答えられないということを前に言われたのですけれども、環境省の方からほかの省庁に少し聞いていただいて、その結果を御報告いただきたいと思います。

○西尾政府参考人　今御指摘のように、水質に関し、水質汚濁防止法でありますとか、浄化槽でありますとか水道でありますとかいろいろの各法に基づきまして必要な基準があり、必要な分析、検査というのが定められていると思います。

そういうものが統一的、統合的、整合的に見られているかというお尋ねなのではないかと思いますが、まず、そういう基準や分析方法を決めますときに、私ども、それぞれのところで、他の類似の制度を見て、そういうものとの整合性などにつきましては当然検討いたしますし、関係省庁とそこはすり合わせますので、恐らく、基本的なところにつきましてはかなりの程度整合しておると思うのであります。

しかしながら、それぞれの制度の趣旨でありますとか、あるいはそれが当てはめられます現場というのは違いますので、そのときに、それぞれ違った定めの中でしなければならないということはあるかと思っておりまして、そこを全部一括統合的に見るというのはなかなか難しいのではないかと思います。

しかしながら、分析測定技術というのはやはり日進月歩しておるわけでございますし、そういうものがより迅速簡便化をしていくとか、あるいは精度管理や手法の共通化といった点で進化していくことは必要だと思っておりますので、これは私どもの省内の各担当でも連絡をいたしますし、あるいは、分析なんかをやる業界の団体の方なんかにも、よくよく情報交換とか研修だとか議論をしていただいて、そういうものに対してよく注意をしていくという努力をするべきものだというふうに思っております。

○……。

○藤木委員〔日本共産党〕……。

まず、温泉法の問題でお伺いをいたします。

温泉法での掘削許可の問題ですけれども、掘削許可後一年以上着手していないか、一年以上工事を中止している件数が全体で八百四件あると伺いました。そのうち、近畿圏の京都が十九件、大阪が二十一件、兵庫県が六件、奈良県が四十件となっております。

そこで、京都府の薬務課から伺ったのですけれども、八三年以降の未着手の事業者にことし三月末文書を送って状況の把握に努めているそうです。二月の府の審議会でも、委員から、未着手の十九件についての整理を指摘されたそうです。

そこで、今回の法改正で整理しやすくはなりますけれども、それでは、八三年以降のこの十九件について、どの時点で線を引いて整理をしたらいいのかということが問題になると思うのですが、いかがでしょうか。

○西尾政府参考人　現行の温泉法におきまして、先生御指摘のように、許可の日から一年以内に工事に着手しない場合、あるいは着手後一年以上その工事を中止したときには、都道府県知事はその許可を取り消すことができるとされているわけでございますけれども、このような措置を発動すべき時期につきましては現行法に定めがないわけでございます。

したがいまして、これは、何年のところにさかのぼってそこから取り消し手続に取りかかることになるんだろうかという御質問でございますけれども、この点につきましては、現行法にそこは定めがございませんので、都道府県知事の判断にゆだねられているところでございます。

○藤木委員　また、兵庫県の薬務課から伺ったのですけれども、これは比較的最近の許可だけとなっているんですね。なぜかといいますと、随時許可業者に対して、事業状況を確かめて、事業をやれない状況にあれば自主的に返納させているからだということでした。六件とも、資金繰りが苦しいことや地域の合意が得られないということなどを理由にして延期の要望が出ていますけれども、県の審議会からは、正当な理由がない場合はできるだけ早く整理するように言われているそうです。

そこで、兵庫県では、許可業者に自主的に返納させておりまして、ここのところ聴聞会などは開いたことがないそうでございます。ですから、こういう実態にあるんでしたら、今回の法改正は必要がないのではないかというふうに思われるのですが、いかがでしょうか。

○西尾政府参考人　今御指摘のように、許可を得た事業者がその後の事情で工事に着手できなくなった、そういう場合に、都道府県の指導により自発的に許可を返納するケースがあると承知しております。今の兵庫県のケースなどは、ですから、そういう県の指導が比較的うまくいっている、自主的に返納している、こういうケースがあるんだと思います。

実は、そういうふうに指導に従って自発的に対処してくださる業者ばかりでございますればよろしいのですけれども、問題なのは、そういうふうな場合に自発的に対処しない、都道府県知事の方から、休止しているのではないかというようなことで聴聞をしようとするとまた再開をするような行動をとって、いわば取り消しを免れようとするというような事例も幾つか見られます。

問題なのは、そういうような形で自発的に対処しないで、中止と再開を繰り返して許可の取り消しを免れるといったようなケースでございまして、現行法では、そういったケースにつきましては、結局、都道府県知事の方で、そういう未着手とか中断を克明に追っかけて、しかも聴聞でそういうことを明らかにしていかないと取り消せないというようなことでございますので、今述べたような悪質なといいますか、自発的に対処してくださらない事業者に対して迅速適切に対処できないというのが今の規定でございます。
○藤木委員　兵庫県がまれな例のように言われますけれども、決してそうではありませんで、例えば、さらに奈良県の場合なんですが、これは生活衛生課から伺いましたら、奈良県では、県の審議会から指摘されて、九九年から二〇〇〇年にかけて独自の実態調査を行ったそうです。そして、二〇〇〇年四月末で六十一件あったものを、事業計画などを見て、二十一件を自主的に許可を返納させたそうです。
そこで、現在ある四十件についてですけれども、そのうちの十六件が検討中なので、一、二年後に検討書を出させて、やる気がなければ自主的に許可を返納させる、十四件は、事業継続中でやる気があるのでこのままもやむを得ない、残り十件は未確認で、廃業、倒産、不明など調査確認ができずに現状のままということなのだそうです。そこで、奈良でも審議会から早く整理しなさいと言われていて、できるだけ十六件については聴聞会をしないでやりたい、こう言っております。

ですから、あえて聴聞会抜きで取り消すような改正をしなくとも済むように思うのですけれども、重ねて同じような質問ですが、いかがでしょうか。
○西尾政府参考人　自治体におきまして、そういう指導力を発揮していただいて問題の事案の解決を急いでいただくということは、私どもも全く歓迎するところでございます。
しかしながら、温泉行政、実はその許可の後、利用の指導でございますとか各般の仕事について自治体に当たっていただくわけでございます。したがいまして、自治体に大いに努力いただく点として、そういう悪質な、悪質といいますか、どうも事業継続の意思がはっきりしない業者を追いかけてきちんと処理していただくことはありがたいのでございますけれども、そういうことに非常にたくさんな労力でありますとか注意をそがれるというようなことでは、全体としての温泉行政に対する配慮あるいは指導も行き届かないと思いますので、こういう事案につきまして、事業者がみずからの事業のために掘るわけでございますから、やはりそれは、一定の期間内に事業者の自己責任において事態が完結するような制度とする、自己完結するような制度とする方がすぐれているということで今回改正案を出させていただいている次第でございます。

○藤木委員　奈良県の場合、その三十件の大部分は、バブル時代に多角的経営に乗り出して、奈良盆地の都市地域に許可を得たものなんです。残りは吉野地域にリゾート型民間開発で許可を得たものになっておりますので、温泉地域の地元の業者というのは比較的少ないんです。よそからの参入者が多いということでございますね。掘削許可は、一方でこれまで投資をしてきた事業者を整理しながら、一方で新規に申請を許可するということになるわけでございます。

私がそうしなくともいいのではないかと先ほどから申し上げているわけは、やりやすくなるという側面があるのですけれども、この掘削許可というのは、とかく利権が絡む、そういう傾向がございますので、実態をよくよく調査して、利権に左右されないように対応すべきだ、とにかくやめさせさえすれば次の業者にすぐ掘らせられるというようなことだけを追求すべきではない、こんなふうに思うのですが、これは大臣にお伺いいたします。
○川口国務大臣　利権が絡むからというお話でございましたけれども、温泉を掘削するときの許可というのは、周辺の温泉源への影響を防止するというようなことが目的、温泉源の保護が目的でございますから、鉱山を採掘する権利といった採掘権のような財産権を与えるといった性格のものではないわけでございます。したがって、利権に結びつくということはないのではないかというふうに思います。

それから、掘削の許可を与えるに当たりましては、都道府県知事が専門家などで構成される合議制の機関の意見を聞くということになっておりまして、こういう規定が温泉法にございますので、それによって適正な処理がなされているというふうに思っております。今回の改正法案も、法律上、手続を明確に位置づけるということがそのねらいの一つとなっているわけでございます。

温泉法の運用におきまして、御懸念のようなことがないよう適切にやっていきたいと思っております。
○藤木委員　実態をよく調査して、その実態に基づいて進めていただきたいというふうに思います。

第一次改正案に対する質疑が終了した後、討論の申し出がなかったことから、直ちに採決に入り、総員の賛成により原案のとおり可決された。

3　第一五一回国会衆議院本会議（平成一三〔二〇〇一〕年六月五日）

平成一三（二〇〇一）年六月五日に開かれた衆議院本会議において、第一次改正案は浄化槽法の一部を改正する法律案とともに一括して議題とされた。まず、第一次改正案について、五島正規・環境委員会委員長から環境委員会における審査の経過および結果がつぎのとおり報告された。

本〔第一次改正〕案は、温泉を湧出させるための土地の掘削の実施状況にかんがみ、当該掘削の許可の有効期間を設けるとともに、温泉に入浴する者等の健康を保護するため、温泉の成分等の掲示に際してその分析をする者に関する登録制度を設ける等の措置を講じようとするものであります。

……。

温泉法の一部を改正する法律案〔第一次改正案〕は去る三月九日に、……本院に提出され、両法律案は五月十八日本委員会に付託されました。

本委員会におきましては、五月二十五日川口環境大臣から両法律案についてそれぞれ提案理由の説明を聴取いたしました。次いで、六月一日両法律案について質疑に入り、同日質疑を終了した後、採決を行った結果、温泉法の一部を改正する法律案は全会一致をもって、……、いずれも原案のとおり可決すべきものと議決いたしました。

その後、同案の採決に入り、多数の賛成により委員長報告のとおり可決された。

4　第一五一回国会参議院環境委員会（平成一三〔二〇〇一〕年六月一四日）

衆議院から送付された第一次改正案について、平成一三（二〇〇一）年六月一四日に行われた参議院環境委員会において、その提案理由および主な改正内容が川口順子環境大臣から説明された。その内容はつぎのとおりである。

○国務大臣（川口順子君）　ただいま議題となりました温泉法の一部を改正する法律〔第一次改正〕案につきまして、その提案の理由及び主な内容を御説明申し上げます。

我が国は世界的な温泉国であり、温泉は私たちの生活の一部として欠かすことのできない天然資源であると言っても過言ではありません。

この法律案は、こうした温泉の保護及び適正な利用を推進するため、土地の掘削等の許可の失効手続の迅速化、温泉の成分等の掲示の届け出と温泉成分の分析機関の登録制度を整備しようとするものであります。

次に、この法律案の内容を御説明申し上げます。

第一に、温泉を湧出させるための土地の掘削等には都道府県知事の許可が必要でありますが、この土地の掘削の許可を得ながらこれを放置する事例が少なからず見られることから、温泉の掘削等の許可の有効期間を原則として許可の日から起算して二年とするとともに、この許可を受けた者が、その工事を完了し、または廃止したときは、その旨を都道府県知事に届け出なければならないことといたします。

第二に、温泉の利用に際しては、温泉の成分、禁忌症及び浴用または飲用上の注意に関する掲示が必要でありますが、この掲示をしようとするときは、都道府県知事に届け出なければならないこととするとともに、都道府県知事は、必要があると認めるときは、掲示内容の変更を命ずることができることといたします。

第三に、温泉の成分の分析機関に関する登録制度の整備であります。温泉の成分、禁忌症及び浴用または飲用上の注意についての掲示は、都道府県知事の登録を受けた分析機関が行う分析に基づかなければならないこととし、登録基準等の分析機関の登録に関して必要な規定を置くことといたします。

このほか、罰金の額の引き上げ等所要の規定の整備を図ることとしております。

以上が、この法律案の提案の理由及びその内容であります。

第一次改正案に対する質疑は後日に譲ることとされた。

5　第一五一回国会参議院環境委員会（平成一三〔二〇〇一〕年六月一九日）

平成一三（二〇〇一）年六月一九日に開かれた参議院環境委員会において、第一次改正案についての質疑および答弁がなされた。その内容はつぎのとおりである。

○但馬久美君〔公明党〕　……。

……。

温泉法は、昭和二十三年の制定以来、数次にわたる改正はされてきたものの大きな改正はされていないとされております。今回、温泉状況がかなり変化してきているという環境変化に伴って、省令を法律で明記するという格上げの措置がとられました。その内容は、一つは能力向上に伴って温泉分析を民間機関に開放するというもの、二つ目は温泉成分等を掲示する前に都道府県知事への届け出を義務づけるということ、三つ目は温泉掘削許可の失効手続の短縮化などが内容となっております。

ようやく温泉に対する意識が高まってきたかと思われますけれども、なぜ今ごろ、また今までなぜ放置していたのか、この辺、それぞれについて御見解をお伺いしたいと思います。

○国務大臣〔環境大臣〕（川口順子君）　温泉は本当に古くから日本の人々に楽しまれて、日本の人々が楽しんできたものでございまして、それぞれの地域地域、それぞれの温泉温泉で古い習慣、あるいはその地域の社会的な管理のあり方ということがずっと行われて、それでずっと来たということかと思います。したがいまして、温泉法で温泉の保護とそれから適正な利用のための規制が導入されましたけれども、多くの点で、実際の運用という意味では、そういった古くからある個々の地域の実情を踏まえたやり方で運用がなされてきたという面が大きいと思います。

ということでございまして、実際には長い間実質的に改正が行われなかったということでございますけれども、今回、公益法人についての検査委託の改善、それから地方分権の推進、都道府県にもっと任せるという地方分権推進の要請を踏まえて改正を提案させていただいたということでございます。

○但馬久美君　大事な改正だと思っております。

そこで、今度は副大臣にお伺いいたします。

私たちは温泉資源をやはり心と体のいやしの場として親しんでまいりました。観光とかレジャーとか、またレクリエーション、保健医療など多面的に活用してきたわけですけれども、利用者も大変ふえてきております。例えば山梨県の一県では、公共の温泉施設の利用者は年間四百五十万人、またクアハウス利用者は全国で三百二十五万人と言われております。地域的にも温泉資源を中心に、歴史的生活文化が自然と一体となって息づいているというところは各地にいっぱいあります。特に、最近は高齢社会の時代を反映して、国民の健康づくりとか、また温泉を利用する休養とか保養とか、また療養といった医療活動を重視する傾向が強くなってきております。

そこで、お尋ねいたしますけれども、温泉と医療については欧州では非常にうまくシステム上整備がなされております。でも、我が国においては温泉利用型の医療活動が余りうまく結びついていないように思われるんですけれども、そうした意識、それを改善していくべきではないかと思うんですけれども、どのように考えていらっしゃるか、お聞かせください。

○〔環境〕副大臣（風間昶君）　なかなか難しい問題でございます。難しいというのは、疾病を持っていらっしゃる方が治療の一環として温泉を利用する方法、それからまた一般の方が健康維持のために温泉を利用する、そういう意味もありますし、また今、但馬先生おっしゃいましたように、観光資源の一形態としての温泉利用、つまり人のいやしというよりも休養の場として温泉を利用するといった形のもの、これはもう日本書紀か古事記か忘れましたけれども、そこから歴史的には温泉が利用されていることも御案内のとおりでございます。いずれにしても、温泉自体がこれからの高齢社会を迎えて医療やあるいは健康づくりの面で果たす役割は極めて大きいというふうに感じておるところでございます。

それで、最初のお話でありますけれども、医療のジャンルで温泉を利用されているところは多々ございまして、長崎県の鹿教湯温泉あるいは霧島温泉ではいわゆる温泉病院として認知もされているところでございまして、また各地におきまして国立大学の医学部のリハビリ施設に温泉もまた物理療法の一環として利用されているのも事実でございます。

したがいまして、その部分を考えますと、医学の部分で利用していく場合には、単に、単にと言いましょうか、環境省独自でやれる部分ではございませんので、厚生労働省とどういう形で連携を図っていくのかということが極めてポイントになってまいります。クアハウス利用の厚生労働省のやり方もあれば、私どものふれあい・やすらぎ温泉事業もあれば、そこのところはハード、ソフトともに連携して、これからも一層、一般の方々が健康維持のために温泉を利用していける上でどう施策としてさらに進展させるかということと、もう一つは、疾病を持っていらっしゃる方々が温泉治療としての位置づけをきちっと明確にした上でどう利用して、利用というか、それを医学の部分で、医療の部分でお役に立たせていただけるかというふうに立て分けて、これから連携していかなきゃならないかというふうに思っておるところでございます。

済みません。長崎県と言いましたけれども、鹿教湯温泉というのは長野県でございました。大変失礼いたしました。

○但馬久美君　ありがとうございました。

今のお話を伺っていて、心のいやしの部分と、それからまた公衆衛生上の部分というのも大変必要になってくると思うんです。

そこで、現行の温泉法第十八条では、都道府県知事は、公衆衛生上必要があると認めるときは、温泉利用の許可を取り消したり、また利用の制限等の措置を命ずることができるとしております。これ自体は当然の規定であると思いますけれども、温泉利用施設における衛生管理は十分に行われなければならないと思いますけれども、温泉源が汚染されてしまってはこの温泉利用施設側にも限界があり、温泉源の汚染の防止が重要であると思います。でも、現行の温泉法ではこの規定がどうも見当たりません。

現行の法体系において、温泉源の汚染を防止するための法令としてはどのようなものがあるのか、お伺いしたいと思います。例えば、地下にある温泉源が汚染された場合、水質汚濁防止法に基づいて地下水の浄化措置命令制度の適用などがあるんですけれども、この辺どういうふうに使われるのか、お伺いしたいと思います。

○国務大臣（川口順子君）　温泉法という法律は、温泉の保護とそれから適正な利用を図るという観点で規制を定めているというものでございます。したがいまして、温泉が乱掘されて、あるいはほかの理由によって温泉の成分やわき出す湧出量に影響が出たというような場合には、温泉法で対応をするということでございます。

それから、有害物質が地下に入っていった、有害物質を地下に浸透させるというようなことで温泉源が汚染をされるといった問題につきましては、これは温泉だけの問題ではございませんで、地下水一般の問題、温泉を含む問題といたしまして水質汚濁法によって規制をしている、それによる措置がとられるということでございます。

○副大臣（風間昶君）　補足して、大臣の補足なんというのは大変僭越ですけれども、要するに温泉源が汚濁するのには、地下水の部分に有害物質が入っている場合、それから温泉そのものに菌が、例えばEコーライ大腸菌とかレジオネラ菌とか菌が行く場合、それからまた温泉成分そのものが微量の砒素が入っていたり、あるいは硫化水素があったりということで、汚染の原因が大きく三つぐらいに分けられると思いますけれども、有害物質が入っている場合には水質汚濁防止法で網をかけますし、病原菌が繁殖したり、あるいは温泉成分そのものが有害である場合には温泉法の第十二条の第二項によって不許可にすることができるし、また十八条によって取り消しをするという仕組みになっております。

○但馬久美君　ありがとうございました。

先ほど申し上げましたが、地方の各地で健康、予防のための温泉利用をする活動がもちろんにわかにふえてきているんですけれども、今日、温泉の宿泊利用者が年間一億四千万人にも上って、飲泉も、温泉のあれを飲むわけですね、盛んになってきております。

このようなことを踏まえて温泉源の汚染の防止に関する規定を設けるべきではないかというふうに私も思っているんですけれども、温泉関係者から、温泉源の汚染にかかわる一切の行為を禁止せよ、そういうような条項を温泉法に明記すべきであると要望されております。少なくとも、この省令等で汚染防止策を講ずることは近々の課題であると思うんですけれども、もう一度この点についてお伺いしたいと思います。

○政府参考人（西尾哲茂君）　今、温泉の汚染に対しまして、大臣、副大臣の方からそれぞれ場合を分けて御説明を申し上げました。

先生、その全体について全部一網打尽にやるような規定が温泉法に設けられないか、こういうことでの重ねての御質問でございますけれども、やはりそれぞれの汚染の態様でございますとかそれを取り締まる場合の技術でございますとか違いますので、現在の段階ではそれぞれの、例えば水質汚濁防止法でございますれば県の環境部局でございますし、それから例えば病原菌とかそういったものでございますとこれは保健所などの応援も求めてやっていかなきゃいけないと思っておりますので、やはりそれぞれの法規、法体系に則しましてそれぞれの関係分野、都道府県等と協力して汚染の防止に努めていくべきものだとは思っております。

しかしながら、問題意識を持ちまして、今後とも汚染事例の把握を行っていくということには努めさせていただきたいというふうに存じております。

○但馬久美君　余り縦割りでその防止をやるのではなくて、もっとやっぱり関連してきちっとこういう問題、汚染の問題はやっていただきたいと思います。

では、次に行きます。

近年、我が国の各地に公共温泉地が発達してきておりますけれども、特に一億円の地域・町おこしというのがありましたね、そのときからふえてきていると伺っています。これを支えているのがボーリングという温泉の掘削でありますけれども、地中から温泉をくみ上げられているときにボーリングの目詰まりが生じて、温泉の枯渇につながるとも言われております。このボーリングの目詰まりを処理するのが技術的に大変難しいと言われているんですけれども、公共、民間ともにこの温泉関係の間では深刻な問題になっておりますので、このボーリングの目詰まりはまさに温泉地の死活にかかわる問題でありますので、この問題に対する国の支援というか支援策は考えられているのかどうか、その辺をお聞かせください。

○政府参考人（西尾哲茂君）　温泉の掘削に伴いますボーリング工事のときの目詰まりでありますとか、あるいは揚湯管、温泉を揚げます管に付着するスケール、こういったものは除去していくということは、これは除去してその温泉を有効に使っていくというのは温泉の役割を果たす上で非常に大事なことだというふうに思っております。

その支援措置ということでございますが、ただ、温泉のこうしたスケールなどを除去しまして温泉の機能をよくするというのは、逆に言えば温泉事業そのものの問題でもありますので、したがいましてその支援という場面におきましては、こういう揚湯量に直結する、事業者の利益に直結するところにストレートに財政支援をしていくということはなかなかなじまないのではないかと思っております。

他方、今そういうことをしなきゃいけない、あるいは揚湯量がふえるということをとらえて要許可行為とするのではないかという不安がございますけれども、そういうことは適切ではないのでありまして、事業者の設備の管理の一環として行うべきもの、行われるものであると考えられるということでございますから、少なくとも許可とか不許可とかいう問題に関していえば、都道府県において許可を不要とするなどそういった行為がやりやすくなるように適切な対応がとられる必要がございまして、そういう対応をしてまいりたいというふうに思っております。

○但馬久美君　現行法でも温泉の利用施設には温泉の成分等の掲示が義務づけられておりますけれども、改正案ではその掲示内容を事前に都道府県知事に届けることとしており、掲示の適正化が図られておりますけれども、このこと自体は評価いたします。

でも、問題は、こうした温泉成分等の分析が実行されているのが温泉利用の許可を得るときだけで、その後の定期的分析が依然として義務づけられていないということなんです。

現在、この再分析についてはおおむね十年ごとに見直すということが妥当であるというふうに環境庁当時の通知がありましたけれども、これでは別にやらなくてもいいというようなことを言っているようなものであって、一口に温泉と言っても、自然にわき上がるものから地下一千メートル以上の大深度からボーリングで吸い上げるものまでさまざまあります。

温泉の泉質については、一般的には大きく変わることはないと言われておりますけれども、大深度の地からボーリングによって地下の温泉源をくみ上げることが多くなっている今日、そのくみ上げが進行することによって当初得られた泉質に変化が生じたり、また温泉温度が低下したり、冷泉ですね、時には上昇する現象が指摘されております。

この温泉成分の検査費用、おおむね一件につき大体十万円程度かかると聞いておりますけれども、この温泉を保健事業やまた正規の医療行為に活用することが活発になればなるほど泉度と温泉成分の明確化が重要な条件になってまいります。

そうした意味から、やはり定期的な成分分析の義務づけ、また掲示の書きかえ、また都道府県に届けるということを明示すべきであると思いますけれども、その点どうお考えかをお聞かせください。

○政府参考人（西尾哲茂君）　先生の御指摘のように、私どもの今までの考え方は、温泉の成分につきましては、一般的には季節や時間帯により変化する場合もあるが、総じて泉質が大きく変化することはないということを前提に考えてきております。

大深度の掘削のケースも御指摘になっております。これはちょっと直接のお答えにはなりませんかもわかりませんが、私どもでも大深度の掘削の場合におきます注意事項でありますとか、その場合の許可を与えるに当たっていろいろ条件として付すべきことがあるか、そういったような点につきましては検討いたしまして都道府県にも示しておるところでございます。

以上のようなことを踏まえまして、現在は温泉成分の定期的な分析は法律で義務づけるというところに至っていないわけでございますが、御指摘のように、各温泉地の地質、気象等を総合的に判断して、おおむね十年ごとに再分析を行うことが望ましいという旨を都道府県等に対して指導しているところでございます。

これを指導というだけではなくてさらにきちんとした義務化をしてはどうかという御指摘でございますけれども、この点につきましては温泉の関係者間の意見もいろいろありまして、その調整もなかなか困難な面があるのが現状でございますので、これにつきましては、御指摘のことにつきましては今後の検討課題の一つとして考えさせていただきたいというふうに存じております。
○但馬久美君　ぜひしっかり考えていただきたいと思います。これだけやはり温泉が見直されてきている時代でありますので。
最後に、もう時間がありませんので、今回の温泉法改正の背景の一つに温泉の掘削の許可の滞留がありました。いわゆる掘削許可されても何年も掘削しなくて放置したり、また中断して何年もたつというようなことがいろいろあります。

ところで、温泉の掘削を許可する際の基準として、都道府県によって独自に温泉の掘削の距離制限を設けているところでありますけれども、基準の内容の決め方もそれぞれまちまちであり、ばらつきがあります。こうした温泉の掘削の距離制限の基準については、もちろん地方分権また規制緩和の時代であることはもう承知でありますけれども、温泉の適切な保護と有効な利用のために、これを国において一定の適正基準を設けるべきではないかと思うんですけれども、これを最後にお聞きして終わりたいと思います。
○政府参考人（西尾哲茂君）　各都道府県におきまして、各地域の温泉の湧出量あるいは温泉利用施設の数などの実情に応じまして、専門家の意見を踏まえ、温泉の掘削場所の距離制限など独自の基準が設けられているのは御指摘のとおりでございます。

これらの基準は、逆に言えば、温泉の保護と適正な利用を推進するという見地から、むしろそれぞれの地域の実情に合わせて設けようということでございますので、その意味ではなかなか全国一律の基準とかあるいは全国でこの基準に従えというような基準ではなくて、やはりそれぞれの地域の実情に合わせた基準でやっていく方が温泉の保護には実際の場合において適合するのではないか、そういう見地で設けられております。

しかしながら、こうした基準を設け、あるいは温泉の掘削の許可をする場合は、やはり御指摘のように適切な利用を推進するんだという見地から運用されなきゃならないものでございますから、したがいまして、私どもも各都道府県で行っておられます運用の実態でございますとか、あるいは今後におきますいろいろな研究といったようなものにつきましても収集いたしまして、各都道府県との会議の際、あるいはいろいろな機会に各都道府県と情報交換をするなどいたしまして、各都道府県とともに温泉利用に関して適切な運用がなされるように努力をしてまいりたいというふうに存じております。

○……。

○岩佐恵美君〔日本共産党〕　今回の温泉法の一部改正によりまして、掲示については今後、都道府県知事が掲示内容について事前に把握をして、不適切な内容の改善指導ができるようになるわけですけれども、温泉法による温泉の定義では、摂氏二十五度以上または十九種類の物質の一つが規定以上含まれていることというだけで、天然の温泉であるか、それに準じる温泉であるか、あるいは循環式の温泉であるかというような点について特に区別をしないで、全体ひっくるめて温泉ということになっています。そして、実際には天然の温泉を放出しているのか、温度が熱い場合には川の水をまぜているのか、水道水をまぜているのか、あるいは温度が低い場合には沸かしているわけですが、それが何度ぐらいのものを沸かしているのかなど、利用者に必要な情報が適切にわかりやすく掲示されておりません。

私は、ある温泉で驚いたことがあるんですけれども、とてもいいお湯でしたけれども、実は地熱発電に使った後のリサイクル利用だったんですね。地熱発電のためには硫黄分だとか夾雑物を除かなきゃいけない。熱いお湯がそのまま使われて出てくるわけで、取り除いた夾雑物とその熱いお湯とをまぜて、ブレンドして、それで温泉として利用している。それはリサイクルですからとてもいいというふうに私は思います。それが悪いというわけじゃないんですけれども、その説明を聞いて、ああ、そうかと思ったんですけれども、事前にそういう説明もしっかりあるといいなというふうに思った経験があります。

全国的には約三千二百カ所の温泉地があります。温泉の利用者が適切に選択できる情報が必要だと思います。そこで、温泉事業者、利用者などの意見も聞きながら、掲示内容も利用者の関心に沿った内容で検討していったらいいのではないだろうかというふうに思いますので、その点、いかがでしょうか。

○政府参考人（西尾哲茂君）　……。

豊富な温泉が天然のまま、ふんだんに利用できる、そういうのが一番理想的ですばらしいことだというふうに思いますけれども、ただ各地の温泉地では、やはりその温泉の温度だとか泉質だとか湧出量の制約から、それを加熱していわゆる沸かし湯にしてあったり、あるいは非常に温度の高いものを薄めて利用ができるようにしたり、あるいは循環利用したりといったいろいろな利用がなされているわけでございまして、そうした利用がされるというのは、逆に言えば、それだけ我が国では皆さんが温泉に対するニーズが高い、いろんな形で利用したい、こういうことではないかと思っています。

そのうち、非常に極端な例といいますか、湧出したところと浴用に使っているところで随分泉質に相違がある場合は、もちろん浴室、浴用に使っているところでの成分分析結果に基づいて掲示等をすべきでありますから、その点につきましてはきちんと指導していくことといたしまして、さらにもうちょっといろいろな情報を提供していく。そういうことで温泉の品質を、いろいろ情報を提供してきちんと差別化していくべきではないか、こういうような意見もあると思います。

ただ、これまでのところ温泉法はそこまでは踏み込んでおりませんで、温泉利用者の健康保護等に直結する問題を規制するんだ、こういう法目的からそこまでは踏み込んでいないところでございます。民間の団体でも天然温泉という表示を行っているようなところもあるわけでございますけれども、現在のところ、私どもは事業者や民間での自主的な判断、情報提供にゆだねるということが適当と考えておるところでございます。

しかしながら、先生の御指摘でございます今後温泉事業者、温泉利用者双方の意見も注視していきまして、適切な温泉利用の見地からどういうことができるのか、何が適切なのかにつきましては、今後とも検討をしていくこととさせていただきたいと存じます。

○岩佐恵美君　温泉の活用についてですけれども、一九四八年に温泉法ができたときに政府は、治療及び健康増進、国民福祉の増進のために温泉を利用するという対策を立て、これらに努力したい、そういう答弁があるわけですけれども、この温泉法の十四条、十五条に沿って、環境省として具体的にどのような対策をとってこられたんでしょうか。

○政府参考人（西尾哲茂君）　温泉の効用といいますのは、周辺の施設や自然環境、そういうところと相まって大きな効用を発揮するということでございますので、それにふさわしい温泉地を御指摘の温泉法第十四条に基づきまして国民保養温泉地として指定することとされております。これは昭和二十九年から適切な場所を指定してきまして、現在までに八十九カ所が国民保養温泉地として指定されております。

環境省におきましては、こういう国民保養温泉地を温泉の公共的利用を増進するというこの十四条の趣旨に沿って支援していくために施設整備の推進を図っておりまして、昭和五十五年からはその中から適地を選定いたしまして国民保健温泉地整備事業という事業を進めております。またさらに、平成五年からはそれの後継ぎをいたしまして、さらに一層、自然の観察施設でありますとか自然探勝歩道でありますとか自然教育的な意味合いも加えたような施設整備を行うということで、ふれあい・やすらぎ温泉地整備事業というものを進めてきておりまして、現在着手しているところも含めまするとニ十カ所ほどの地域で整備を進めておるわけでございます。

今後とも、こうしたような事業にさらにいろいろな工夫も加えまして、地元市町村の取り組みに関してできる限りの支援をしてまいりたいというふうに考えております。

○岩佐恵美君　先ほども話題になりましたけれども、温泉の健康に対する効用ですけれども、国民健康保険中央会の「医療・介護保険制度下における温泉の役割や活用方策に関する研究」、これは二〇〇一年三月に出されている報告書でございます。この報告書では、温泉施設で健康相談を実施したり診療所を併設している自治体では高齢者の医療費が減っている、そういう例が多いというふうに指摘をされています。このような調査を参考にしたり、あるいは温泉を活用している自治体の意見もよく聞いて、環境省として国民の健康増進、国民福祉の増進のために温泉を活用することを積極的に考えていったらどうかということです。

先ほどの御答弁にもありましたように、厚生労働省との関係も当然あると思います。ぜひそういうところと相談されながら国民保養温泉地の指定、補助事業、そういうものだけではなくて、保健事業など温泉を活用している自治体への支援策、これをもっと充実させていったらいいのではないかというふうに思います。その点について、副大臣のお考えを伺いたいと思います。

○副大臣（風間昶君）　平成十三年三月にまとめられました国保中央会の「医療・介護保険制度下における温泉の役割や活用方策に関する研究」を読ませていただきまして、温泉を活用した保健事業を積極的に展開すると老人医療費が下がる、あるいは医療の場ではなくて高齢者のサロンにしていくといったような内容も、大変示唆に富む報告書が出されているわけであります。

今、先生おっしゃいましたように、まさに環境省としては自然ふれあい・温泉センターの事業をやっているわけでありますけれども、一方、厚生労働省はクアハウスを中心とした温泉利用型の健康増進施設もこれまた十九カ所ぐらいやっておるわけでございます。

おっしゃるように医療の場面で温泉をどういうふうに位置づけていくかということについては、私ども今調査をさせていただいておりますけれども、一定の疾病、病気に対して効果がありという部分もあれば、ただ単にというか、疾病を持っていらっしゃらない方々の健康増進に効用があるということの二つの側面がございますから、ここのバランスをどうとっていくかということで、温泉を保健医療の分野にどういうふうに展開していけるかということは、極めてこれから幅広の議論を厚生労働省とも連携してやっていかないとちょっと今の時点では厳しいかなというふうに思っておりまして、いずれにしてもきちっと連携をして、温泉医学、温泉療法の位置づけをした上で図っていきたいと思っております。

○岩佐恵美君　温泉のある自治体が七割ということですから、観光面だけじゃなくて、医療あるいは健康増進、病気になる前の予防というような効果というのは十分あるというふうに思いますので、そういう点をひっくるめてぜひ努力をしていただきたいと思います。

第一次改正案についての質疑は終局し、直ちに採決され、全会一致をもって原案のとおり可決された。

6　第一五一回国会参議院本会議（平成一三〔二〇〇一〕年六月二〇日）

平成一三（二〇〇一）年六月二〇日に開かれた参議院本会議において、第一次改正案は、浄化槽法の一部を改正する法律案とともに一括して議題とされた。まず、同法律案について環境委員会における審査の経過と結果が吉川春子環境委員長から報告された。

○吉川春子君　……。

まず、温泉法の一部を改正する法律〔第一次改正〕案は、温泉の保護及び適正な利用を推進するため、土地の掘削等の許可の失効手続の迅速化、温泉の成分等の掲示の届け出及び温泉成分の分析機関の登録制度の整備等を図ろうとするものであります。

委員会におきましては、温泉の掘削等の許可基準の設定のあり方、温泉源の汚染防止対策の必要性、温泉成分等の掲示内容の改善の必要性、医療分野における温泉治療の位置づけ等について質疑が行われましたが、その詳細は会議録によって御承知願います。

質疑を終了し、採決の結果、本法律案は全会一致をもって原案どおり可決すべきものと決定いたしました。

つぎに、第一次改正を含む両案は一括して採決され、投票の結果、投票総数一九七、賛成一九六、反対一となり、第一次改正案は可決された。

かくて、温泉法第一次改正は、原案のまま成立した。そして、同法は、平成一三（二〇〇一）年六月二七日に公布され、同法附則第一条の規定に基づいて制定された「温泉法の一部を改正する法律の施行期日を定める政令」（平成一四年二月一四日政令二八号）により、平成一四（二〇〇二）年四月一日に施行された。

第三章　温泉法第二次改正

温泉法は、「温泉法の一部を改正する法律案」（平成一九年四月二五日法律三一号）により改正（第二次改正）された。この法律の原案である「温泉法の一部を改正する法律案」（以下、「温泉法第二次改正案」または「第二次改正案」と称することがある。）は、平成一九（二〇〇七）年三月二日に閣議決定され、第一六六回通常国会（平成一九〔二〇〇七〕年一月二五日～同年八月六日）に提出された（内閣提出五六号）。そして、衆議院でも参議院でも原案のとおり可決され、公布された。

一　温泉法第二次改正法の内容

温泉法第二次改正案の内容は以下のとおりである。

1　第二次改正案の提出理由

温泉法第二次改正の提出理由は、つぎのとおりである。

温泉の保護及び利用の適正化を図るため、温泉を公共の浴用又は飲用に供する者に対する定期的な温泉成分分析の義務付け、土地の掘削等の許可に付された条件に違反した者に対する許可の取消し等の措置を講ずる必要がある。これが、この法律案を提出する理由である。

2　第二次改正案の要綱

温泉法第二次改正の要綱は、つぎのとおりである。

第一　土地の掘削等の許可への条件の付与等

都道府県知事は、土地の掘削、温泉のゆう出路の増掘、動力の設置又は温泉の利用（以下「土地の掘削等」という。）の許可に条件を付すことができることとし、当該条件に違反した者に対し、許可の取消し又は措置命令を行うことができることとすること。

（第四条第三項、第九条第一項及び第二項、第十五条第四項並びに第三十一条第一項及び第二項関係）

第二　承継規定の新設

土地の掘削等の許可を受けた者である法人又は個人について、合併、相続等の場合における地位の承継ができることとすること。

（第六条、第七条、第十六条及び第十七条関係）

第三　掲示項目の追加

施設内に掲示する事項として、入浴又は飲用上必要な情報として環境省令で定めるものを追加すること。

（第十八条第一項関係）

第四　定期的な温泉成分分析の義務付け

温泉を公共の浴用又は飲用に供する者に対し、定期的な温泉成分分析及びその結果に基づく掲示内容の変更を義務付けること。（第十八条第三項関係）

第五　罰則

定期的な温泉成分分析に係る罰則に関する規定を設けること。（第四十一条関係）

第六　附則

一　この法律の施行期日について定めること。（附則第一条関係）

二　この法律の施行の際現に温泉を公共の浴用又は飲用に供する者に対する経過措置を定めること。（附則第二条関係）

三　政府は、この法律の施行後五年を経過した場合において、新法の施行の状況を勘案し、必要があると認めるときは、新法の規定について検討を加え、その結果に基づいて必要な措置を講ずるものとすること。（附則第四条関係）

3　第二次改正案

温泉法第二次改正案は、つぎのとおりである。

温泉法（昭和二十三年法律第百二十五号）の一部を次のように改正する。

目次中「第十二条」を「第十四条」に、「第十三条―第二十七条」を「第十五条―第三十一条」に、「第二十八条・第二十九条」を「第三十二条・第三十三条」に、「第三十条―第三十三条」を「第三十四条―第三十七条」に、「第三十四条―第三十九条」を「第三十八条―第四十三条」に改める。
第四条第一項第四号中「第七条第一項第三号」を「第九条第一項（第三号及び第四号に係る部分に限る。）」に改め、同条に次の一項を加える。
3　前条第一項の許可には、温泉の保護その他公益上必要な条件を付し、及びこれを変更することができる。
第三十九条第一号中「第十七条第一項」を「第二十一条第一項」に改め、同条第二号中「第二十条」を「第二十四条」に改め、同条を第四十三条とする。

第三十八条中「第三十四条」を「第三十八条」に改め、同条を第四十二条とする。

第三十七条第一号中「第六条第一項、第十四条第三項又は第十六条」を「第八条第一項、第十八条第四項又は第二十条」に改め、同条第二号中「第十四条第一項」を「第十八条第一項」に改め、同条第三号中「第十四条第二項」を「第十八条第二項」に改め、同条第六号中「第二十四条第一項又は第三十一条第一項」を「第二十八条第一項又は第三十五条第一項」に改め、同号を同条第七号とし、同条第五号中「第二十四条第一項又は第三十条」を「第二十八条第一項又は第三十四条」に改め、同号を同条第六号とし、同条第四号中「第二十三条」を「第二十七条」に改め、同号を同条第五号とし、同条第三号の次に次の一号を加える。
四　第十八条第三項の規定に違反して、温泉成分分析を受けず、又は掲示の内容を変更しなかつた者
第三十七条を第四十一条とする。

第三十六条中「第十四条第四項」を「第十八条第五項」に改め、同条を第四十条とする。

第三十五条第一号中「第七条第二項若しくは第八条」を「第九条第二項若しくは第十条」に、「第九条第二項」を「第十一条第二項」に、「第十条第一項又は第二十七条第二項」を「第十二条第一項又は第三十一条第二項」

に改め、同条第二号中「第十三条第一項」を「第十五条第一項」に改め、同条第三号及び第四号中「第十五条第一項」を「第十九条第一項」に改め、同条を第三十九条とする。

第三十四条第一項中「第九条第一項」を「第十一条第一項」に改め、同条を第三十八条とする。

第三十三条中「前条第一項」を「この法律」に改め、第五章中同条を第三十七条とする。

第三十二条第一項中「第二十九条第一項（第二十七条第二項」を「第三十三条第一項（第三十一条第二項」に、「第三十条第一項」を「第三十四条第一項」に改め、同条を第三十六条とする。

第三十一条第三項中「第二十四条第二項」を「第二十八条第二項」に改め、同条を第三十五条とし、第三十条を第十四条とする。

第二十九条第一項中「第七条第二項（第九条第二項」を「第九条第二項（第十一条第二項」に、「第十条第一項又は第二十七条第二項」を「第十二条第一項又は第三十一条第二項」に改め、同条第二項中「第七条（第九条第二項」を「第九条（第十一条第二項」に、「第十条第一項又は第二十七条」を「第十二条第一項又は第三十一条」に改め、第四章中同条を第三十三条とする。

第二十八条中「第九条第二項」を「第十一条第二項」に、「第七条」を「第九条」に、「第九条第一項又は第十条第一項」を「第十一条第一項又は第十二条第一項」に改め、同条を第三十二条とする。

第二十七条第一項中「第十三条第一項」を「第十五条第一項」に改め、同項に次の一号を加える。
四　第十五条第一項の許可を受けた者が同条第四項において準用する第四条第三項の規定により付された許可の条件に違反したとき。
第二十七条第二項中「又は第三号」を「、第三号又は第四号」に改め、第三章中同条を第三十一条とし、第二十六条を第三十条とし、第二十三条から第二十五条までを四条ずつ繰り下げる。

第二十二条中「第十五条」を「第十九条」に改め、同条を第二十六条とする。

第二十一条第一号中「第十五条第一項」を「第十九条第一項」に、「第十六条、第十七条第一項」を「第二十条、第二十一条第一項」に、「第二十三条」を「第二十七条」に改め、同条第二号中「第十五条第三項各号」を「第十九条第三項各号」に改め、同条第三号中「第十五条第四項第一号」を「第十九条第四項第一号」に改め、同条第四号中「第十五条第一項」を「第十九条第一項」に改め、同条を第二十五条とし、第二十条を第二十四条とし、第十九条を第二十三条とする。

第十八条中「第二十一条」を「第二十五条」に改め、同条を第二十二条とし、第十七条を第二十一条とし、第十六条を第二十条とする。

第十五条第四項第二号中「第二十一条（第三号を除く。）」を「第二十五条（第三号に係る部分を除く。）」に改め、同条を第十九条とする。

第十四条第一項中「温泉の成分、禁忌症及び入浴又は飲用上の注意」を「次に掲げる事項」に改め、同項に次の各号を加える。
一　温泉の成分
二　禁忌症
三　入浴又は飲用上の注意
四　前三号に掲げるもののほか、入浴又は飲用上必要な情報として環境省令で定めるもの
第十四条第四項を同条第五項とし、同条第三項中「しようと」を「し、又はその内容を変更しようと」に改め、

「ところにより」の下に「、あらかじめ」を加え、同項を同条第四項とし、同条第二項の次に次の一項を加える。

3　温泉を公共の浴用又は飲用に供する者は、政令で定める期間ごとに前項の温泉成分分析を受け、その結果についての通知を受けた日から起算して三十日以内に、当該結果に基づき、第一項の規定による掲示の内容を変更しなければならない。

第十四条を第十八条とする。

第十三条第二項第二号中「第二十七条第一項第三号」を「第三十一条第一項（第三号及び第四号に係る部分に限る。）」に改め、同条第四項中「第四条第二項」の下に「及び第三項」を加え、「をしないとき」を削り、同項に後段として次のように加える。

この場合において、同条第三項中「温泉の保護その他公益上」とあるのは、「公衆衛生上」と読み替えるものとする。

第十三条を第十五条とし、同条の次に次の二条を加える。

（温泉の利用の許可を受けた者である法人の合併及び分割）

第十六条　前条第一項の許可を受けた者である法人の合併の場合（同項の許可を受けた者である法人と同項の許可を受けた者でない法人が合併する場合において、同項の許可を受けた者である法人が存続する場合を除く。）又は分割の場合（当該許可に係る温泉を公共の浴用又は飲用に供する事業の全部を承継させる場合に限る。）において当該合併又は分割について都道府県知事の承認を受けたときは、合併後存続する法人若しくは合併により設立された法人又は分割により当該事業の全部を承継した法人は、同項の許可を受けた者の地位を承継する。

2　第四条第二項及び前条第二項の規定は、前項の承認について準用する。この場合において、同条第二項中「次の各号のいずれかに該当する者」とあるのは、「合併後存続する法人若しくは合併により設立される法人又は分割により温泉を公共の浴用又は飲用に供する事業の全部を承継する法人が次の各号のいずれかに該当する場合」と読み替えるものとする。

（温泉の利用の許可を受けた者の相続）

第十七条　第十五条第一項の許可を受けた者が死亡した場合において、相続人（相続人が二人以上ある場合においで、その全員の同意により当該許可に係る温泉を公共の浴用又は飲用に供する事業を承継すべき相続人を選定したときは、その者。以下この条において同じ。）が当該許可に係る温泉を公共の浴用又は飲用に供する事業を引き続き行おうとするときは、その相続人は、被相続人の死亡後六十日以内に都道府県知事に申請して、その承認を受けなければならない。

2　相続人が前項の承認の申請をした場合においては、被相続人の死亡の日からその承認を受ける日又は承認をしない旨の通知を受ける日までは、被相続人に対してした第十五条第一項の許可は、その相続人に対してしたものとみなす。

3　第四条第二項及び第十五条第二項（第三号に係る部分を除く。）の規定は、第一項の承認について準用する。

4　第一項の承認を受けた相続人は、被相続人に係る第十五条第一項の許可を受けた者の地位を承継する。

第二章中第十二条を第十四条とする。

第十一条第一項中「第九条第一項」を「第十一条第一項」に改め、同条を第十三条とし、第十条を第十二条とする。

第九条第二項中「から前条までの規定は、」を「、第五条、第九条及び前条の規定は」に改め、「ついて」の下に「、第六条から第八条までの規定は同項の増掘又は動力の装置の許可を受けた者について」を加え、「、第六条第一項並びに第七条第一項第一号」を「、第六条、第七条第一項、第八条第一項並びに第九条第一項第一号」に改め、同条を第十一条とし、第八条を第十条とする。

第七条第一項に次の一号を加える。

四　第三条第一項の許可を受けた者が第四条第三項の規定により付された許可の条件に違反したとき。

第七条第二項中「又は第三号」を「、第三号又は第四号」に、「公益上」を「温泉の保護その他公益上」に改め、同条を第九条とする。

第六条を第八条とし、第五条の次に次の二条を加える。

（土地の掘削の許可を受けた者である法人の合併及び分割）

第六条　第三条第一項の許可を受けた者である法人の合併の場合（同項の許可を受けた者である法人と同項の許可を受けた者でない法人が合併する場合において、同項の許可を受けた者である法人が存続する場合を除く。）又は分割の場合（当該許可に係る掘削の事業の全部を承継させる場合に限る。）において当該合併又は分割について都道府県知事の承認を受けたときは、合併後存続する法人若しくは合併により設立された法人又は分割により当該事業の全部を承継した法人は、同項の許可を受けた者の地位を承継する。

2　第四条第一項（第三号から第五号までに係る部分に限る。）及び第二項の規定は、前項の承認について準用する。この場合において、同条第一項中「申請者」とあるのは、「合併後存続する法人若しくは合併により設立される法人又は分割により当該許可に係る掘削の事業の全部を承継する法人」と読み替えるものとする。

（土地の掘削の許可を受けた者の相続）

第七条　第三条第一項の許可を受けた者が死亡した場合において、相続人（相続人が二人以上ある場合において、その全員の同意により当該許可に係る掘削の事業を承継すべき相続人を選定したときは、その者。以下この条において同じ。）が当該許可に係る掘削の事業を引き続き行おうとするときは、その相続人は、被相続人の死亡後六十日以内に都道府県知事に申請して、その承認を受けなければならない。

2　相続人が前項の承認の申請をした場合においては、被相続人の死亡の日からその承認を受ける日又は承認をしない旨の通知を受ける日までは、被相続人に対してした第三条第一項の許可は、その相続人に対してしたものとみなす。

3　第四条第一項（第三号及び第四号に係る部分に限る。）及び第二項の規定は、第一項の承認について準用する。

4　第一項の承認を受けた相続人は、被相続人に係る第三条第一項の許可を受けた者の地位を承継する。

附　則

（施行期日）

第一条　この法律は、公布の日から起算して六月を超えない範囲内において政令で定める日から施行する。ただし、附則第三条の規定は、公布の日から施行する。

（温泉成分分析に関する経過措置）

第二条　この法律の施行の際現にこの法律による改正前の温泉法（以下「旧法」という。）第十四条第一項の規定による掲示が、温泉法の一部を改正する法律（平成十三年法律第七十二号）附則第五条の規定の適用を受けて、旧法第十四条第二項の登録分析機関の行う同項の温泉成分分析の結果に基づかないでされていた場合であって、当該掲示が、同項の登録分析機関の行う同項の温泉成分分析と同等以上の信頼性を有するものとして環境省令で定める温泉の成分についての分析及び検査の結果に基づいてされていた場合においては、当該分析及び検査を同項の登録分析機関の行った同項の温泉成分分析とみなして、この法律による改正後の温泉法（以下「新法」という。）第十八条第二項及び第三項の規定を適用する。

2　新法第十八条第三項の規定は、この法律の施行の際現に温泉を公共の浴用又は飲用に供している者であって、平成二十一年十二月三十一日までに同項の規定に基づき同条第二項の温泉成分分析を受けなければならないこととなるものについては、同日までは、適用しない。

（政令への委任）

第三条　前条に規定するもののほか、この法律の施行に関し必要な経過措置は、政令で定める。

（検討）

第四条　政府は、この法律の施行後五年を経過した場合において、新法の施行の状況を勘案し、必要があると認めるときは、新法の規定について検討を加え、その結果に基づいて必要な措置を講ずるものとする。

（伊東国際観光温泉文化都市建設法の一部改正）

第五条　伊東国際観光温泉文化都市建設法（昭和二十五年法律第二百二十二号）の一部を次のように改正する。

第三条第一項中「第九条第一項」を「第十一条第一項」に改める。

二　第二次改正法の審議

温泉法第二次改正案の国会での主な審議は以下のとおりである。

1　第一六六回国会衆議院環境委員会（平成一九〔二〇〇七〕年三月二三日）

第二次改正案は、平成一九（二〇〇七）年三月二一日に第一六六回国会衆議院環境委員会に付託された。そして、同年三月二三日開催の同委員会において、同案の提案の理由および内容が若林環境大臣からつぎのように説明された。

○若林国務大臣　……。

温泉は、年間延べ一億人以上が利用し、国民の高い関心を集めていることから、入浴者に対する温泉の成分等についての情報提供の充実が求められております。

また、我が国は豊富な温泉資源に恵まれていますが、その資源には限りがあるため、持続可能な利用を進める必要があります。

本法律案〔第二次改正案〕は、このような状況を踏まえ、温泉の保護及び利用の適正化を図るため、定期的な温泉の成分分析とその結果の掲示、温泉の掘削等の許可への条件の付与等の措置を講じようとするものであります。

次に、本法律案の内容を御説明申し上げます。

第一に、温泉は成分や温度が年月の経過により徐々に変化することから、入浴者に温泉の成分等に関してより正確な情報を提供するため、温泉を公共の浴用または飲用に供する者に対し、定期的に温泉の成分分析を受け、その結果を掲示することを義務づけることといたします。

第二に、温泉の掘削、公共の浴用への提供等には都道府県知事の許可が必要でありますが、許可後の状況の変化により温泉資源の保護、公衆衛生等の観点からの問題が発生する場合があることから、許可に条件を付し、条件に違反した者に対しては許可の取り消し等を行うことができることといたします。

第三に、温泉法に基づく許可の手続の簡素化を図るため、許可を受けた者の合併、分割または相続に際しては、改めて許可を受けることを不要とし、より簡略な承認の手続により地位の承継をできることといたします。

このほか、温泉利用施設における掲示項目の追加等の所要の規定の整備を図ることといたしております。

以上が、本法律案の提案の理由及びその内容であります。

ここでは、第二次改正案についての質疑はなされなかった。

2　第一六六回国会衆議院環境委員会（平成一九〔二〇〇七〕年四月三日）

平成一九（二〇〇七）年四月三日に開かれた参議院厚生委員会において、まず、第二次改正案についての質疑および答弁がなされた。そして、その内容はつぎのとおりである。

○上野〔賢一郎〕委員〔自由民主党〕　……。

きょうは温泉法の審議ということでございます。温泉は、言うまでもございませんが、国民の皆さんに非常に昔からなれ親しんでいただいておりまして、また観光の面でも、地域経済の活性化、地域の経済の中心として頑張っていただいている地域も多いかと思います。私の地元の大津市でも、雄琴温泉という古くからの温泉がございまして、地域経済の核として皆さんに頑張っていただいているところであります。

そこでお伺いをしたいことでございますが、新聞報道等によりますと、温泉資源の枯渇化ということが言われております。実際に、源泉の数というのは、昭和三十年代に比べますと約二倍になっているわけですが、噴出量、特に自然に噴出する量というのは、年々、特に近年は減少傾向にあるということであります。

そうした温泉資源の枯渇化ということが懸念されますけれども、その現状と今回の法律改正案のかかわりにつきまして御教示をお願いしたいと思います。

○土屋〔品子・環境〕副大臣　上野委員がおっしゃるように、温泉の利用が拡大している中で、自噴している温泉の湧出量の総量が徐々に減少傾向にあることは事実であります。平成十五年の八月六日に、新聞報道にもありましたけれども、愛知県の吉良温泉のように、枯渇ということで報道されましたけれども、温泉の枯渇と見られる現象が発生していることは事実であり、温泉資源の枯渇の懸念が増大している状況にあります。

今回の法律〔第二次改正〕案は、そのような状況を踏まえ、温泉の掘削等の許可に当たり、例えば温泉の採取量の上限など温泉資源保護等のための条件を付すことができるとし、地域の実情に応じた温泉の持続可能な利用を進めようとするものであります。

○上野委員　掘削等について、今後この法律が成立し施行されましたら条件が付されるということであります。その条件、これは具体的にはどういった内容を想定されていらっしゃるのか。あるいは、恣意的な条件設定がなされる、そういったおそれはないのか。またさらには、現在もう既に許可を得ている事業者の皆さんと新しく入られる方との均衡というのはどのように考えられるのか。以上につきまして、お願いします。
○冨岡〔悟〕政府参考人〔環境省自然環境局長〕　お答え申し上げます。
温泉法の改正案におきましては、温泉の掘削等の許可に付する条件は、温泉の保護その他公益上必要なものとされておりますが、具体的には、この条件といたしましては、温泉井戸の大きさ、深さ、温泉の採取量の上限、それから、仮設ポンプで温泉をくみ上げ、近隣の温泉への影響を調査する揚湯試験の実施、掘削の際の有毒物質の噴出などの事故時の対策、こういったものを想定しております。

それから、環境省におきましては、温泉の掘削等の許可を都道府県知事が運用するに当たりまして参考となるよう、温泉資源保護に関するガイドラインを定めることとしております。

このガイドラインにおきまして適切な条件の範囲を定めることによりまして、科学的判断に基づかない恣意的な条件や、既存事業者との均衡を失する、いわば既得権保護のための条件のような不適切な条件が付されることのないようにしていきたい、このように考えております。
○上野委員　ありがとうございます。
現在も、周辺事業者の同意が必要であったりなかったり、地域によってばらつきがあるというふうに聞いておりますので、その点、恣意的な運用がなされないように、きちんとしたガイドラインを環境省さんの方でぜひ示していただいて、適正に対応していただくことが必要かというふうに考えます。

今お話がありました、土地の掘削については公益ということが一つの判断基準となっているわけでありますけれども、これは、県知事等が判断する場合に、公益は何かということについて判断を迷うケースが多々あるというふうに聞いています。環境省としても、一定の判断を示すべきではないでしょうか。

○冨岡政府参考人　温泉法におきまして、温泉の掘削が公益を害するおそれがあるときは、掘削を不許可とできることとなっております。

この公益を害するおそれの判断につきましては、先生御指摘のとおり、都道府県が判断に苦慮している例もあると承知しております。このような事例といたしましては、温泉の掘削が周辺の自然環境に与える影響、それから住宅密集地特有の問題の取り扱い、こういった事例の取り扱いに当たりまして、都道府県が判断に苦慮する例がある、このように承知いたしております。

環境省といたしましては、この公益を害するおそれの判断の考え方も含めまして、先ほど御説明申し上げました温泉資源保護に関するガイドラインを定めることによりまして、都道府県が公益を害するおそれの判断を的確に行うことができるよう、支援してまいりたいと考えておるところでございます。

○上野委員　よろしくお願いいたします。

ガイドラインの策定につきましては、法律が今後成立をいたしました場合には、ぜひ早期に手当てをしていただけるようにお願いをしたいと思います。

それでは次に、今の公益という話に少しかかわりがあるわけですが、今、地方に行けば、第三セクターなどが公営の温泉施設を運営している場合があります。これにつきましては、一部の民間事業者の間で、不公正な競争ではないかというような指摘があるというふうに聞いています。

例えば、鹿児島県の例ですが、いこいの村いむた池という施設があるそうでありまして、これは旧労働省の施設を県と市の出資の法人が買収して今営業しているということであります。昭和五十三年当時、この藺牟田池周辺には二つの温泉地で二十軒余りの民間の温泉があったということでありますけれども、これができたことによって、約十年で半減をし、現在ではわずか二軒になったというようなことが報告をされています。

こうした観点からお伺いをしたいわけでございますけれども、こういった公営の温泉施設が民間事業者を圧迫するというようなことについては、これからやはりしっかりと是正をしていくことが必要ではないかと私は考えています。

ちなみに、国あるいは国の特殊法人が設置主体となる公的施設については、平成十二年五月二十六日の閣議決定によって、施設の廃止や民営化の方針等が閣議決定されておりまして、地方団体についても、これに準じて措置するよう要請するというようなことが閣議決定されているわけであります。

こうした観点から見て、今後、不公正な競争によって民業圧迫が生じているような場合につきましては、これを是正していくべきではないかというふうに考えますが、いかがでしょうか。
○榮畑〔潤〕政府参考人〔総務省大臣官房審議官〕　お答えさせていただきます。
今先生御指摘の平成十二年の閣議決定でございますが、ここで、国または特殊法人等が設置する総合保養施設、会館、宿泊施設等につきましては、不特定の人が利用し得る施設の新設及び増築は禁止する等の決定がなされているところでございます。

これを受けまして、私ども総務省といたしましても、地方公共団体に対しまして、この閣議決定の趣旨を踏まえて適切に対応されるように、通知によりまして繰り返し要請、指導してきているところでございます。

平成十五年十二月に、総務省といたしまして、第三セクターに関する指針というものを定めたところでございます。この指針におきましても、第三セクター以外の事業者の活用について、積極的に検討すべしということを定めているところでございます。

総務省といたしましても、今後とも引き続き、地方公共団体に対しましてこのような趣旨を重ねて要請しているところでございます。

○上野委員　今のお話ですと、指針を示して要請をしているということでありまして、今後も引き続きお願いをしたいと思いますけれども、きょうは温泉法の審議で、他委員会の関係になりますので、要望だけさせていただきたいと思います。

やはり、これは、平成十二年にこうした閣議決定がされて、要請をするということになっておりますので、その後しっかり状況をフォローアップしていただくことが必要だろうと思いますし、フォローアップの中で、もし不適正な例というものが散見されるようであれば、それについては何らかの対応を国、政府としてもやっていくべきだと思います。これはまた機会を改めて議論をさせていただきたいと思いますが、その点、お願いをさせていただきたいと思います。

もう一つ、これに関連いたしまして、環境省サイドの方にお伺いをしたいと思いますが、こういった場合、温泉施設の掘削や利用に関しまして一定の制限を行う、公営温泉施設に利用する場合等につきまして一定の制限を行うというようなことは、温泉法の体系の中では考えられるんでしょうか。

○冨岡政府参考人　温泉法に基づく許可手続は、温泉が天然の資源であることに着目しまして、資源を自然から採取する行為や、温泉に含まれている化学物質が人に悪影響を及ぼすことを防止するために設けられているものでございます。

したがいまして、第三セクター等による民業圧迫など、温泉を利用した事業の経営にかかわる問題につきましては、温泉法に基づく許可手続に反映させることとはなじみにくいものと考えております。

なお、温泉法を施行していきます過程で、事業の経営にかかわる問題につきましてさまざまな情報といったものを私どもが入手した場合には、その問題を担当するさまざまな機関、関係省庁とも連携をとって、情報提供等を適切に行っていきたい、かように考えております。

○上野委員　今、情報提供というお話がありました。過去にそうした情報提供をされた例というのはございますでしょうか。

○冨岡政府参考人　今のところ、具体的にこういった事案でという点については、現在のところ、ちょっと手持ちで確認できませんので、申しわけございません。

○上野委員　温泉法の中でそうした対応が可能であるのであれば、前広にまた総務省等にその情報提供をお願いしたいと思いますし、先ほど申し上げました閣議決定の趣旨を踏まえて、今後さらなる対応につきましてもお願いをしたいと考えているところであります。

それでは次に、今回の法律の改正によりまして、成分を定期的に分析するということが義務づけられるわけでございますけれども、この改正の背景と期待される効果につきましてお伺いをいたします。

○土屋副大臣　温泉成分は、年月の経過によりまして徐々に変化するということがあります。それで、今まではおおむね十年ごとに再分析を行うようにということで指導してきたわけですけれども、実際は、温泉施設の約四割、三八％が十年以上経過しても最初のときの表示のままを情報提供しているという状況でございます。

それで、そういう背景から、法律によって分析、掲示内容の更新を義務づけて、我が国の温泉への信頼の確保を図ることにしたものでございます。これを着実に進めることによって、温泉地の活性化にもつながると考えております。

○上野委員　定期的な分析、十年ということであります。中には、相当昔から放置されたままということもあると思いますし、その後の状況の変化で泉質や温度が変わるということも十分あると思いますので、その点に対しては本当に意義のある改正内容だと思いますので、よろしくお願いいたしたいと思います。

次に、大深度掘削泉につきましてお伺いをしたいと思います。

最近、都心部でもいろいろな入浴施設がオープンいたしまして、非常に国民の皆さんに便利に、利便性が高くなっていると思いますけれども、例えば、千メートル以上の深さを掘って許可申請を受けるというものが全体の約半分ぐらい今あるということであります。

この大深度掘削泉、これは年々増加傾向にあるわけでございますが、温泉源への影響あるいは地盤環境への影響、そうしたものにつきまして調査研究をしたり、あるいは、これは大深度ですよというようなことを利用者に情報提供したりというようなこと、今までの、従来型の昔ながらの温泉とはちょっと違う対応をしないといけないような感じを受けるわけですが、その点につきましてはどのようにお考えでしょうか。

○北川（知〔克〕）〔環境〕大臣政務官　今、上野委員から御指摘のありました大深度温泉でありますけれども、私の選挙区というか地元へ帰りましても、車で十五分、二十分、東西南北に行けばどこにでもあるようなぐらい大変たくさんふえてきております。

そういう増加をしている大深度温泉の掘削について、今、調査等々をしているところもありますが、もともとこの大深度掘削泉というものは、流動性の低い化石水から成り立っているところが多いわけであります。そして、火山地帯ではない平野部にも幅広く存在をしているわけでありまして、これらのことから、古来からの温泉とは成り立ちが異なるものが多いと承知をいたしております。

この点を踏まえ、入浴者の方々が、成り立ちの違いやそういうものを理解した上で、好みの温泉、消費者の方々がどういう温泉を利用されるか、片方ではスーパー銭湯等々もあるわけでありますから、こういうものを消費者の選択の中でできるようにし、そして温泉の成り立ちと掘削深度の関係や、個々の温泉の掘削深度についての情報提供を進めていきたいと考えております。ただ、これは法律的に義務づけというのは難しいものでありますから、あくまで自主的な形で表示をしていただければなと思っておりますが、今後の検討であると思っております。

また、大深度掘削泉による温泉資源や地盤環境への影響につきましては今後調査研究を行っていきたいと考えておりまして、さらに、今回の法律案につきましては施行五年後の検討規定を置いております。社会情勢がやはり変化をしてくる中で、地球環境問題等々も大変重要な課題になってきておりますので、大深度掘削泉の取り扱いにつきましては、ただいま申し上げました調査研究の成果を踏まえ、その際に必要な検討を行ってまいりたいと考えております。

○上野委員　……。

……。

次に、入湯税の関係につきまして質問をさせていただきたいと思います。

まず、入湯税の課税根拠は何かにつきましてお伺いいたします。

○岡崎政府参考人　入湯税の課税根拠についての御質問でございますが、入湯税は、入湯施設の利用と市町村の行政サービスとの関連に着目いたしまして、鉱泉浴場所在の市町村が課する目的税とされております。

○上野委員　これは昭和三十二年からある古い税制だと思いますが、今お話がありましたように、行政サービスとの関連性ということが非常に重要なポイントだろうと思います。

私がいろいろ調べた事例によりますと、同じ市町村内で使われるのはもちろんでありますが、温泉地とは相当離れた、五十キロも六十キロも離れたようなところで、これが目的税として環境施設等に使われるというような例があるというふうに聞いております。

これにつきましては、本来的には、今お話がありました行政サービスとの関連性ということでありますので、利用者に還元をされるということが非常に重要ではないかと思います。私としては、その使途につきまして、その使い道については、温泉地あるいは温泉地周辺での使途、使用に限定をしたり、あるいは、今幾つか、四つほど使途が限られているわけですが、その中でも特に温泉にかかわりのある観光振興や観光施設整備、あるいは温泉源保護等に使い道をより限定するべきではないかというふうに考えておりますが、この点につきましてはいかがでしょうか。
○岡崎政府参考人　入湯税の使途についての御質問でございます。
御指摘のとおり、昭和三十二年に目的税化されまして、その使途につきましては、現在法律では、環境衛生施設、鉱泉源の保護管理施設、消防施設、観光の振興等に要する費用に充てることとされておりまして、具体的な施設整備の内容、あるいはその市町村の中でどこで事業を実施するのかというようなものの判断につきましては、課税している団体に任されているということでございます。

そういう制度下で、各課税団体におきまして、定められた使途の範囲内で当該団体の実情に応じた施設整備を行っているところでありますが、御指摘ありましたように、その使途について現行よりも限定することにつきましては、一つには、対象外となった施設について新たにほかの財源を求める必要があるということ、また、課税団体の裁量の範囲を結果的に狭めることになりまして、地方分権の流れに反するのではないかというような問題点があるのではないかと考えております。

私どもとしましては、むしろ、入湯税を課税している各市町村におきまして、入湯税の意義を踏まえつつ、議会での議論あるいは住民の意見も十分聞いた上で、事業者や住民が納得できるような適切な使途ということで対応していくということを期待しているところでございます。

○上野委員　対象外になったものについての財源手当て等につきましては、それはそれで十分検討しなければいけないと思いますけれども、繰り返しになりますが、利用者への還元ということがまず重要だと思いますので、その点を勘案して、制度についても、古い制度ですから、見直すべき点は見直すことが必要ではないかというふうに考えます。

いずれにいたしましても、これにつきましては、また私ども自由民主党の中の税制調査会等の場でも改めて議論をさせていただきたいと思いますので、その点をお含みおきいただきたいと思います。

それから、次に、魅力ある温泉地づくりにつきまして御質問をさせていただきたいと思います。

現在、国民保養温泉地という指定が古くからなされているわけでありますけれども、これにつきましては現在政府としてはどのような支援を行っていらっしゃるのか。あるいは、今後、この法律の改正等を契機といたしまして、新たな支援措置等についても検討されているのかにつきましてお伺いしたいと思います。

○冨岡政府参考人　温泉法改正に当たりましての中央環境審議会答申におきまして、魅力ある温泉地づくりは一つの議論の中心となった点でございます。ここにおきましては、温泉事業者、地域住民、地方自治体が一体となって、地域ぐるみでそれぞれの温泉地の魅力を高めるための創意工夫がなされることがまず重要である、このような考え方に基づいて振興が言われております。

現行の国民保養温泉地につきましては、法律第二十五条に基づきまして、適切な温泉利用のモデルとなる地域といたしまして、現在、全国で九十一カ所の温泉地を指定しております。このうち国立公園内に位置するものにつきましては、自然公園整備事業として遊歩道それから休憩所などの整備を進めてきております。

今後につきましては、こういった整備を引き続き進めるほかに、新たに、温泉地におきますエコツーリズムの推進などの特徴ある取り組みにつきまして広く全国に紹介していくことや、それから温泉の廃熱利用など環境保全型の温泉地づくりの支援、こういったことにつきまして現在検討を進めているところでございます。
○上野委員　この国民保養温泉地という制度も古くからの制度だというふうに聞いておりますけれども、今お話がありましたように、ぜひ積極的なＰＲ活動や支援措置によりまして温泉地の魅力づくりを進めていただくことによって、それがまた地域の住民あるいは地域の経済にとってもプラスになってまいりますので、その点につきまして今後とも十分御留意をいただいて、対応をお願いしたいと思います。
○……。
○吉田（泉）委員〔民主党〕　……。
私の方からも、温泉法の一部を改正する法律案について何点か御質問をさせていただきます。

技術の発展に伴って、いろいろな温泉が今出てきているということだと思います。昔からある自噴式の温泉に加えて、千メーター以上ある大掘削の温泉とか、それからお湯を繰り返し使う循環式の温泉とか、いろいろなタイプの温泉が出てまいりました。

それに対して、どれがいいとか悪いとか、私は、なかなか一概に言えない、やはりさまざまな需要があるというふうに受けとめておるところでございます。そして、その多様な需要にこたえながら、我が国の古来からある伝統的な温泉のあり方、温泉文化、これをどうやって守っていくかというのが温泉法なり温泉行政の目標じゃないか、こんなことでございます。

そういう視点から、まず最初に、温泉の定義について何点かお伺いしたいと思います。

昭和二十三年、温泉法制定以来、日本は、どちらかというと私は緩い定義でこれまでやってきたというふうに思います。要するに、二十五度C以上、または温泉成分がある、どちらかでよいという定義でやってまいりました。その結果、温泉成分がなくても二十五度あれば温泉である、それから一％の温泉に九九％水を加えても温泉である、それから入浴剤、塩素、こういう化学物質を加えても温泉法上は温泉であるということになっているわけでございます。

一方で、需要の多様化といいますか、人によっては本来の、狭義の温泉にこだわるといいますか、それを求める人も私はふえているというふうに思います。そうしますと、この従来の緩い定義では、そういういわば本物志向の国民の要求にはちょっとこたえられなくなっているんじゃないか。温泉法の定義をこれからもう一回見直したらいいのかどうか。ただ、六十年やってきたという重みもありますので、非常に慎重な検討が必要だと思いますが、そういう時期にあるんじゃないかなと思います。

それで、最初の質問は、世界で温泉先進国と言われているのがドイツでありますけれども、ドイツにおいて温泉の定義はどうなっているのか、日本と比べてどこが違うのか、お伺いします。

○冨岡政府参考人　お答え申し上げます。

ドイツにおきます温泉の定義につきましては、鉱物の溶存量が一定量以上であり、硫黄等の特別な成分が一定量以上含有されているもの、あるいは、温度が二十度以上のものを療養効果のある水として定義づけている、そのように私どもは聞いております。

なお、ドイツでは日本とは少し利用形態が異なるということもあるようでございまして、日本の温泉の定義と単純に比較することはできないと思われますが、日本とドイツとを比べますと次のような相違点があると見られます。

日本の定義とドイツの定義が同じような点につきましては、まず、一定量以上の成分の含有を必要としている点、それから、一定の温度以上であれば定義に含めることができるという点、この点についてはほぼ同じと考えてよろしいかと思います。

異なる点としては、日本では温度につきまして二十五度以上としておりますが、ドイツでは二十度以上のようでございます。なお、それぞれの成分につきましては、日本では水素イオンや重炭酸ソーダ等の物質が含まれている、こういうものが定義に含まれておりますが、こういった含まれている物質については、必ずしも両国で全く同じということではない。

大体、以上が概要でございます。

○吉田（泉）委員　私も事前にそのドイツの定義を見たんですけれども、私が見たところでは、日本と大いに違う。温泉を二つに分ける、それで単に二十度以上、成分はないけれども温度はあるというものを温浴泉と称している、成分がきちんとあるものについては天然温泉と称する、この二つをはっきり分けている、そこが私は日本とは違うんじゃないかなと思うんですが、この考えでよろしいのかどうかだけ、ちょっと確認しておきたい。

○冨岡政府参考人　ドイツにおきます定義と申しましょうか、その点につきましては、先生御指摘のように、天然温泉という定義と申しましょうか、そういう考え方があるというふうな最近の研究報告があることは、私ども確認しております。

このドイツにおきます天然温泉とは、鉱物の溶存量が一定以上であり、かつ、硫黄等の特別な成分が一定以上あるものを天然温泉と呼称している、このように定義と申しましょうか、呼んでいるということがあるようでございます。

○吉田（泉）委員　私は、日本にとっても大変参考になる考え方じゃないかなと思っているんですが、後でまたこの問題は触れたいと思います。

さて、日本では、法令上、温泉という言葉以外に、鉱泉という言葉も出てまいります。その定義はどうでしょうか。

○冨岡政府参考人　先生お尋ねの鉱泉の定義につきましては、これは環境省が定めております鉱泉分析法指針の中に鉱泉の定義がございます。これによりますと、「地中から湧出する温水および鉱水の泉水で、多量の固形物質、またはガス状物質、もしくは特殊な物質を含むか、あるいは泉温が、源泉周囲の年平均気温より常に著しく高いもの」と定義されております。

なお、温泉法に言います温泉との定義の違いでございますが、温泉法に言う温泉は、ただいま申し上げました鉱泉のほかに、地中より湧出する水蒸気及びその他のガスを包含するものでございまして、温泉法の定義の方が少し広くなっております。

○吉田（泉）委員　温泉の方が少し広いということです。

今お触れになった鉱泉分析法指針という局長通知がありますが、今度は、そこにおいて療養泉という言葉が出てきます。これは、「鉱泉のうち、特に治療の目的に供しうるもの」ということであります。

先ほど、最初に私、温泉法は緩い定義であって、成分がなくても温泉であるという場合があると申し上げたんですが、この療養泉についても、成分がなくても、治療に供し得る療養泉であるという可能性があるのかどうか、お伺いします。

○冨岡政府参考人　鉱泉分析法指針における定義におきましては、療養泉とは、特に治療の目的に供し得る、これは適応症の掲示が可能となるということでございますが、温泉であり、具体的には、硫黄等七成分を一定量以上含有するもの、溶存物質が一リットル当たり一グラム以上であるもの、温度が二十五度以上であるもののいずれかに該当するものをいうとされておりまして、先生お尋ねのように、温度が二十五度以上で、成分が温泉法や指針に規定された物質の量に達しない場合も含まれるものでございます。これを通称、単純温泉と言っております。

○吉田（泉）委員　そうしますと、治療に供し得ると称される療養泉においても、今の定義からいうと、温度は二十五度あるけれども、実は成分が入っていないという場合もあり得るという答弁だったと解釈します。

私は、これはちょっと疑問を感じるところでございます。成分のないものまで療養泉に含めていいのか、もう少しここは厳密に定義した方がいいんじゃないかというふうに感じたところでございます。

もう一つ、塩素殺菌の問題に移ります。

大きいおふろ、たくさんの人が入るということもあって、塩素殺菌をしているところが多いわけですが、学説によっては、塩素殺菌というのは温泉の効用を著しく下げるという説を唱える先生がいます。いわば、本来は還元系である温泉が、そういう化学物質を入れると酸化系に変わってしまう、マイナスイオンがプラスイオンに変わる、こういうことだそうです。

そうしますと、療養泉と言っておきながら、塩素殺菌をするということは、非常に治療効果を下げることになるんじゃないか。私は、少なくとも療養泉においては塩素殺菌というのは制限されるべきじゃないかというふうに思うんですが、いかがでしょうか。
○冨岡政府参考人　鉱泉分析法におきます指針では、地中から湧出した加工がされていない状態の温泉を分析する手法を定めているものであります。この指針の中で定めている療養泉につきましても、このような状態における分析を想定しております。加工していないものを想定しております。
ただし、温泉が湧出した後に、浴槽等において塩素殺菌などの人為的な加工が加わることで温泉の成分が変化するという指摘も、先生御指摘のようにあるところでございます。そういうことで、塩素殺菌等の加工を行っている旨を掲示し、消費者、利用者に正しくお知らせして、その利用の御判断をいただく、このような考え方で対応しているところでございます。
○吉田（泉）委員　確かに表示が大事ではありますけれども、表示だけじゃなくて、治療の目的の温泉だと言っておきながら、治療効果を下げるような添加を許しているというのは、私はちょっと疑問に感じるところでございます。
そこで、私の意見は、少なくとも療養泉という定義があるわけですから、療養泉については、含まれなくちゃいけない温泉の成分とか、それから塩素殺菌のあり方、こういうことをもう少し厳密に定義し直して、一番最初に申し上げました、ドイツはそういうものを天然温泉と定義づけていると私は解釈しているんですが、ドイツの天然温泉に匹敵するようなものとして日本の療養泉を温泉法上に位置づけられないかなというふうに思っておるんですが、いかがでしょうか。
○北川（知）大臣政務官　吉田委員御指摘のように、現行の温泉法、緩やかな定義といいますか、幅広い観点からの定義があると思います。これは、温泉がさまざまな成分を含有しており、人体に害を与える場合もあり得ることから、我が国の温泉法は、温泉を幅広く定義し、また幅広く許可制の対象とすることによって、利用者への健康上の悪影響を未然に防止するという考え方に立っているものであります。
　また、温泉の保護と適正な利用の確保という温泉法の目的を踏まえれば、こうした考え方で設けられた温泉の定義とは別に、新たに温泉の療養効果に着目した定義を設ける必要はないと考えております。

　環境省といたしましては、温泉の禁忌症、適応症及び利用上の注意事項に関する最新の医学的知見を収集するための調査を実施しているところでありまして、法律上の位置づけとは別に、この調査の結果を踏まえ、利用者に対するより適切な情報提供が進められるよう努めてまいりたいと思っております。

　先ほど委員からもお話がありました、六十年の重みといいますか、日本の国土、独自性の温泉というものもあるわけでありますから、今後は、この法律に関しましても、五年ごとにといいますか五年後に見直す、こういう方向性も位置づけておりますので、この点については、今後、先ほど申し上げましたような方向で努めてまいりたいと考えております。
○吉田（泉）委員　私も、六十年使ってきた温泉という定義を見直すというのは、現実問題として非常に大変だと思うんです。私が申し上げているのは、療養泉というもの、温泉の中の療養泉という定義をもう少し厳密にしたらいいのではないか、こういう意見でございます。
　それで、質問通告を一つ飛ばしますが、今度は逆に、鉱泉宿の問題をちょっと申し上げたいと思います。

私の地元にもたくさんの昔からある鉱泉宿というものがあります。独特の湯質を持つ鉱泉宿が、それぞれ百年、二百年という歴史のある宿なんですが、温泉成分を分析しなければならないということで、保健所が分析したところ、実は、温泉法で言う温泉成分が入っていないということになってしまった鉱泉宿がたくさん出てきたわけであります。百年も二百年も、薬効があるということで遠方からわざわざ湯治に来たり、そういう鉱泉宿が実は温泉成分がなかった、つまりは、そういう意味では薬効成分がなかったのか、一体どうしたことかと疑問に思うところでございます。

それで、質問は、今の温泉基準、十八種類等の成分が基準として出されておりますが、昭和二十三年に決められたこの温泉基準というのは、どうなんでしょうか、学問的に完成された基準と言い切れるんでしょうか。つまり、古来から、何百年も人体実験をしてきて、みんな薬効があると言っているような鉱泉宿が、ひょっとしたら、また別な何か成分を持っていた、そういう意味では、温泉の神秘というのを本当に我々は解明し尽くしたのかという疑問があるんですが、いかがでしょうか。

○冨岡政府参考人　温泉の効用と申しましょうか、健康に対する影響というのは、必ずしも含まれている成分によってというものだけではなくて、一般的に、例えば、温度とか、温泉による体に対する刺激、今申した成分、それからあと周りの環境が与える人に対する効果、そういったものが総合的に影響して効果があるんではないか、そのように言われているところでございます。

そういった中で、温泉の定義につきましては、先ほど来お答えしておりますような中身で、また政務官が申し上げましたように、六十年の運用ということでかなり定着してきておるところでございます。

こういった中で、温泉の要件となる成分につきまして検討するということにつきましては、健康によいと言われるそういったこと、学術的に健康によいと言えるかどうかといった観点だけからではなくて、やはり総合的な観点が必要かなという点でもあろうかと思っております。

また、こういった点につきましては、日本温泉気候学会といった、こういった分野に関心の高い医師等から成る学会もありますので、そういったところにも研究をお願いしているところでございます。

ただ、一つつけ加えますと、温泉法上の温泉でないものにつきまして、事業者が健康に着目して自主的な情報提供などをすること自体、温泉法が禁止しているというわけではございません。ただ、それを温泉として効能を言うと、それは、温泉でないものを温泉と言うのはできませんけれども、温泉と言わなければ、特にそれが根拠のないといったものでなければ、それを情報提供してはならないといったものではないということでございます。

○吉田（泉）委員　いずれにしても、伝統的な鉱泉宿が法律上非常にあいまいな立場に今置かれているわけでありります。私は、いずれこの鉱泉宿なんかも何か一つのグループとして位置づけた方がいいんじゃないか、そういう気持ちも持っているわけでございます。

ところで、この鉱泉宿、鉱泉浴場、温泉成分がないと分析が出た場合については、温泉と名乗ってはいけません、それから、ほぼ同義である鉱泉としても名乗ってはいけません、こういう指導を地元で受けているということであります。

ところが、温泉と名乗っちゃだめ、鉱泉も名乗っちゃだめというにもかかわらず、入湯税は支払ってもらいたい、こういう状況があるようですが、温泉成分なしと分析された鉱泉宿の入湯税の支払い、どうあるべきか、お伺いいたします。

○岡崎政府参考人　お答え申し上げます。
入湯税は、鉱泉浴場所在の市町村が鉱泉浴場における入湯行為に対して課す税とされております。

ここで言う鉱泉浴場とは、原則として、温泉法に言う温泉を利用する浴場をいうものでありますが、同法の温泉に類するもので鉱泉と認められるものを利用する浴場など、社会通念上鉱泉浴場として認識されるものも含まれるということとされております。

したがいまして、こうした温泉法に言う温泉を利用する浴場または社会通念上の鉱泉浴場と認識されるものに該当すれば課税は可能でございますし、そうでなくて、単に温泉を自称するだけでは入湯税の課税対象にならないという整理をいたしております。
○吉田（泉）委員　社会通念上鉱泉浴場ということであれば入湯税がかかってくる、しかし、温泉法上は成分も温度も足りないということで温泉ないし鉱泉ではない。私は、これは理屈としてはやはり矛盾じゃないかというふうに思います。もう少し整理が必要じゃないかと申し上げたいと思います。
それから次に、今度は情報公開の問題をお伺いします。

二年前になりますが、平成十七年二月、施行規則改正ということで四つの掲示義務が課されました。加水、加温、循環それから添加、この四つの事象がある場合については温泉宿に掲示をする義務があるということでありますが、二年たって、その遵守の状況はいかがでしょうか。

〔委員長退席、並木委員長代理着席〕
○冨岡政府参考人　先生のお話のように、平成十七年二月の施行規則改正〔平成一七年二月二四日環境省令第二号―編者注〕によりまして、加水、加温、循環ろ過及び入浴剤の添加等が行われている場合にはその旨とその理由を掲示することを事業者に義務づけたところでございます。

これらの追加項目に該当し届け出がなされた事業者数は約一万五千でありまして、全事業者約二万二千の約七割に当たります。

これまでのところ、都道府県等におきまして、違法事業者に対する行政処分や告発といった報告はございません。届け出を行っていない事業者は、新たに義務づけた項目に該当しないもの、それから現在休業中のもの、こういったものもあるのじゃないかと見られます。

こうしたことを勘案しますと、追加項目に対する掲示は、施行後それほど経過しているわけではございませんけれども、都道府県等による周知、立入検査に際しての指導などを通じまして、適切に実施されているものと認識いたしております。
○吉田（泉）委員　そういうルールをつくった以上は、やはり適切なチェックを随時する必要があると思います。正直者がばかを見ないようにといいますか、まじめな業者が不利益にならないような配慮をしていただきたいと思います。
それから、ことしの平成十九年二月、中央環境審議会が答申を出したわけですが、答申の中で、温泉利用事業者の自主的な取り組みとして、加水、加温、循環、消毒の程度、それから加水をするときは水の種類、それから温泉の源泉の状況、入れかえの頻度、こういうことについて業者に自主的に情報提供をするようにということを求めたわけであります。そして、それに対して国、県は支援をすべきである、こういう答申を出したわけですが、政府はこの答申に対してどういうふうに対応されるのか、お伺いします。
○冨岡政府参考人　温泉は、宿泊の温泉だけで年間延べ一億人以上が利用する国民に身近な存在でございます。

こういうことで、利用者に対する情報提供の一層の充実が求められているものと認識しております。

御指摘の中環審の答申におきましても、事業者の自主的な情報提供と、国及び都道府県の支援が提言されているところでありまして、適切な情報を提供することが温泉への信頼の確保、ひいてはイメージアップにつながる、こういった意義の周知、それから、利用者にとってわかりやすい掲示内容や掲示方法の提示などを行い、温泉の成分はもとより、源泉の掘削深度や加水の程度なども含めまして、自主的な情報提供を促してまいりたいと考えております。

また、国及び都道府県みずからによる情報提供も提言されておりまして、温泉に関する科学的な知見などの情報提供を進めてまいりたいと考えているところでございます。

○吉田（泉）委員　実は、平成十七年の答申、ですから二年前の答申でも同じようなことが求められていたわけですが、結局実行できなかったということで、再度答申がされたということだと思います。なかなか業者の自主的な取り組みというものを待っていても期待できないのかもしれない、そんな気持ちもあります。行政の支援を強めるときではないかなというふうに思います。

最後の質問ですけれども、以上、いろいろお伺いしましたが、私は、今の国民のいろいろな要求、温泉に対するいろいろな需要にこたえるためには、温泉の再定義も、もしくは区分定義といいますか、療養泉とか鉱泉宿なんかも含めた区分定義なども含めて、温泉法並びに温泉行政を一度総合的に見直したらどうか、今そういう時期にもうあるのではないかというふうに思っているのですが、大臣、いかがでしょうか。

○若林国務大臣　吉田委員から、温泉の定義あるいは温泉の概念をめぐって、なかなか知見の深い御質問をいただきました。療養泉でありますとかあるいは温泉ならざる鉱泉の取り扱いの問題とか、いろいろと問題提起をいただいたところでございます。

政府委員の答弁にもございますように、長年にわたって国民に親しまれてきた温泉というのは、湯治場でありますとか、あるいは治療を目的とした温泉、何とかの隠し湯などというようなものが古来ございます。そういうようなものが衛生上いろいろ問題を起こしてはならないという視点から規制が加わり、戦後はむしろ積極的に、できるだけ広い範囲で温泉としてこれを概念した上で許可制に持っていくというような経過をたどっております。

委員もおっしゃっておられますように、六十年からの経緯の中で、国民のニーズの方がいろいろ多様化してまいりましたから、今、国民が、温泉といっても、いろいろなものを求めるようになってきております。これは、かなり温泉に対する需要の変化が進行中であるというようなこともこれありますので、やはり当面は、私は、温泉側がしっかりとした情報提供をして、ユーザーの方が選択しやすいような、わかりやすく正確な情報を提供していくということがまずは大事ではないか。

そういう意味で、十七年に改正をし、省令でさらに委員がおっしゃられました加温、加水等の項目を加えたというところでありまして、それをまず徹底して、温泉事業者がそういう正しい情報を常に提供していくということが信頼を高め、いろいろな新しいニーズをさらに開発することにもつながっていく、そういう認識に立っていただきたいという思いがございます。

今は、今回の改正の趣旨も含めまして、正しい情報をわかりやすく提供して、ユーザーが利用していくという視点に立ってこれを推進していくことにまず重点を置いてまいりたいというふうに思うのでございます。

温泉法及び温泉行政全体については、今後とも必要に応じて見直しを行いまして、温泉の保護と適正利用の確保を図ってまいりたいと思います。

○……。

○田島（一）委員〔民主党〕　……。

……。

私が言うまでもありませんが、今回のこの改正の発端は、温泉の成分であるとか、井戸水を加水したといった、いわゆる温泉偽装事件が発端であったことは皆さんも御承知いただいていることだと思います。

この経緯については改めて申し上げませんけれども、平成十八年十月に温泉行政の諸課題に関する懇談会が報告書を提出されたり、また、十九年の二月には中環審からも「温泉資源の保護対策及び温泉の成分に係る情報提供の在り方等について」という答申が出されたところであります。

最近の温泉の問題、温泉をめぐる状況は、言ってみれば、温泉資源に関する状況とそれから利用に関する状況についての議論が随分中心的に行われてきたのではないか、そんなふうに理解をしているところでもあります。

今回の改正の中身においても、幾つかの問題点を私自身も洗い出してみました。掘削などの許可制度のあり方、温泉枯渇の未然防止の状況把握の必要性、温泉成分の情報提供のあり方、そして、先ほども質問がありましたけれども、温泉の定義であるとか、今回の法案とはまた若干色が違いますけれども、レジオネラ菌対策のあり方など、論点が相当あろうかというふうに思います。

……、何点か、こうしたポイントの中を絞りながら質問させていただきたいと思っております。

まず、今回の、定期分析の妥当性というものについて尋ねたいと思います。参考人で結構であります。

これまでに政府の方でも答弁、先ほどの質問にも触れられていた部分でもありますけれども、温泉の成分の変化についてですが、急激な湧水量の減少であるとか、季節的な変化というものが非常に短いスパンで出てくるというふうに私も聞き及んでいるんですけれども、冒頭、この事実関係はどのように掌握をされているのか、温泉成分の変化についてお答えをいただけませんでしょうか。

○冨岡政府参考人　温泉の成分の変化につきましては、地下の水脈と申しましょうか、温泉のそういった流れが変わったりするということから生ずると考えられますので、温泉成分の変化は急激ではなくて徐々に進行する場合が多いというふうに考えております。

そういうことで、温泉につきましては、新たな事実が発覚と申しましょうか、出た場合には、比較的突然、報道とかそういうことになりますけれども、こういった事実の進行は、それほど短い期間ではなくて、比較的、十年とかそういった期間で変化が起きるものと承知しております。

○田島（一）委員　今の御答弁だと、どうも十年というのを随分強調されたいような答弁でございますけれども、実際に温泉の経営者等が、例えばこの間の偽装事件等々を考えたとき、もうここは温泉のもとを入れなきゃいけないぞと踏み切るタイミング、もしくは井戸水を加水しないとだめだと思うタイミング、これは個人の判断、経営者の判断だとは思うんですが、確かに、じわじわと枯渇したり、また成分変化が起こってくると御答弁いただきましたけれども、果たして、本当に今答弁をいただいた十年というスパンでほぼ出てくるものなのかどうなのか。この辺の科学的知見というのは整理されていらっしゃいますか。

〔並木委員長代理退席、委員長着席〕

○冨岡政府参考人　温泉それぞれ、成り立ちとか出てくる構造とか、そういう地下の構造が違いますので、一概には言えないし、中にはそれほど変化のしない温泉もありますし、比較的変化する温泉もある、それぞれ、さまざまだと思います。

それで、科学的な知見と申しましょうか、そういったものとして、何年ならかなり間違いなく変化するとか、いや、何年という、数字を区切ったそのような調査といったものは見当たらないと思います。

○田島（一）委員　温泉と地下水という因果関係、これはさておきまして、実は、我が家でもかつては井戸を掘っておりまして、地下水を生活用水に使っておりました。地方へ行けば井戸水を上水道のかわりに生活水として使っているところもまだあるんですが、残念なことに、我が家の井戸水というのは、実は十年ほど前に枯渇をしてしまいました。近隣に工業団地ができたことであるとか、保養施設、これも温泉の関係なのでしょうか、そういったものができたことが原因ではないかと個人的には思っておるわけですけれども、これも確かに、おっしゃったとおり、急激に枯渇したわけではありません。しかし、ある日突然異物がまじるようになったり出方が悪くなったりということで、違いは明らかにわかったわけであります。

そこで、我が家も結果的には上水道に切りかえました。この切りかえたタイミングというのは、なかなか難しいところでもあります。当然、我が家の都合でかえたことかもしれませんが、温泉地において、もう温泉が枯渇してきたぞ、そろそろこれは何とか手を打たなきゃ、井戸水なり違う水を入れましょう、もしくは、温泉の白濁が薄くなってきたから温泉のもとでも入れて白く濁らせましょうという結果、こういう偽装事件が起こったわけですよね。

つまりは、いつ起こるかわからないし、十年もつかどうかもわからない、三年でもひょっとしたら湧水量が減少するといったこともあり得る、そんなふうに私も聞き及んでいるわけでありますが、今回、この改正案の中で、十八条の第三項、温泉を公共の浴用または飲用に供する者は、政令で定める期間ごとに前項の温泉成分分析を受けるというふうに書いてあります。これは、政令で定める期間というのは、十年ですよね。確認します。

○冨岡政府参考人　この政令で定める期間につきましては、先ほど申し上げましたように、急激に変化するのではなくて徐々に進行する場合が多い、従来からおおむね十年ごとの再分析を指導としては行ってきている、それから、温泉利用事業者の分析に要する費用負担に対する配慮、こういったさまざまな事情を考えまして、十年ごとに行うことが適当ではないかと考えておりまして、これを政令に定めることを想定しております。

○田島（一）委員　今回、定期的な成分分析を義務づけると上がっています。義務づけることに実は私も全く異論はありません。しかし、この十年というスパンが適切なのかどうかという点に実は疑問を感じるわけでありま す。

例えば、これまで事件として発覚をしてきた温泉偽装の事例、この問題が、じわじわと成分の変化が起こってきたわけではありますけれども、十年のスパンの中で行われていたのか、十年以上もかけて行われていたのか、このあたりの事実関係というのはまだ掌握できていないのではないかというふうに思うわけであります。

それと、例えば駆け込み的に成分検査を受けた、そしてそれでオーケーが出たとなったところで、次に成分分析をするのは向こう十年先であります。つまりは、枯渇しかけたり成分が変化しかけているさなかに、ぎりぎりこの成分分析のオーケーが出たとしたならば、次の十年の間に、成分分析のせっかくおとりになられた分析結果がこの十年の間に役に立たないことも十分に考えられるわけですね。

私が申し上げたいのは、これまでの十年間の成分の分析はきちんとこのような数字でしたよという証明にはなり得ますが、向こうこの先十年間、この成分で必ず温泉は大丈夫ですよという証明にはならないのではないかと思うわけであります。利用される消費者は、これまでの十年間の成分分析をその結果で理解をできるけれども、この先どうするんだろうか、今自分がつかろうとしている温泉は大丈夫なのか、その証明にはなっていないんじやないかというふうに私は思うんですけれども、その点、環境省はどうお考えですか。
○冨岡政府参考人　成分分析につきましては、これまでの法律では期限の定めはないということでありましたが、今回の法改正の過程で、先生お話がございました懇談会で専門家の意見を聞いたり関係者の意見を聞いたり、中環審の答申をいただく段階で、この問題に関しまして関係者なり専門家の関心というのは非常に高まったのではないかと考えております。そういうことで、これからは、源泉の水位とか量とかそれから温度とかに対します監視というものは、事業者も含めまして高まってくるものと思われます。
こういったことが予想される中で、今後、成分の変化につきましても、新たな知見が得られた場合と申しますよりも、こういう知見の集積に努めまして、この定期分析の期間につきましても、それに応じた必要な検討を行うこととしたいと考えております。
○田島（一）委員　これから必要な検討をしていくというふうにおっしゃるわけですけれども、もう今回、改正案を出していらっしゃるわけなんですね。
では、現段階で十年と定められた根拠は何なのですか、それをお示しいただきたいと思います。
○若林国務〔環境〕大臣　委員が十年という期間に疑問を持たれて、今いろいろと御意見を賜っております。局長の方からも苦しい答弁をいたしておりますが、科学的な根拠といいますか、十年なら間違いないといったようなことは、私はそういうものはないんじゃないかと思っております。
今まで全く期限を定めておりませんでした。そこで、十八年に調査をいたしましたところ、五年以内、あるいは五年から十年、十年以上、二十年以上、こういろいろな調査の結果を見ますと、十年以上成分分析表をそのまかえていないというのが四割に及んでいるんですね。ですから、まずここに一つの温泉事業者の意識といいますか、やはり正しい情報を提供していかなきゃいけないんだ、これがサービス業なんだという意識をしっかり徹底していくということからスタートを切るために、今まで期限を設けていなかったものに期限を設けるということで制度改正に踏み切ったわけであります。

そのときに、期限をどう設けるかということは、局長が答弁いたしましたように、かねて行政指導として、十年でひとつ分析表示を見直してもらいたいという行政指導をしてきたことでありますが、その行政指導に応じていないのが四割もあったということでございますので、ここはひとつ、かなり定着をしてきました、六割の方が守っているという十年というものからスタートを切る。この年限は政令で決めることになっておりますので、まずこの十年というものを徹底させて、むしろ、温泉のサービス提供者が正しい情報をきちっと出さなければ、結局温泉自身の信用を失っていくんだということを自覚してもらうことから始まらなきゃいけないんじゃないかというふうに私は思うわけです。

そういう意味で、従来の行政指導が十年であったということを一応のメルクマールといたしまして、十年からスタートを切って、その徹底を図っていくのが妥当ではないかという判断を今しているところでございます。

○田島（一）委員　十年にこだわり出すと、これはもう本当に何時間あったって切りがない話ですね。それは私も承知しています。ですから、それに難癖をつけるつもりも毛頭ないんですね。

ただ、今回の枯渇状況、成分の変化の状況というものに対して、科学的知見がないままに、まあ十年ぐらいだろうみたいなふうに一般の方々にとらえられるとすると、これは、温泉とは何ぞや、温泉の定義も含めて、ますます疑念の声がやはり上がってくるんだと思うんですね。

ある意味では、まだこれから先検討もするという御答弁もいただきました。ひょっとしたら、この十年というスパンはやはり長過ぎるという検討の結果になるかもしれません。

その点については、これ以上長い方がいいということはまず現状からすればあり得ないと思いますから、十年というのを一つの目安にして、いかに短いスパンで成分分析をやっていくか、この点についてぜひ前向きに検討いただきたいと思いますが、その決意だけ、大臣聞かせていただけますか。

○若林国務大臣　委員おっしゃるとおりだと思います。私は、温泉事業者がサービス業として、そのユーザーに対して的確な、そしてまたわかりやすい情報を出すことによって信用をかち得ないと、温泉としての競争にたえていけなくなる、そういう時代に入ってきている。しかも、先ほども申しましたけれども、需要が多様化しているんですね。多様化した需要に対応するための情報の出し方というのは、業者自身も工夫をしていかなければならない、そういう時代になっているのではないかというふうに思います。

このきっかけになりましたのが我が長野県の中で起こった偽装事件がきっかけでありますので、深刻に私自身も受けとめ、県下各地、非常に多数の温泉地がございます。温泉地の皆さん方ともいろいろなお話をしてまいったところでございますけれども、やはりそういうことをサービス業者として意識を徹底させるということが基本中の基本だ、こんなふうに思っておりますので、この十年からスタートを切らせていただきたい。それは、その状況によって、いろいろな多様な区分あるいは多様な決め方というのは今後あり得ることではないかと思っております。

○田島（一）委員　ぜひ期待をしたいと思います。やはり常に情報公開をきちっとしていくということ、これが何よりの温泉に対する信頼を回復することだと思います。この点はぜひ要望としてお伝えをしておきたいと思いますので、よろしくお願いをいたします。

きょうは、公正取引委員会の取引部長にもお越しをいただきました。

平成十五年の三月から六月にかけて温泉表示に関する実態調査を行われていらっしゃいます。この実態調査の趣旨、目的、時間もありませんので簡単に紹介をいただきますとともに、今回のこの調査の対象はだれになるのか、要はサービスを提供する側に対してなのか、サービスを受ける側、消費者なのか、この辺も含めて、どういう趣旨での実施だったのか、教えてください。

○鵜瀞〔恵子〕政府参考人〔公正取引委員会事務総局経済取引局取引部長〕　公正取引委員会は、一般消費者の適正な商品選択に資するという観点から、商品、サービスに係る表示の実態調査を行い、景品表示法上の考え方を整理し、公表しているところでございます。

御質問のありました温泉表示の実態調査につきましては、旅館、ホテル等の顧客獲得競争が活発になるとともに、旅行業者のパンフレット等における温泉表示についても、温泉の内容について強調した表示がふえていたことから、温泉表示の実態を把握し、適正化に資することを目的として実施したものでございます。

調査の対象についてのお尋ねでございますけれども、旅行業者のパンフレット、旅館等のホームページにおける表示につきまして一般消費者の認識を把握するという方法で、消費者モニターに対するアンケート調査等を行ったところでございます。

○田島〔一〕委員　今回、消費者にとって温泉表示は現状適正な情報が提供されていなかったという結論に至られたのかというふうに思うんですけれども、公正取引委員会として、これにどのような対応をされてきたのか。そして、今後、今回のこの調査結果を受けてどういうふうに対応を考えていくのか、そちらをお示しいただきたいと思います。

○鵜瀞政府参考人　調査の結果、源泉に加温、加水、循環ろ過等を行っているにもかかわらず、パンフレット等の表示において、消費者に対して必ずしも十分な情報が提供されていないという問題点がわかったところでございます。

このため、関係事業者団体等に対しまして、温泉に関する情報提供をより積極的に行うように、傘下会員への周知を要請いたしました。また、その後、不当な表示、景品表示法上の不当表示でございますけれども、不当表示を行っている事業者に対しては、排除命令を行ったところでございます。

また、旅行業者の自主規制でございます主催旅行の表示に関する公正競争規約がございますけれども、その温泉表示に関する規定の変更につきまして指導いたしまして、規約の一部変更の認定をいたしました。

○田島（一）委員　今回、今御紹介いただいたとおり、公正取引委員会に実態調査、指摘がなされるということは、環境省としても本当に恥ずかしかった事実ではないかというふうに思うわけですね。事前に、やはり温泉表示の徹底と定期的な調査を早くから取り組んでいれば、各地での不祥事というものは防げたというふうに思います。

折しも、さきの国会では観光立国基本法なるものを制定し、今ではビジット・ジャパンのキャンペーンも国土交通省が中心となって展開をされています。

あるところで聞いた話ですけれども、台湾の観光客が最近日本に随分ふえてきた。とりわけ温泉好きの国民性であるがゆえに、日本の温泉地めぐりのツアーが爆発的に売れているらしいです。しかしながら、この不当表示等の不祥事が起こった温泉地に対しては徹底的に旅行会社がチェックをして、観光客はその不祥事のあった温泉地には入れない、そういうツアー会社もあるやに聞きました。

もちろんこれは当然のことであります。ある意味では、この一つの不祥事が日本全国の温泉地にまでやはり影響するということですから、もっと早くに手を打っておくべきだった。言ってみれば、今回の改正に対しての総意としての異論はないわけですけれども、もっと早くから何らかの手を打つ必要があったのではないかと思うんですけれども、なぜここまで遅くなってしまったのかな、そんな気がするんです。

その点、改めて問いはいたしませんけれども、少なくとも、今回、公取のこの調査、指摘がありましたけれども、これがなくても、サービス提供者側の管理と指導を怠らないように、ぜひ環境省の方からは徹底した指導をお願いしておきたいと思っております。

それともう一点、時間もなくなってまいりましたけれども、登録分析機関の現状について尋ねたいと思います。

今回、温泉成分の分析を行う機関、これはこの温泉の所在地を所管する都道府県知事が所定要件に適合すると認めた登録分析機関が行うというふうになっております。

こちらの方で調べますと、全国で約百七機関あるようでありますけれども、どうも所管する都道府県内の温泉の数と分析機関の数が必ずしもマッチしていないのではないか、そんなふうに思うわけであります。北海道のように温泉地のたくさんあるところでも、わずか三件の機関しかない。果たしてこれで本当に今回目指そうとしていらっしゃる検査が十分にできるのかな、不都合が生じてこないのだろうかというふうに考えますし、この所定要件というものがどういう形で定められて登録分析機関が定められたのか、このあたりにすごく疑問を感じるんですけれども、お答えをいただけませんでしょうか。

○冨岡政府参考人　登録分析機関の登録につきましては、現行法第十五条におきまして、要件の一つは、温泉成分分析に使用する器具、機械または装置の性能が分析を適正に実施するに足りるものとして環境省令で定める基準に合致するものを保有していること、もう一つは、登録申請をした者が温泉成分分析を適正かつ確実に実施するのに十分な経理的基礎を有していること、この二つを要件にしております。

それで、現在、全国で百十七機関が登録されておりますが、先生御指摘のとおり、一部の都道府県におきましては、温泉利用施設の数に比べまして登録分析機関の数が少ないといった事実がございます。

○田島（一）委員　登録分析機関、都道府県によって、随分、いろいろな団体であるとか民間会社が入っていらっしゃいます。薬剤師会が請け負っていらっしゃるケースもあれば、産業廃棄物の処理を主業とする民間会社もあったり、ある意味では、全国共通の成分分析をやらなければならないはずですけれども、その主体たる分析機関が随分まちまちであるな、そんな感じが私はしているわけであります。

このあたりの検査の能力と申しますか分析能力が全国的にきちっと担保できるのかどうか、このあたりにも一定の不安を感じるわけですけれども、この登録分析機関、百七の機関がありますけれども、その検査能力、分析能力の担保についてはどのようにお考えか。ちょっとこれは通告に入っていないかもしれませんけれども、どのようにお考えか、よかったらお聞かせください。

○冨岡政府参考人　登録分析機関は、必ずしも温泉の成分分析のみを業として登録している機関ではございませんで、化学分析が主体でございますので、そういった能力を持つ機関が要件を満たしていれば都道府県知事に申請して登録できる、このような仕組みでございます。

その場合の基準として、先ほど申し上げましたように、環境省令で、保有する機材とかそういったことについて要件を定めておりまして、それを満たす必要があるわけでございますが、そのやり方につきましても、鉱泉分析につきましてのガイドラインを私どもの方で示しまして、かなり詳細なガイドラインでございまして、それにのっとって実施する、そういうふうな仕組みにしておりまして、また、この業務につきましては、都道府県の立入検査とかそれから報告徴収とかそういった規定もございまして、そういった能力が担保されるよう努めているところでございます。

○田島（一）委員　かつて、耐震偽装問題が全国を席巻したときに、実は検査機関もぐるになって一緒に偽装工作に加担をしていたという事件がありました。

温泉と耐震偽装を一緒にするなとおっしゃる方がいるかもしれませんけれども、私もそんなことはあってはならないというふうに信じますが、いわゆる温泉の経営者とこの検査機関、分析機関が、またぞろこのデータ、成分分析でぐるになって偽装するなんてことが起こらないような公平公正な責任というものをきちっとやはり担保しておかなければならないと思います。まさかあってはならないと思いますけれども、こういった点については十分にチェックをしていただきたい、このことだけは強く要望しておきたいと思います。

……。最後に、温泉資源の保護に対する考え方、それと今後の方針について、お考えを聞かせてください。

今回の温泉法、もともとの立法の目的というのは、温泉を保護することが第一の目的、そして第二には、利用の適正を図って公共の福祉の増進に寄与することであります。

これはもう私が言うまでもありませんけれども、温泉を保護することと利用の適正というのは、よくよく考えてみると、これはちょっと相反する部分もあろうかと思います。

もちろん、温泉を保護しながらきちんと利用をしていきましょうと省の方はおっしゃるかと思うんですが、枯渇をしてでも利用を促すのか、利用をとめてでも温泉を保護していこうと考えるのか、私、これは選択を迫られる時期がやがてやってくるのではないかと思うわけであります。

ネームバリューのある温泉地であればあるほど、その温泉の保護を訴えるのか、それとも、観光資源という位置づけで、利用の適正をするために、さらに枯渇するまでとことん利用させるのか、こういうような二者選択が迫られるかというふうに思うんですけれども、大臣としては、この先、いわゆる自噴の湧水量が減少傾向にもありますし、それこそ資源自体が枯渇化している現状とかを考えると、こういう選択に迫られたとき、基本的にどのようなお考えに立って温泉をとらえていこうとお考えなのか、この最終的な部分だけちょっと聞かせてください。

○若林国務大臣　温泉そのものを保護するというよりも、法は、温泉資源を保護するという趣旨で、新たな温泉の掘削などにつきまして条件を付して、その地域の温泉資源というものが守られていくような、そういうことをまずは第一義的に考えて今回の改正をいたしているというふうに御理解をいただければと思うわけでございます。

そしてまた、そういう温泉資源というものをいかに有効に利用していくかということがあって初めて温泉業というものが成り立つわけでございますので、先ほど来申し上げましたような多様なユーザー側のニーズの変化というようなものに的確に対応して、今後、限られた温泉資源が国民にとって有効に利用されていくというのを進めていくということもまた大きな目的の一つだ、こういうふうに理解をいたしております。

委員御指摘のように、そのためには、ユーザーに対しては適正かつわかりやすいきめ細かな情報を提供していく。それでユーザーが選択しやすいようにすると同時に、まさに温泉自身が枯渇してしまえば地域としてやっていけなくなるわけですから、それはやはり地域の温泉供給をしている人たちが、組合をつくるあるいはお互いの研究、検討をするなどしながら、その地域の温泉としての活用を図っていくという努力が必要なんだ、こういうふうに私は考えているんです。

○田島〔一〕委員　御存じのとおり、流動性の低い化石水のくみ上げが原因で周辺地盤の影響を懸念する、そんなことも環境省の方では認識をいただいているところであります。

後の祭りとならないように、資源が無尽蔵ではないという認識に立った上で、温泉のあり方、もちろん利用の適正もそうですし、福祉の増進に寄与するということも大切な目的ではありますが、資源あっての温泉である、このことを肝に銘じていただいて、この先またいろいろな問題が恐らく出てくるのではないかというふうに予想いたしますので、スピーディーな対応をぜひ環境省がおとりいただきますことをお願いして、私からの質問を終わらせていただきます。

……。

○篠原〔孝〕委員〔民主党〕　……。

……。

それで、質問ですけれども、二点に絞ってさせていただきたいと思います。

二つ共通なんですが、食べ物も安全でなければならない、温泉もきちんとしたものでなければならないというのは同じなんですが、それと産業の振興とかいうものとの兼ね合いというのが難しくなってきているんですけれども、排水基準、水質汚濁防止法の関連でずっと問題になっておるのがあるかと思います。

この温泉法の改正に関しましても、週刊ポストの二月二十三日号にいろいろ書かれておりました。それをじっくり読ませていただきました。硼素、メタ硼酸が多い、これをＷＨＯの基準でやると、一リットル当たり十ミリグラムぐらいしか許さないというので、それで六年前に法律ができて、三年間延長してまた来ているということです。

これは皆さんも問題はおわかりになっておられると思いますけれども、そもそも、昔からある温泉に工場と同じような基準を適用するというのはもともとおかしいんじゃないかと思いますけれども、その根源的な問題については一体どのようにお考えでしょうか。

○寺田〔達志〕政府参考人〔環境大臣官房審議官〕　お答え申し上げます。

ただいまの御指摘は、温泉排水というのがそもそも自然由来であって、産業排水と同等に扱うのはおかしいのではないかという御指摘と考えておりますけれども、実際は、もともとの自然由来の温泉に加えまして、近年では、動力を用いまして人為的にくみ上げている温泉というのが非常にふえております。その割合は自然に湧出するものよりも多いぐらいだと考えておりまして、それによる公共用水域への負荷というのも懸念されるということでございます。

また、それらの自然由来の、自然に噴出するものと動力によってくみ上げているものが、実際には、それぞれの温泉地あるいはそれぞれの旅館において混在しているというものだと考えております。

こういった点から、公共用水域の環境保全の観点から、今後とも状況把握に努めてまいりたい、かように考えておるところでございます。

○篠原委員　ちゃんとした答えになっていないんですけれども、昔からあるのがあると。

それを今は人為的に掘ったりしているというのがありましたけれども、では、こういう場合を想定してみてください。自然湧出している、そしてメタ硼酸なり弗素がいっぱい入っている、それで自然界にどんどん出ている、これは危険だということだったら、地方自治体なり国がそれを薄めて出さなけりゃいけなくなるんじゃないんですか。その点はどうなんでしょうか。

○寺田政府参考人　環境問題におきましても、自然由来の毒物、害物というものはあるわけでございますけれども、それが自然由来である限りにおいては、従来より、それを前提にしたさまざまな利用というのが図られている。そういうものと、人為的に新しくそういったものを自然界あるいは公共用水域に排出するというのはおのずと異なるというふうに考えております。

○篠原委員　いい答えが出てきているんだかよくわかりませんけれども、もしそうだとしたら、掘ってやる温泉じゃなくて、自然湧出して、それをかけ流しで使っている温泉などは、その基準を全く守らなくたっていいということになるんじゃないですか、今の論議でいったら。

○寺田政府参考人　実際には、今御指摘の問題というのは、それを用いて営業をしているという点において、純粋の自然とはまた違ったところがあるかと思います。

ただ、冒頭お答え申し上げましたように、そうした自然由来のものと、動力を用いてくみ上げているものというのが実態としては混在をしているというのが現実でございますので、今後とも、そういった点につきましては、さらに実態把握に努めてまいりたいと考えておるところでございます。

○篠原委員　僕が申し上げたいのは、もう皆さんおわかりいただいていると思います。法律ができて相当たっているわけです。なるべくきちんとしていきたいというのはわかるんですが、今まで手をこまねいておられたんじゃないでしょうか。

環境省のホームページを見てみましたら、三月二十九日、これは非常につけ焼き刃だと思いますけれども、こういうのが出てくるわけです。「ほう素・ふっ素・硝酸性窒素に係る水質汚濁防止法に基づく暫定排水基準の平成十九年七月以降の取扱いについて」ということで、これは、パブリックコメントを求めていますよ、そんなにきちんと適用しなくていいですよということを書いてあるわけです。

しかし、この間、この問題は前のときにあって、三年間延長とかになっていたんです。これまでの期間、技術開発とかしてこられたんでしょうか。僕はこれを見ていると、かわいそうなんです。若林さんも私も、同じ長野の温泉にいっぱい入っていますけれども、そこから苦情が出てくるわけです。こんな厳しい基準をやられたら、三千万とか五千万円とか言われています、そんな除去装置をつけられるか、小さな旅館はやっていけない、何とかしてくれと。また延長しなくちゃならないんですよ。もしきちんとやるんだったら、そういう技術開発なんかをして、安くできるようにしてからやるべきだと思いますけれども、その技術開発とかそういうことについて、この間、きちんと取り組んでこられたんでしょうか。

○寺田政府参考人　お答え申し上げます。

先生御指摘のとおり、今回で二度目の延長ということになるわけでございます。最初の、平成十三年からの三年間においては、業界の自主的な取り組みをお願いいたしまして、ただ、残念ながら、その三年間ではほとんど技術の進展がなかったということでございます。平成十六年、再度の延長をした際には、都道府県等を通じまして、温泉業界に一律排水基準の達成に向けた努力を促すとともに、温泉を利用する旅館等からの排水実態等の調査を実施した。

またあわせて、ただいまの御指摘は技術開発についてでございますけれども、この平成十三年からの三年間に技術開発が進まなかったということでございますので、環境省といたしましても、民間において開発途上の弗素、硼素に係ります排水処理技術を用いた実証試験を実際の温泉排水において実施し、民間の技術を検証するということを実際環境省の方でやってまいりました。ただ、残念ながら、その結果におきましてもさまざまな技術的な問題点というのが解決されなかったということで、今回、暫定の延長やむなしという結論に至ったものでございます。

○篠原委員　地域間格差の問題がいろいろありますけれども、観光地も疲弊しているんです、東京だけにぎやかですけれどもね。長野のひなびた、中山間地域にあるんですよ、そういうところの温泉、温泉街、細々とやっているわけです。

やはり環境行政というものは、環境も大事です、安全も大事ですけれども、地域振興という観点も考えていただかなくちゃいけない。……。そこが、事情はわかるんですけれども、ビジネスとしてやっていけるように、その中間点を考えていただきたいということ、ぜひそれを頭の中に入れておいていただきたいと思います。

それから二番目の、同じような問題なんですけれども、先ほど吉田委員が温泉の定義の問題でちょっと触れられました塩素消毒です。

天然のものがいいんだと。例えば、食べ物の世界では、先ほどの表示のところをじっくり見ていただきたいんですが、有機農産物というのは、定義がきちんとしてきたりしているんです。ところが、温泉のところでは、でたらめで、源泉一〇〇%でも、一%であと水が入っていたりなんかしていろいろなものを入れても、何でも天然温泉というので、定義がないんですね。食べ物については、有機農産物はこういうものだというふうに定義がきちんとしてきているわけです、世界でも日本でも。それは、築地市場に四割ぐらいが有機農産物が入ってきて、有機農産物という表示があるところが有機、それが問題だというふうになったりして、そういうプロセスを経てできているんですが、温泉の方はでたらめこの上ない表示、でたらめなんて言っちゃ悪いんですけれども、相当ルーズな表示になっている。

そこへもってきて、せっかく温泉がいろいろな成分が含まれていいというのに、塩素消毒しなくちゃいけない。多分これは、私が思うに、病気になったりして亡くなった人、レジオネラ症の人たちがいっぱいふえて何人か亡くなっている、これを何とかしなくちゃということからです。

二ページ目を見ていただきたいんです。この長野県野沢温泉というのは、……、「入浴で若返り効果」。これを見ていくと、還元力とか還元水とか出てきて、今余り言うとよくないような感じのものですけれども、酸化還元で、活力がある水を還元水という、温泉もそういうものがいっぱい含まれている。ところが、還元水であればあるほど、塩素を入れると化合して、その成分がなくなってしまう。それを何でもかんでも塩素消毒を義務づけているんですね。これもやはり行き過ぎているんじゃないかと思うんです。

そういうところをもっと柔軟に対応していただかないといけないんじゃないかという気がするんですけれども、その点はどうなっておりますでしょうか。

○宮坂政府参考人　温泉も対象となります公衆浴場法におきましては、衛生基準につきまして都道府県が条例で定めることとされております。厚生労働省におきましては、従来から、各地方公共団体の参考といたしまして、公衆浴場における衛生管理要領というものを定めているところでございます。

この衛生管理要領では、委員も御指摘ございましたが、公衆浴場等におきますレジオネラ症の発生防止を図るため、浴槽水の消毒につきましては、レジオネラ対策に有効で、かつ、安価で利便性が高いなどの利点から塩素系薬剤を使用することを基本とすることを盛り込んでいるところでございます。

しかしながら、温泉等の性質から塩素系薬剤が使用できない場合などには他の適切な衛生措置を行うということも認めているところでございまして、他の方法による場合というのも、委員の御配付になった資料の中にもございますが、各県におきましていろいろと工夫を凝らしておられるということだと思っております。

以上です。

○篠原委員　端的に言いますと、今厚生労働省の方からお答えいただきましたけれども、温泉についても衛生管理についても、みんなばらばらなんですね。温泉法は環境省なんですが、公衆浴場法は厚生労働省なんですね。それで、旅館にも温泉があるが、旅館は国交省なんです。ばらばらなんです。だから、今の衛生基準についても、どういうのがあるかというと、公衆浴場法は、条例で定めるというふうに県に義務づけている。そうすると、衛生管理について、浴槽を何回かえる、一週間でかえるとか、換水をどれぐらいするとか、塩素消毒しろとかあるんですね。各県まちまちなんですね。

長野県の場合は、立派というか、自然派が多いのかどうか知りませんけれども、厚生労働省が法律でもってちゃんと条例をつくれと言っていても、塩素消毒を義務づけていない、抵抗している数少ない県の一つなんですね。長野県と群馬県、僕は立派だと思います。塩素消毒なんてやっていられない、そんなのをやっていたら温泉の効能をなくしてしまう、こういうことを考えている人たちがいるんだろうと思います。この点も、今のメタ硼酸のことについても同じなんですが、絶対、両方を考えていただきたいと思うんです。

三ページを見てください。まちまちなんです。「塩素消毒条例マップ」、これは温泉関係の雑誌に載っていたのを引っ張り出してきたんですが、ちょっとにじんでいて読みにくいかもしれませんけれども、塩素系による消毒の義務づけなし、白い県と、原則、塩素消毒だが個別状況で異なる、先ほども宮坂審議官がお答えになったように、何か、塩素消毒やれと言いつつやらなくてもいいとかいう、なまくらな通達になっております。どうでもいい通達です。いいかげんな通達だと思いますけれども、義務づけありという律儀な県もあってと、まちまちなんですね、同じ温泉についても。

これでは、先ほど、台湾からいっぱい観光客が来ると田島委員が言っておられましたけれども、温泉大国日本として恥ずかしい話だと思います。食品のいろいろなルールと比べてみてください、こんなにまちまちなのはないと私は思いますよ。そして、現実を考えていただきたいんです。

四ページを見ていただきたい。……、長野県全体ですけれども、長野県の温泉の硼素含有量。これは、環境省にこういう資料と言ったら、環境省にはない、松代温泉が高いと聞いておりますという答えしか返ってこなかったんです。だけれども、こんなのは、私が温泉協会の資料を慌ててホームページや何かで調べたんです。調べると出てくるんですよ。そういうのすら把握していない。見てください。一リットル当たり十ミリグラムなんて言ったって、何百倍ですか。

松代温泉というのは、これは若林さんと私しかわからないんですが、行くと、真っ茶色なんです。非常にいい温泉だという評判の温泉なんです。物すごくいろいろなものが含まれているんですよ。効能があるんです。

こういうのをダブルで規制する。外へ出すときはウン百万かけて流せと言うのですね、それから塩素消毒をしろと。長野県の場合は幸いにして塩素消毒の義務はないですけれども、そんなことをして温泉の効能を下げていたら、還元力を利用して若返りを図ろうとしている全女性の敵になったりするんじゃないかと私は思いますよ。ですから、規制と、温泉のよさを楽しむ、こういうのを真剣に考えていただきたいと思います。

……。

私は両方のことを考えていただきたい。安全というのもあるでしょう。しかしビジネスもある。そこの両立を図るにはどうしたらいいかという中間点をよく考えて温泉行政をきちんとやっていっていただきたいと思います。

環境省は、地球環境問題とかいろいろ大事な問題もありますけれども、温泉法というのを所管されておられるわけです。環境省に欠けているのは、環境行政という規制的なことばかり考えてこられた。しかし、それと同時に、うまく温泉街が栄えていくようにという観点をやはり持っていただきたいと思います。

そういう観点から温泉行政をきちんとやっていただくことをお願いいたしまして、私の質問を終わりますけれども、若林大臣にお答えいただこうと思っていたんですが一度も答えていただいていないので、今の私の意見について、最後に御答弁いただきたいと思います。

○若林国務大臣　……。

私は、温泉に対する利用者のニーズというのは非常に多様化してきたと思うんです。かつては湯治場であったりあるいは治療効果を考えての療養温泉であったりしたものが、だんだんいろいろな形で需要が変化して、多様化してきております。ですから、そういう変化を受けとめて、その地域の温泉のよさというのをどこを主張してどういうふうにアピールしていくかというのは、やはり温泉業者も工夫を要することだと私は思います。

そういう意味で、今回の改正で、成分について、正確にわかりやすく、そして一定期間経過しましたら必ず表示をするようにというふうに改正するわけですが、業者側がそういう情報を的確に出すことによって信用を高めていく、効用もアピールしていく、そういう姿勢になっていくことによって温泉の利用というものがさらに高まっていくのではないかというふうに私は期待をいたしているわけでございます。ただ規制によって温泉の信用が保たれているということではなくて、規制は最低限のものである、それぞれの温泉のサービス提供者側がサービス業者としての努力を高めていく、信用を高めるということが大事だ、こんなふうに考えておりまして、委員のお話を伺いながら、その思いを深くしたところでございます。

〔委員長退席、並木委員長代理着席〕

○並木委員長代理　次に、川内博史君。

○川内〔博史〕委員〔民主党〕　……。

まず、温泉法の一部を改正する法律案について聞かせていただきます。

先ほどから再三話題になっているわけでございますが、温泉法上の温泉とは何ですかということをまずお答えいただきたいと存じます。

○若林国務大臣　委員御承知のとおりでございます温泉法第二条に規定をいたしておりまして、「地中からゆう出する温水、鉱水及び水蒸気その他のガス」で、温泉源から採取されたときの温度が摂氏二十五度以上であるか、または、法律に掲げられている硫黄や鉄分など十九物質のうちいずれか一つが一定量以上含まれているもの、これを温泉と定義いたしております。

○川内委員　今、温泉法上温泉とは、地中から湧出する温水等で、温泉源から採取されるときの温度が摂氏二十五度以上か、他の所定の物質のうち一つ以上を有するものであるという趣旨の御答弁をいただいたわけでございますが、それでは、温泉法上の温泉の定義が、国民一般が、ああ、これが温泉だと思っている温泉と乖離をしているというふうには環境大臣は思われないかということについてはいかがですか。

○若林国務大臣　温泉は、古来から我が国で国民、地域の人たちに親しまれてまいったものでございます。衛生上いろいろ問題があるというわけにまいりませんので、明治に入ってこれを規制したということはございますけれども、やはり地域の人たちがそれぞれの思いを込めて、なじみがあって、これが温泉だ、お湯に行くというような、そんな観念で普及をしてきたものだと思います。戦後、これを温泉法という形で定義する際にも、できるだけ幅広く、国民の長い間なじんできたお湯、温泉についての理解を包含しまして、包含しておいた上で、それに一定のルールを守って温泉利用をしてもらうという趣旨でなされたものであります。

ですから、大変幅の広い概念でこれを包含しておりますから、委員おっしゃるように、中には、そのことと自分の期待と違うというようなことがあるかもしれません。しかしそれは、今度の法改正で十年で見直すというふうにいたしますが、今までも成分を必ず表示するように義務づけておりましたから、ユーザー側が選択してもらう、そういう中で評価が定まってくる、こういうふうに理解をした上で制度を組み立ててきた、このように思っております。

〔並木委員長代理退席、委員長着席〕

○川内委員　ユーザー側が選択をする、温泉に入る側が温泉を選択していけばよいのだという御趣旨の御答弁なわけですが、しかし、私自身は、この温泉法の温泉の定義というものは、国民があるいは私などが温泉と考えているものとはかけ離れているなということを感じるわけでございます。

大臣は先ほど、幅広く温泉の定義を当初考えたというふうにいみじくも御答弁されたわけでございますけれども、国民的には、温泉というのは、熱いお湯がわき出るというか、掘り出すのかわき出るのかは別にして、ともかく、熱いお湯がある、それで、健康上も何らかの効能があるのではないかということが想定される、まさしく、温かいお湯、熱いお湯のことを温泉というふうに考えているであろうと思うんですね。しかし、法律上は、二十五度以上、もしくは一つでも物質が含まれていれば温度は問わないということになっているわけで、これは国民一般の意識からしたら相当かけ離れた定義ではないかというふうに思うんですね。

これは要するに、いわば業者サイドに立った、何でもかんでも掘れば大体水は出るわけですから、それを温めれば温泉だ、ここは温泉です、温泉が出ますということで、さまざまな資料でも、最近はスーパー銭湯なるものが大はやりでございますけれども、公衆浴場は物すごい勢いで最近はふえているということになっているわけで、そういう意味では、銭湯は銭湯でいいんですよ、それとまた温泉とは別個のものとして区分けをしていく必要が私はあるのではないかというふうに思うんです。

そういう意味では、温泉の定義というものをもう一度見直すべきではないか。先ほど吉田委員も大臣にお尋ねになられたようでありますが、温泉の定義というものをもう一度見直して、国民の温泉に対する意識あるいは認識に近いところに温泉の定義を持ってくるべきではないのかというふうに思いますが、大臣の御所見をいただきたいと思います。

○若林国務大臣　先ほども申し上げたところでございますけれども、温泉というものが、二十五度以上であるということと、または一定の成分を含んだものであるというふうに定義することによって、温度がないものについて、加温をしてこれを温泉と言ってきた。これは初めからそういうふうに定義づけてやってきているんですね。最近そうしたわけではありません。

そういう意味で、国民が、各地域でさまざまな利用の仕方をしてきて、なじんできているわけでありますから、そういうものを温泉と称して、何ら疑問を持たないで地域で利用されてきているものを、土から出てくるときに一定の温度以上でなければならないもので、それは温泉と言ってはならないというふうにしなきゃいけないというふうなことまで今考えるべきかどうかということになりますと、私は、そういうことではなくて、いわばリピーターが支えていくということが温泉の、基本的にはそういうものだと思うんですよ。

そういう意味で、先ほど来申し上げていますように、表示をきちっとして、うちのこの温泉はこういう特徴があってこういうものなんですということをはっきりと表示し、それをアピールするということによって、ユーザーが選択をするということで、多様な泉質、温度の温泉、そういうものを入浴者の方が好みで選択できるようにするということが趣旨でいいのではないか、こう考えております。

○川内委員　最初からそうであったということでございますけれども、では、国民の皆さんに、二十五度以上の水であれば温泉と言っていいんですよと。これは水ですよ、二十五度なんというのは、水。（若林国務大臣「成分がちょっと入っていないと」と呼ぶ）いやいや、成分が入っているか否かは関係ないんです、またはですから。二十五度以上の何の成分も入っていない水も温泉と言っていい、または、何か一つでも入っていれば二十五度以下でも温泉と言っていい、温泉法上の温泉ですと言っていいんだということを国民にアンケート調査でもしてみてください。こういうものを温泉と言っているんですよ、皆さん、それを知っていますかと聞いたら、びっくりしますよ、みんな。多分、環境省はそういう調査はしていないんじゃないかなと思います。

そういうことを、何かあたかも国民があるいは消費者が選択するのだという理屈のもとに、広く業者を助けるというか、温泉の名前を使って商売しようとする人たちを、表示をすればいいんだということで助けるのは、私は、環境省のとるべき態度としては極めて不適切ではないかというふうなことを思うわけでございまして、大臣は定義を見直すおつもりはないということをおっしゃられるので、また今後、この議論は続けてさせていただきたいというふうに思います。

そもそも、私は、環境省の役所としての体質そのものにこの温泉法を通じて疑問を持つわけでございまして、……。

○川内委員　……。

私は、大臣、環境省が、環境を守るあるいは環境を保護する、国民の健康に影響を与えるようなものについてはしっかりと規制をしていくということが必要であるというふうに思っているんですね。

温泉法についても、国民の温泉に対する意識と乖離しているのではないかということを最初に御指摘申し上げた。さらに、それに関連をして、最近大きな話題になっているこの豊洲の移転問題に関して、法改正のときあるいは審議会の結論が出たときに、環境省が国民から見てちょっとおかしいんじゃないのと思われるようなことをしていたのではないかということを御指摘申し上げさせていただきました。

……。

○江田（康〔幸〕）委員〔公明党〕　……。

……。

まず、定期的な温泉成分の分析及びその結果に基づく掲示の更新を義務づけることとなった背景とその目的について伺わせていただきます。また、十年ごとの定期分析に関する妥当性と、約十万円と言われる費用負担のあり方についても、あわせて環境省のお考えを確認しておきたいと思います。

○土屋副大臣　お答えいたします。

温泉は、年月を経過することによって徐々に成分や温度が変化すると言われております。入浴者に正確な情報を提供するためには、成分等を定期的に分析することが必要でありまして、今までも指導してきたわけですけれども、これがなかなか進まない状況でございまして、十年以上経過しても再分析していない事業者が約四割、三八％に達しているという現状から、この法律により義務づけることとしたものでございます。

また、定期分析の期間を十年とする理由といたしましては、温泉成分の変化は通常は穏やかに進行するということ、それから、従来も十年ごとの再分析を指導してきたということ、それから、事業者の費用負担にも配慮したということでございます。

先ほど、ほかの委員の方からの質問の中で大臣からも御答弁しましたけれども、今まで三八％、四割の事業者がしてこなかったということでは、まずはこの数字を下げるということが大事であろうと思います。皆様が十年ごとに分析していただくことを、まず法律をつくっていくことによって進めるということが大事ということの考えもございます。

それから、再分析の義務づけは、温泉に対する国民の信頼を確保して、温泉地のイメージアップにもつながるということで重要でございまして、また、一回約十万円ということでございますけれども、十年にしますと一年当たり一万円という程度の負担になるわけでございますので、理解はいただけるものと考えております。

○江田（康）委員　きょうは時間がございませんので、特に私は関心の高い情報提供ということに関連して質問をさせていただきます。

これは大臣にお聞きをさせていただきますが、私は、今の温泉成分だけではなくて、温泉の成り立ちとか地域における特徴など、温泉に関する情報を広く国民に提供することが温泉地の活性化にもつながると考えておりまして、温泉に関する情報の提供の充実ということに関して、今般、温泉法の改正でも一歩踏み込んで改正されることになりますが、今後どのように取り組んでいく方針であるか、そこをお聞きしたいと思います。

○若林国務大臣　委員が御指摘のように、やはりユーザー、利用者の皆さん方に広く情報を提供する。それも、正しい情報をわかりやすく、そして的確に、適時に情報が提供できる体制を整えていくということが非常に大事だと思います。

それは、やはり温泉へのニーズが多様化してきておりますから、その多様化したニーズにこたえるためにも、それぞれ持っている温泉の特徴というものをしっかりと表示していくことが選択肢を広げていくためにも大事だというふうに思いますし、そのことがやはり温泉の信用を高めていくことにもなる、このように思いますので、温泉に関する科学的な知見のみならず、さまざまな情報について国民への情報提供を積極的に進めていく必要がある、このように考えております。

○江田（康）委員　情報提供の中でも、一つには温泉の適応症、一般に効能、効果と呼ばれるものについて質問をさせていただきたいのでございます。

この適応症、効能、効果ということに関しましては、環境省が一九八二年に通知した温泉の適応症決定基準では、成分によって温泉を十一種類の泉質に分類して、それぞれについて、入浴と飲泉によって改善が見込まれる病気や症状を示しているわけでございます。この基準に従って県知事に申請して認定されるということでございます。温泉地を訪れる人たちというのは、塩化物泉は切り傷に、またやけどに効くとか、そして硫黄泉は婦人病に効くとか、こういうようなことを温泉に対して国民は大変大きく期待しているわけでございます。

一方で、例えば、日本温泉気候物理医学会が文献調査を行っていますけれども、温泉の効果というのは、泉質だけではなくて、掲示している泉質にはあらわれないような微量成分の作用とか、温熱、水圧などの物理的な作用とか、気候、生活リズム、景観などの環境作用が総合的に働いていると指摘しております。したがって、今後も、泉質効果だけではなくて、温泉療法の一般的適応症や禁忌症、注意事項等について調査研究を推進して、そのエビデンスに基づいた、利用者にわかりやすい温泉療法の指針作成のための研究を継続することが重要であるということを日本温泉気候物理医学会は指摘しているところでございます。

国民に対する温泉の正しい知識を普及させることは大変重要でございますし、また、その温泉の有効性とか効能、効果というものが正しく研究されて評価をされるということが、やはり温泉地の活性化においても今後大変重要と思いますので、私は、温泉療法の効果に関する研究の推進というのが大変重要かと考えます。

そこで、環境省では、こうした適応症について、日本温泉気候物理医学会に依頼して調査研究を実施していると聞いておりますけれども、この調査研究の内容、その成果をどのように活用する予定なのか、お聞かせをいただきたいと思います。

またあわせて、厚生労働省の皆さんには、温泉療法の指針作成のための研究とか、温泉と健康に関する研究の推進等について、見解をお聞きしたいと思いますので、よろしくお願いします。

○冨岡政府参考人　環境省におきましては、現在、先生御指摘がございましたように、温泉の禁忌症、適応症及び利用上の注意事項に関する最新の医学的知見を収集するために、日本温泉気候物理医学会に対しまして、温泉と医療に関する研究論文等の文献調査を幅広く実施いたしているところでございます。

このような調査の結果を踏まえまして、禁忌症や適応症の表示のあり方について必要に応じ見直しを行うとともに、利用者にわかりやすい温泉療法というものを含めまして、より適切な情報提供が進められるよう、今後とも努力を継続してまいりたいと考えております。

○宮坂〔亘〕政府参考人〔厚生労働省大臣官房審議官〕　厚生労働省といたしましては、健康づくりに活用できる場としての温泉と健康づくりについての研究を行っているところでございます。

具体的には、厚生労働科学研究費補助金におきまして、平成十八年度からでございますが、「温泉利用と生活・運動・食事指導を組み合わせた職種別の健康支援プログラムの有効性に関する研究」というものを実施いたしまして、運動指導と食事指導と温泉入浴、これによります生活習慣病予防効果についての検証を行っているところでございます。

……。

○江田（康）委員　先ほども申しましたように、温泉の適応症それから禁忌症という情報の掲示というのは大変重要で、今後もこれを充実していくということで、こういうような調査研究が行われるということでございますが、国民に対する適切な情報の提供、さらには、温泉が効果を有するということについて、これは大きな期待もあるところでございますので、その調査研究を両省ともにしっかりとやった上で、掲示を、情報提供を行える環境づくりを整えていっていただきたいと思うわけでございます。

続いて、温泉を健康づくりに取り入れるということの重要性でございますけれども、きょうは厚生労働委員会ではなく環境委員会の温泉法の改正でございますが、この点について、もう一つお聞きをさせていただきます。

温泉を健康づくりに取り入れて、うまく有効活用しているところがここ数年大変多くございまして、ある自治体では、温泉利用をして、お年寄りが温泉につかって、運動して、食事をとる。温泉だけではないんですね、運動も兼ねて、そして食事もとるという総合的なプログラムですが、また、保健所や医療機関から健康診断にも来ている。そうすることによって、利用者は、森林浴、自然浴を楽しみながら元気になっていくわけです。

自治体が利用費を一部補助しているということによって大変にぎわっていて、かつては病院が老人のサロン化していたということがございましたけれども、今は温泉が高齢者の集まる場所になってきているということでございます。これによりまして、七十歳以上の医療費が一七・八％も削減をされたという報告もあるわけでございます。

国の高齢者医療費というのは現在三十一兆円で、そして毎年一兆円ずつふえ続ける。二十数年後にはこれが八十兆円ということになるんでしょうか、これでは医療制度はもたないわけでありまして、このため、国民健康保険、国保の方が、温泉が医療費削減に大変に効果があると期待しているところでございます。

このような観点から、やはり温泉を健康づくりに取り入れていく、そういう環境づくりがまた大変重要かと思っておるわけでございますが、厚生労働省が、温泉を健康づくりに取り入れている施設として、温泉利用型の健康増進施設及び普及型の温泉利用プログラム型健康増進施設というものの大臣認定制度をつくっています。この認定状況について、今後の認定見込みも含めて、今後の取り組みについて厚生労働省にお伺いしたいと思います。介護予防への取り組みとか、そういうようなところも含めてお願いしたい。

○宮坂政府参考人　ただいま委員御指摘の温泉を活用いたしました健康増進施設として、平成十八年度末時点で、健康増進のための温泉利用と運動を安全かつ適切に行うことのできる温泉利用型健康増進施設は全国で三十ヵ所、それから、温泉を利用した健康増進のためのプログラムを提供する温泉利用プログラム型健康増進施設は全国で二十カ所、それぞれ認定を行っているところでございます。

また、現在、温泉利用プログラム型健康増進施設として四カ所からの申請を受けておりまして、現在審査を行っているという状況でございます。

厚生労働省といたしましては、今後とも、温泉の利用を組み込んだ健康増進施設の普及を図ることに努めてまいりたいと考えております。

○御園〔慎一郎〕政府参考人〔厚生労働省大臣官房審議官〕　介護予防に関連したことに関してお答えさせていただきたいと思います。

御指摘のように、高齢者の方が活動的で生きがいのある生活を送っていただくということは大変大事なことでありますので、介護が必要な状態にならないということを我々は大変大切に考えておりまして、介護予防事業というのを創設して、市町村で取り組んでいただくことにしたところでございます。

この介護予防事業の中身は、市町村のそれぞれの創意工夫でやっていただくということにしておりますが、今御指摘がありましたように、例えば、熊本県の山鹿市なんかでは温泉わくわくクラブなどというのをつくって、お年寄りたちに来ていただいているというような状況があるようでございますので、政府としても、このような温泉を利用したような活動についても情報収集しながら、また、全国の市町村に広報、情報提供をしていきたいというふうに考えております。

○江田（康）委員　きょう私は温泉法の改正について質問をさせていただいておるんですが、温泉法は、温泉の保護と適正利用を二本柱にしているわけでございまして、この温泉の適正利用ということに関して、先ほど来私が質問している温泉の適応症とか効能、効果、これに関する科学的な研究も大いに進めながら、また、実際に健康づくりにこのように利用できる施設の整備を進めていくことが、温泉を保護し、また温泉を適正利用していく、そういう温泉法の趣旨にも沿うことかと思っております。

特に、温泉地は、しにせと言われるところほど大変疲弊しておりまして、これまでの宴会型というかそういうものではなくて、健康増進型で温泉を利用していくことが地域の経済的な活性化にもつながる、私はそのような確信を持ちながらこの活動を続けてきておりまして、その中で、この普及型の温泉利用プログラム型健康増進施設というのは、厚生労働省にも強く働きかけさせていただきまして、つくらせていただいた制度でございます。

しかし、それがなかなか進んでいないということも今御報告がございましたので、やはり環境整備は、健康増進法にも位置づけられている温泉利用型健康増進施設でございますので、それにしっかりと取り組んでいっていただきたいことを申し上げて、次の質問に入らせていただきます。

温泉法のもう一つの柱でございます温泉資源の保護に関して質問をさせていただきます。

我が国の温泉の湧出量は、平成十七年度現在で毎分約二百七十六万リットルとなっておりまして、統計がとり始められた昭和三十八年当時と比較すると約三倍でございます。また、そのうちの約七割、毎分約百九十三万リットルが動力によってくみ上げられているということで、このままでは我が国の貴重な資源である温泉の枯渇が心配されるということでございます。

そこで、大臣にお伺いをさせていただきますが、今回の改正案では温泉の掘削などの許可の際に条件をつけることとしているわけでございますけれども、こうした規定も活用して、温泉資源保護にどのように環境省は取り組んでいくのか、その方針をここで明らかにしておいていただきたいと思います。

また、その際に、大深度掘削泉、一千メーター級の地下から掘り出してくるという温泉の掘削のあり方、対応のあり方、また、未利用源泉の有効利用、未利用源泉というのは全体の約三割を占めているということで、あるところでは長期間利用されずに放置されたままの源泉も多いと聞いております。この未利用源泉の有効利用につきましても、環境省の考え方、また今後の対応方針を大臣にお伺いさせていただきます。

○若林国務大臣　このたびの改正によりまして、温泉の許可に当たりまして、法的に条件を付して許可することができるというふうにしていただきたい、このような改正でございます。この条件を付するということを活用いたしまして、温泉の掘削等の許可に当たりまして、例えば採取量の上限を定めるなど的確な条件が設定されるように、必要な助言を都道府県に対して行ってまいりたいと思います。

また、その許可や条件付与の運用の参考になりますように、科学的知見の収集と整理を進めて、温泉資源保護に関するガイドラインを定めたい、このように考えておりまして、地域の実情に応じた温泉資源の保護対策が進められるようにしてまいりたい、このように考えております。

また、大深度掘削泉及び未利用源泉についてのお尋ねでございますけれども、実は、大深度掘削泉は、その実態だとかあるいは温泉資源への影響というのはまだ不明な点が非常にあるんですね。千五百メートルとか掘れば大体出てくるんだ、こう言われるわけでございますけれども、そういうようなことの実態が十分把握できておりませんので、今後、その実態把握に鋭意努めまして、調査研究を進めてまいりたいと思います。

また、未利用源泉は、一度事業を休止しているというような形の未利用源泉も中に含まれているんですね。その未利用源泉が、自噴をしながらそのまま使っていないという未利用源泉と、あるいは動力で上げているのとあるわけですが、まだ営業をしないけれども権利としてそれを保持していたいということのために細々と湧出を続けているというようなものがあるんですが、できれば、これをもっと公開しながら、せっかくの資源ですから、有効に使えるような形の地域の取り組みというようなことも進めてまいらなきゃいけない、こう思っております。

○江田（康）委員　大臣、ありがとうございました。

国としても、資源保護に関するガイドラインを早急につくるということでございますので、しっかりと取り組んでいっていただきたいと思います。

時間になりましたので、最後の質問でございますけれども、温泉旅館等からの温泉排水対策について、最後に伺っておきます。

水質汚濁防止法による温泉旅館からの排水規制につきましては、硼素、弗素が対象物質とされておるわけでございまして、平成十三年の七月の改正〔水質汚濁防止法施行令平成一三年六月一三日政令第二〇一号。同年七月一日から施行―編者注〕で、硼素は十ミリグラム・パー・リッター以下、弗素は八ミリグラム・パー・リッター以下という一律排水基準が設定されていたわけでございます。しかし、これらの基準に直ちに移行することは困難として、三年ごとに暫定排水基準を延長してきたところでございます。

ことし六月にその期限を迎えることから検討が進められてきたところでございますが、今般、実態調査や処理技術の開発状況等を勘案して、この暫定基準の再延長が決定されたとの報告をいただきました。

公明党は、温泉所在都市協議会からの延長に関する要望、またヒアリングの結果として、やはり排水処理技術が進んでいない状況、そういうことを踏まえて、暫定排水基準の再延長を強く申し上げてきたところでございますけれども、今般の環境省の判断というのは大変妥当であると評価しているところでございます。

そこで、質問をさせていただきますが、温泉を利用する旅館からの排水規制につきましては、さまざまな意見があります。

例えば、温泉は本来、自然由来のものであるわけで、昔から何ら問題は生じていないことから、そもそも規制することと自体おかしいのではないか、さらに、宿泊を伴う温泉旅館は規制の対象となって、日帰り温泉入浴施設は規制の対象外となるというのは不公平ではないかといった意見がございました。

環境省では、これらの意見に対してどのように考え、今後の排水規制についてどのように取り組んでいくのかをお伺いさせていただきます。

また、その際、低廉な、安価な排水処理技術の実用化に向けた取り組みや、温泉利用施設に対する財政支援がこの三年間重要な課題と私は思いますけれども、環境省の取り組みについてお伺いをさせていただきます。

○寺田政府参考人　お答え申し上げます。

まず、ただいま委員から御指摘ございました幾つかの議論、自然由来ではないかという話、あるいは日帰り温泉との均衡の問題でございますけれども、これにつきましては、さらなる実態把握が必要だろうと思っております。

まず、自然由来ではないかという問題につきましては、これは先ほど来質問の中で委員からも御指摘ございますように、実態としては、動力によるくみ上げという温泉がふえつつございまして、それが大体七割を超えるという状況になっているという実態がございます。

また、日帰り温泉についての実態の方からまいりますと、日帰り温泉の中には、実際に硼素、弗素等を多く含むような温泉地帯の日帰り温泉もありますけれども、最近ふえているのは、これもまた委員御指摘ございましたけれども、一千メートル以上の深度からくみ上げる、全く鉱物等を含まないような温泉というのが都会においてふえているというような実態もございまして、これからの議論につきましては、こうした実態を十分把握してまいりたい、かように考えているところでございます。

さて、その上で、これからの進め方でございますけれども、排水規制、排水基準につきましては、これまで暫定排水基準を三回、四回と繰り返していく中で、各業界が努力をされて、一律排水基準に移行していくというような姿形で進めてまいりました。そういう意味では、今後とも一律排水基準に向けての技術開発の努力をお願いしたいと考えております。

ただ、その際に、では、業界任せでそういう技術開発ができるのか、こういう御指摘かと存じます。

実は、環境省におきましても、平成十三年から三回延長してくるということの中で、平成十六年からは、環境省みずからも、民間で開発されております排水処理技術を用いた実証試験などを行ってまいりました。今後三年間におきましては、さらに、今回課題となったさまざまな事象がございますので、その開発については、業界と一緒に精いっぱい取り組んでいきたいというふうに考えております。

また、そういった技術開発が進んだ上で、では、それを取り入れていただくという場合には、さまざまな支援が必要ではないかという御指摘でございます。

これまでも、暫定排水基準から一律排水基準に移行するような場合にあっては、それぞれの業界の実態にかんがみまして、例えば税制上の優遇措置でありますとか低利融資でありますとか、そういった手だてを講じてきたということもございますので、そういうような場合には、やはりこのようなことを検討していくべきものであろうと考えております。

以上で、第二次改正案に対する質疑は終局し、討論に入ったが、討論の申し出がなかったことから、直ちに採決に入り、その結果、総員の賛成により、第二次改正案は原案のとおり可決された。

3　第一六六回国会衆議院本会議（平成一九〔二〇〇七〕年四月一〇日）

平成一九（二〇〇七）年四月一〇日に開かれた衆議院本会議において、まず、第二次改正案についての環境委員会における審査の経過および結果についての報告が西野あきら（環境委員長）からなされた。

本案〔第二次改正案〕は、温泉の保護及び利用の適正化を図るため、温泉を公共の浴用または飲用に供する者に対する定期的な温泉成分分析及びその結果に基づく掲示内容の変更の義務づけ、土地の掘削等の許可に付された条件に違反した者に対する許可の取り消し等の措置を講じようとするものであります。

本案は、去る三月二十二日本委員会に付託され、翌二十三日若林環境大臣から提案理由の説明を聴取し、今月三日に質疑を行いました。同日質疑終局後、直ちに採決いたしましたところ、本案は全会一致をもって原案のとおり可決すべきものと決した次第であります。

その後、第二次改正案は、採決に付され、その結果、委員長報告のとおり可決された。

4　第一六六回国会参議院環境委員会（平成一九〔二〇〇七〕年四月一二日）

平成一九（二〇〇七）年四月一二日に開かれた参議院環境委員会において、第二次改正案の提案の理由および内容が若林正俊環境大臣からつぎのとおり説明された。

○国務大臣（若林正俊君）　ただいま議題となりました温泉法の一部を改正する法律〔第二次改正〕案につきまして、その提案の理由及び内容を御説明申し上げます。

温泉は、年間延べ一億人以上が利用し、国民の高い関心を集めていることから、入浴者に対する温泉の成分等についての情報提供の充実が求められております。

また、我が国は豊富な温泉資源に恵まれていますが、その資源には限りがあるため、持続可能な利用を進める必要があります。

本法律案は、このような状況を踏まえ、温泉の保護及び利用の適正化を図るため、定期的な温泉の成分分析とその結果の掲示、温泉の掘削等の許可への条件の付与等の措置を講じようとするものであります。

次に、本法律案の内容を御説明申し上げます。

第一に、温泉は成分や温度が年月の経過により徐々に変化することから、入浴者に温泉の成分等に関してより正確な情報を提供するため、温泉を公共の浴用又は飲用に供する者に対し、定期的に温泉の成分分析を受け、その結果を掲示することを義務付けることといたします。

第二に、温泉の掘削、公共の浴用への提供等には都道府県知事の許可が必要でありますが、許可後の状況の変化により温泉資源の保護、公衆衛生等の観点からの問題が発生する場合があることから、許可に条件を付し、条件に違反した者に対しては許可の取消し等を行うことができることといたします。

第三に、温泉法に基づく許可の手続の簡素化を図るため、許可を受けた者の合併、分割又は相続に際しては、改めて許可を受けることを不要とし、より簡略な承認の手続により地位の承継をできることといたします。

このほか、温泉利用施設における掲示項目の追加等の所要の規定の整備を図ることとしております。

以上が、本法律案の提案の理由及びその内容であります。

第二次改正案に対する質疑は後日に譲ることとされた。

5　第一六六回国会参議院環境委員会（平成一九〔二〇〇七〕年四月一七日）

平成一九（二〇〇七）年四月一七日に開かれた参議院厚生委員会において、まず、第二次改正案についての質疑および答がなされた。その内容はつぎのとおりである。

○愛知治郎君〔自由民主党〕……。

本日は温泉法の一部を改正する法律案〔第二次改正案〕について、私自身もそうですし全国的にもそうなんですが、私の地元、宮城県でもいろいろ懸念されている事態がございますので、それに関連して質問をさせていただきたいと思います。

……。

また、それ〔宮城県の蕪栗沼周辺、蕪栗沼とその周辺の水田がこのラムサール条約の登録地に指定をされたこと〕に先立ちまして昭和六十年には、その先駆けというか、随分早い時期に登録をされたんですが、宮城県の伊豆沼・内沼というところがこのラムサール条約の湿地に登録をされました。そして、その地元では、自治体や地域の関係者の方々が一体となって、この伊豆沼・内沼及び蕪栗沼・周辺水田をしっかり守っていこうと、世界に誇り得る貴重な自然資産として後世に継承すべく保全対策に取り組んでおるところでございます。

ただ、そうした中で、この伊豆沼湖畔において、やはり地元の産業の活性化、観光資源をしっかりつくっていかなければならないということで温泉の開発計画が持ち上がりまして、またその中でこの環境保全ということを考えたときに、温泉の排水が伊豆沼に影響が出るんじゃないか、与えてしまうんじゃないかという懸念がなされてきました。そして、いろんな様々議論がある中に、結局、宮城県は昨年の三月にこの温泉の掘削を許可をいたしました。宮城県としてみれば、この伊豆沼の環境を心配する地元の声を聞いて対応に苦慮はしていたんですが、温泉法に言う公益侵害には該当しないとして、この掘削の許可を与えたという経緯がございます。

ここで環境省に確認をしたかったんですが、温泉法における掘削等の不許可の基準となる公益を害する場合というのは一体どのようなことを想定しているのか、例えば温泉利用開始後の環境への影響まで含むものなのか、この点について確認をしたいというふうに思います。

○政府参考人（環境省自然環境局長）（冨岡悟君）　お尋ねの公益を害するおそれといたしましては、温泉の掘削工事やポンプでのくみ上げによりまして、がけ崩れ等の災害の誘発、有毒ガスの噴出による被害、周辺の自然環境への悪影響などを生ずるおそれがある場合、こういったものを想定しております。

温泉の利用開始後に生ずる環境への影響につきましても、温泉の掘削工事やポンプでのくみ上げとの関係が直接又は密接不可分のものであれば該当し得るものと解されます。

○愛知治郎君　ありがとうございます。

該当し得るということでありましたけれども、ここが結構地元でも苦慮しているところでありまして、どういった状況のときに該当するのか否か、それを判断するのが非常に難しいということでありますので、後ほどまた質問させていただきたいと思います。

今回の改正案ですけれども、今回の改正案におきましては、この温泉の掘削や動力の装置等の許可の際、条件を付する、付けることができるとしておりますが、その条件、その中身についてお伺いをしたいと思います。

○（環境）副大臣（土屋品子君）　近年、温泉の利用が本当に拡大を続けておりますけれども、その中で、自噴している温泉の湧出量の総量がだんだん減少傾向にあるという状況にあります。それと、一部の温泉地においては、新聞等でも記事になっておりますけれども、温泉の枯渇と見られる現象が発生してきておりまして、温泉資源の枯渇が非常に懸念される状況にあるわけでございます。その中で、温泉の採取量の上限などを温泉資源保護等のための条件として付すことができることとしたこと、これは地域の実情に応じた温泉の持続可能な利用を進めるためでございます。

○愛知治郎君　ありがとうございます。

確かに、温泉資源の枯渇、これは多くのところで懸念をされていることだと思います。それについてしっかりと管理をしていく、コントロールしていくというのは大事な視点だと思いますが、ただ、私が先ほど懸念しているという問題があったんですけれども、その温泉資源の保護という視点以外にも、貴重な自然を保護するため、例えば伊豆沼の環境を守るため、そういった温泉の成分、塩分が一杯入ってあるだとか、いろんな各、人体にとって、自然環境にとって有害となり得るような成分が出てしまう、出してしまうかもしれない、影響を与えるかもしれない、その温泉水を適正に、適切に処理をするといった条件、こういったものを付けることも可能であるのでありましょうか、お伺いをいたします。

○政府参考人（冨岡悟君）　温泉法は、温泉という業種に着目して規制を行う法律でございます。温泉利用に伴います環境影響の防止につきましては、一般的には水等の環境媒体に着目して業種横断的に規制を行う、他の環境法令に基づいて行うことが基本でございます。一方で、他の環境法令では防止できない環境影響が生ずるおそれがあり、その防止を図ることが公益上必要と認められる場合には温泉法に基づき条件を付すること、これが可能でございます。したがいまして、お尋ねのような多量の塩分を含んだ温泉水の処理に関する条件も、周辺の自然環境の保全が公益上必要であるならば、その公益への害を防止するために条件を付することができるものと考えます。

なお、個別具体の事案でどのような条件を付することができるかにつきましては、都道府県において事案に応じまして適切に判断すべきものと考えております。

○……。

○山根隆治君〔民主党〕　実は私、川越の古市場というところに住んでいるんですけれども、私の家から直線で四百メートルほどのところで大深度掘削泉というのがいわゆる掘り当てられて、私も自転車ですぐ二分ぐらいで行けますので時折行かせていただいて非常に有り難いなというふうな思いを持っていたんですけれども、この温泉法を質疑させていただくということについて少し勉強させていただいたら、本当にこんなにいい思いしていいんだろうかというふうなちょっと思いがいろいろとしてまいりまして、様々な今思いが去来をするわけでありますけれども。

大臣の先般の本法案に対する提案理由の説明聞かせていただき、そして改めて読ませていただきました。その中で、大臣の衆参両院での説明を読んで、少しお尋ねしたいことがわきました。それは、「我が国は豊富な温泉資源に恵まれていますが、その資源には限りがあるため、持続可能な利用を進める必要があります。」というところであります。何の変哲もないお言葉のようでありますけれども、この限りがあるということ、この有限性ということについての概念というのはどういうふうに受け取ったらよろしいのでしょうか。

○国務大臣（若林正俊君）　御指摘ございました。元々、地球資源というのはいずれも有限のものだという認識を基本的に持っているわけでございまして、石油にしましてもあるいはガスにいたしましても、さらに言えば水資源もそうですし、さらに食料資源というのもやはり有限のものだと思います。

この温泉資源について有限と申し上げましたのは、特定の地域について自然にわいてくるようなものから、あるいは掘削をして掘り当てて、そこからそれを湧出させるというような様々な方法があるわけですが、いずれにしても地下のマグマから出てきた温度を受けた地下水が、それを受けて、地下水がたまっているところあるいは流れているところ、それを通じてそれを人為的に吸引する、あるいは自然に出てくる、圧力で自然に出てくるというようなものですから、いずれにしても限りがあることは明らかだと考えております。

当然、地上に降った雨などが浸透していって地下水になる。地下水になってその下から温められたものがまた温泉としてそれが利用可能であるといったような循環はあるわけですけれども、それにしても、限度を超えて掘り出してしまうとこれはやはり枯渇をしていく。あるいは、それが少なくなってきて周りから地下水がどんどん入ってくると温度が下がってきてしまうわけですね。その限りにおいて、やはり量には限りがありますから、その限度を超えて過剰にこれを利用するというようなことになると質的な変化あるいは枯渇も免れないということがあるという、そういう認識をしているわけでございまして、持続可能な利用を進めていくということがやはり温泉資源の利用には大事なんだという趣旨で申し述べたことでございます。

○山根隆治君　それじゃ、大臣にとってこの地球上における無限の概念というのはどのようなものでしょうか。

○国務大臣（若林正俊君）　専門家でないから分かりませんけれども、無限というのは私はないんじゃないかと、こういうふうに思っておりますけれども。空気にしましても、空気を組成している、その組成の変化が起こってくるという意味で、今あるような状況というのは無限にあるというわけではないんで、汚染されていけば空気もその機能が違ってくるという意味で、今までは空気だとか、更に言えばそのちょっと前までは水だとか、そういうのは天からもらい水で無限のような認識を持っていた時代はあったと思いますけれども、今やそれらもすべて地球を取り巻く自然環境の中で出てきた、発生してきている資源でありまして、遠く広く考えますと、それらもみんな限りがあるものと、そういう認識で大事にしていかなきゃいけないということがあると私は思っております。

○山根隆治君　異論があるわけではないのですけれども、有限、無限の概念というものがかなり私はやっぱり環境行政に大きな影響を与えるということで、すべてが有限という概念を強く押し出すと、そこに様々な問題がある。

つまり私は、私たちが無限という言葉を使っている場合の概念というのは、大気圏内における地球という一つの大きな生命体の中ではすべて、総体としてはすべての物質も目に触れる森羅万象やっぱり有限ということは言えるかと思うんです。しかし、私たちが無限ということを使う場合に、今お話、大臣ありましたように、一つの循環されている、システムとして循環されているものについては私はやはり有限ということの概念、一般の概念とやっぱりちょっと違うものがある。そこにやっぱり循環という物の考え方、見方というものを何らかの形で表現していく必要があるのではないか。つまり、有限、有限ということになると、私たちが温泉につかっていても、それは大事にするという、そういうメンタルな面での大切さというのはあるけれども、何かそこに私の心の中で、このような温泉につかっていることの、まあ罪悪感とは言いませんけれども、申し訳なさみたいなもの、そういうものを、肩身が狭くいい思いをしてしまうというふうなこともあり得なくはない。私は、そこのところで環境行政、様々な規制をどういうふうに加えていくかというふうなことばかりに走るということさえも私はその有限の概念から起こりやすいということを危惧し、問題提起する意味で有限、無限の話を今お尋ねをしたということでございます。

それでは次に、条文のひとつ解釈についてお尋ねを少しずつしていきたいと思います。

まず、法律案の要綱に沿ってお尋ねをさせていただきたいと思いますけれども、第二の承継規定の新設についてでございますけれども、土地の掘削等の許可を受けた者である法人又は個人について、合併、相続等の場合における地位の承継ができることとするということがわざわざ盛り込まれているわけでありますけれども、これを法文として書いているということは、今までの法律の中では様々な支障があったからこのような規定というものを新たに新設をしたということになると思うんですけれども、実際にはどのようなやっぱり支障があったのかについてお尋ねをいたしたいと思います。

○政府参考人（冨岡悟君）　承継規定につきましては、会社の合併とか、それから個人の場合の相続があった場合に、事業内容に変更がないにもかかわらず申請書作成や手数料の負担を再度行わせる、こういったことに対する都道府県の担当の方からの疑問、こういったことから、手続の簡素化といった観点からの許可の承継規定を設けるべきとの意見、こういったものが寄せられておりました。このような意見を踏まえまして、許可手続を再度行うことによります事業者と都道府県の負担を軽減し、行政手続を簡素化するために今回提案しているものでございます。

○山根隆治君　各都道府県からそういうようなお話があったからということとの御説明でございますが、それでは、それらの事例といいましょうか、問題になった事例というのはどれぐらいあったんでしょうか。

○政府参考人（冨岡悟君）　都道府県が許可しておりますます制度でございますので、具体的な何件あったとかそういったような数については私ども把握しておりませんけれども、具体的には、法人合併の際に承継規定がなかったので手続的に時間が掛からざるを得なかったとか、それから個人の場合に、父親が亡くなった後に娘さんがその権利を承継する場合に再度の申請をしなければならなかったわけでございますが、相続を受けた際に現に泊まり客がいる、そういったことから営業に支障を来さないために継続が必要であったわけでございますが、そういったことから、県としても継続するためになかなか事務的に苦労されていたといった事案を承っております。

○山根隆治君　私、質問をすればするほど私の方が何か悪いことを申し上げるみたいに思うんですけれども、これはいいことなんで、全然反対じゃないんですよ。

ただ、県からいろいろな御意見があったからということで、それでは、パブリックコメントもやられたでしょうし、県からもいろんな意見があって、しかもわざわざこういう法律をやはり変えてでもやっていこうとすることについての根拠というのをしっかりとやはり示してもらいたいということで件数のことをやっぱりお伺いをしたわけなんですね。ですから、今ちょっと件数が把握されていないというのは意外な気がしたし、ちょっとそれはどうなのかというふうな思いがいたしますけれども、その辺のところをしっかりした情報収集なりというものを、やっぱり数字でカウントすべきものはして、わざわざ法律まで変えてまでやるわけですから、そこのところはやはりしっかり今後こうした法律を提案するときには御説明できるようにしていっていただきたいということを要望しておきたいと思います。

次に、第三の掲示項目の追加についてでありますけれども、「施設内に掲示する事項として、入浴又は飲用上必要な情報として環境省令で定めるものを追加すること。」ということでございますけれども、これはどのようなことを想定されているんでしょうか。

○政府参考人（冨岡悟君）　温泉を利用される方からのニーズが多様化している、こういった状況の中で、利用する温泉の具体的でできるだけ正確な情報を得たいというニーズは増大してきているものと考えております。こういった状況に対応しましてこの法律改正案を提案しているわけでございますが、現時点では具体的に掲示項目の追加を予定しているものはございませんけれども、現行の規定では読み切れないニーズが今後発生してくるものと考えております。

そういうことで、そういった場合に迅速かつ適切な情報提供を図ることができるよう措置するためにこの法律改正案を提案しているものでございます。

○山根隆治君　審議会の答申等もありまして、専門家の御意見、答申書を私読みましたけれども、その答申書にないものもいろいろ議論の中であったと思うんですね。ですから、こういうことは考えられるという想定があるからこそ書いている。つまり、何が起きるか分からないから、一応、逃げといいましょうか、安全装置として書いたということじゃないんだろうと思うんですね。想定できるものは何ですかということをお尋ねしています。

○政府参考人（冨岡悟君）　専門家の方々の議論、それから温泉をめぐりますいろんな議論の中で要望が強いと申しましょうか、そういった観点から想定できるものとしては、掘削深度、それから自噴、動力、自噴か動力でくみ上げているかどうかといった別、それから最近比較的要望がありますのは加水の程度といったもの、こういったものなどが今後議論されてくるのではないかと考えております。

○山根隆治君　次に行きます。

第六の附則でありますけど、附則の三ですが、「この法律の施行後五年を経過した場合において、新法の施行の状況を勘案し、必要があると認めるときは、新法の規定について検討を加え、その結果に基づいて必要な措置を講ずるものとすること。」ということでございますが、この場合の必要な措置というのは法改正ということを想定されているんでしょうか。

○政府参考人（冨岡悟君）　規制の新設に当たりまして、一定期間経過後に見直しを行うこととし、法律にその旨の条項を盛り込むことにつきましては、これは政府の方針として閣議で決定されているところでございます。今回の法改正案にあります定期的な温泉成分分析の義務付けにつきましても、これに該当しますので、五年間の運用状況を踏まえて見直しを行うこととしたものでございます。

この規定による検討の際には、法改正が必要となるような事項も含めまして、幅広く見直しを行うこととなるものと考えております。

○山根隆治君　それでは、次に質問を移らせていただきます。

温泉の成分の分析については、源泉の表示ということをされているわけでありますけれども、これは一般の利用者にとってはなかなか実感として分かりづらい部分もあるかと思うんですね。したがって、私は浴槽のやはりお湯がどのような成分が含まれているのかということにも国民の関心は高いと思うわけでありますけれども、この浴槽のお湯でなく、源泉を分析した表示ということの義務付けということになっていることについての説明を求めたいと思います。

○政府参考人（冨岡悟君）　温泉成分の掲示は、入浴者の健康保護等を目的として行うものでございますので、成分分析は温泉の利用場所において行うことを原則としております。なお、この場合の温泉の利用場所とは、入浴している状態の浴槽そのものではなく、浴槽への注ぎ口や貯水タンクを指すものでございます。

そういうことから、掲示されている成分と実際の浴槽そのものの成分が異なるという指摘があることは承知いたしております。しかし、浴槽の成分は、入浴する方の利用状況、どれだけの人が利用されるとか、いろんなことによりまして変化する、変動するものでございます。そういうことで、浴槽の成分を安定的なものとして正確に表すものとは必ずしも言えないという面があろうかと思います。

　したがいまして、比較的変動が少ない浴槽への注ぎ口等の成分を表示し、浴槽の成分を変化させ得る行為、例えば加水とか消毒とか循環ろ過をしている、こういった旨を掲示させる。こういうことによりまして、浴槽の成分につきましても適切な情報を提供できる仕組みに今なっているものと考えております。
○山根隆治君　例えば、温泉に行きますと、こういう体の病気に効くとか、効能がずっと書いてあるわけですね。この質問をするに当たって、そのこともちょっとお調べ事前にいただいておりますけれども、医療法上全くそういうことは問題ないということでありますけれども。それはあくまでも、やっぱり源泉を前提としての効能だろうと思うんですね。しかし、お湯につかる利用者にとっては、源泉ではなく浴槽の中にあるそのままの成分がどうなのかということを知りたい、あるいは効果があるかどうかということの一つの問題点も私はあると思うんですね。そこに少し違いが出てくる。
　したがって、私は、源泉の分析、そして浴槽の成分の分析というものもやっぱり表示すべきだろうと思うんですね。つまり二つ、二種類を表示するということであれば問題ないだろうと思うんです。様々な条件によって変化するということを今お話ございましたけれども、成分も変化してくるというお話ございましたけれども、ある一定の条件を設定して、利用者がまだ入らない時間帯であるとか、一定のやはり条件の中でどうだったということは、浴槽の中の成分を分析してそれを表示する、それに基づいて病気に対してのいろいろな効能がこれだけこういうものがあるということが書かれるのが私は妥当だろうと思うんですが、その点いかがでしょうか。
○政府参考人（冨岡悟君）　先生御指摘の二種類の表示をしてはどうかという御提案につきまして、確かにいろんなその情報提供を丁寧にするということ自体は利用者にとって好ましい状況が生じてくる、一般的にはそういうことも多いかと思われます。

ただ、これを制度上義務付けるといった場合には、やはり浴槽で割と客観的に皆さんが御納得いただけるような基準をどうするかとか、それから実際に表示する方の状況と申しましょうか、それなりにまたいろんなコストも掛かりますし、また何ですか、その努力と申しましょうか、そういったことも必要になりますので、そういったことをいろいろ勘案して考える必要があろうかと思いますが、サービスの質の向上として、こういったできるだけ丁寧な情報提供に手掛ける、任意で手掛けるといったことについては、それはそのサービスの向上としての意味があるものと考えております。

○山根隆治君　国の方針として打ち出すということよりも、それは任意にということの今お話だったと思うんですけれども、これはパブリックコメントなんかでそうした意見というのはなかったんですか。

○政府参考人（冨岡悟君）　パブリックコメントの中ではかなりいろんなたくさんの実は意見が寄せられておりましたが、そういった中に先生御指摘の浴槽でという御提案もございました。

そういうことで、我々、たくさん寄せられている中でいろいろ検討した上で、また中環審の先生方の最終的な全体の方向として、現在の、先ほど申し上げましたような方式、国として義務付ける方式としてはそういった方向というふうなものが出されたものでございます。

○山根隆治君　私は実は積極的な意味でちょっと御質問をイメージとしてしているんですけれども、日本で「温泉療法」という本が書かれたことがありました。これはもう四十年以上前の話なんですけれども、やはり温泉を積極的に医療ということに活用していこうという考え方がかなり学者の間でも強くなってきた時期であったわけですけれども。

私は統合医療という問題というものに取り組んできておりますけれども、残念ながら厚生労働省の方では今年の予算というのが前年度よりもちょっと下回るぐらいの予算になってしまったということはございますけれども、私は、温泉の効用というものを少しデータを蓄積して、それを科学的に分析をして、国民に温泉と医療というもののかかわり、効能というものをやはり大きく強くＰＲしていくべきじゃないかと、こういうふうに実は思っているわけでございまして、漠然として例えば玉川温泉ががんにいいとかというのは、民間ではすごく広がった話でありますけれども、それやはり科学的なデータを蓄積して国民に強くアピールしていくということが非常に必要だと思うんですが、そのデータの蓄積についての御努力というのはいかがでしょうか。

○政府参考人（冨岡悟君）　環境省におきましては、温泉につきましては、昔から湯治という言葉にありますように、健康に効果があるということでございまして、ただ、その効果そのものにつきましては例えば必ずしも、成分そのものから直接的にくるといったものもあると思われますけれども、そのほかに物理的に熱い熱の刺激、それから圧力の刺激、それから転地療養と申しましょうか、いい環境の下で療養することによる効果、そういったことが総合的に重なり合わせまして健康にいいのではないかと、そういうふうに一般的に考えておりますし、私どもも考えております。

そういった中で、具体的な効能と申しましょうか適応症につきまして私ども情報を蓄積するために、温泉気候医学会という温泉療法に大変関心を持っているお医者さんを中心とする学会がございまして、そういったところに委託いたしまして、そういった内外の文献を整理してもらうとかいろんな調査をしてもらう、そのようなことを委託しておりまして、そういった結果に基づきまして必要な情報提供を行ってまいりたいと、そのように考えております。

○山根隆治君　少し時間がもうなくなりまして、最後の質問になりますのでほかに移らせていただきますけれども、大臣にお尋ねをいたします。

大深度掘削泉などの流行といいましょうか、によりまして、既存の国民保養温泉地も様々な経済的な影響も十分受けているということが予測できるわけでありますけれども、今後、この国民保養温泉地の振興策というのを私は国としてもしっかりやっぱり考えていかなくてはいけないだろうと。温泉従事者といいますか、それにより生計を立てている人の数というのは相当数に私も上るというふうに考えられるわけでございまして、特に国民保養温泉地の振興策についてどのようにこれから考えていかれるのか、お尋ねをいたしたいと思います。

○国務大臣（若林正俊君）　古来から、温泉というのは地域の住民にとっては憩いの場であったり、あるいは治療の場であったり、それぞれの温泉の特有の評価というのが伝わってきておりまして、それに新しい温泉も加わって各地で温泉が非常に多く利用されるようになっているということだと思います。

私は長野県なんですが、温泉地の多いところでございます。もう温泉の出ない市町村がないほど温泉が非常にありますが、その中でもやはり委員がおっしゃられました国民保養温泉といったような健全な、そして長く親しみを持たれてきた温泉地もかなりございます。

こういう温泉地の振興というのは、やはり地域ぐるみでその信用を保持するための環境を整えていくというようなことが必要ですし、また、差別化といいますか、あの温泉とこの温泉はこういうことで違うんだという特徴を工夫しながら、リピーター、繰り返し利用できるような工夫をそれぞれが凝らしているのが実情であろうかと思います。

そういう意味では、それぞれが持っている特色をどうしてどのような形で情報発信していくか、そういうことが非常に大事な、振興上大事なことではないかというふうに考えておりまして、環境省としては、このようなそれぞれの地域ぐるみで考えられる魅力を高めるための創意工夫について広く全国にこれを紹介をしていく、そして自然との触れ合いができるような周辺整備を図って、それらの環境とともどもにこの温泉地が健全な保養地としても評価され利用されるというふうに進めていくことが大事であり、そのような活動について支援を講じてまいりたいと、このように考えております。

○山根隆治君　終わります。

○富岡由紀夫君〔民主党〕　……。

……。

今回のこの法案の提案理由説明の中に、一番最初に書いてありますけれども、入浴者に対する温泉の成分等についての情報提供の充実ということが一番大きな項目として最初に述べられていらっしゃるわけでございますけれども、私もそのとおりだというふうに思っております。いろいろ昨今、偽装温泉の問題がありまして、利用者を結果としてだましてしまっているような状況というのは、これは申すまでもないんですけれども、決して望ましい状況ではございませんので、利用者にもしっかりと、何というんですか、本当に十分な情報提供を行って、納得していただいた上で温泉を利用してもらうと。入ったら実はだまされたというんじゃ非常に残念なことになりますから、そういうことのないようにすべきだというのが本来のこの大きな趣旨だというふうに理解しております。

その流れで申しますと、一般国民が抱いている温泉のイメージというのはどういうものなのかというところをちょっとやっぱり考えておく必要があるのかなというふうに思っております。

私は、個人的にはやっぱり温泉というのは山の中でぶつぶつぶつぶつ自噴していて、硫黄とか様々なこういう鉱物資源をたくさん含んでいて、色も少し、いろんな色がありますけれども、赤いのがあったり白いのがあったり無色透明ももちろんありますけれども、いろんなそういう成分が入っていて、いかにもそれにつかると体が非常にリフレッシュされて関節痛とかいろんな病気にも効果がある、そういうものをイメージとしては期待、私なんかはしているんですけれども、若干それとは違うような温泉も今かなり出てきているんじゃないかというふうに思っております。

温泉の定義というのはいろいろと、この法案の中にもいろいろと盛り込まれておりますけれども、要は自噴しているものとそうじゃない動力によってくみ上げているものの比率というのを概要で、簡単で結構でございますので、今どういう状況なのか、教えていただきたいというふうに思っております。

○政府参考人（冨岡悟君）　都道府県の協力を得まして集計したデータによりますと、平成十八年三月末現在で全国で二万七千八百六十六本の源泉があります。そのうち自噴しているものが八千百十五本で二九%、動力によりくみ上げているものが一万九千七百五十一本で七一%となっております。

○富岡由紀夫君　続きまして、温泉法上の温泉の定義というのは、温度が二十五度以上又は様々な、いろんな鉱物資源というか物質をある一定の濃度以上含んでいる場合に温泉と言っていいよということなんですが、温度が二十五度以上というのは別としまして、特定の物質がある一定の濃度以上含まれていて、それで温泉だというふうに定義されているものの実態をちょっとお伺いしたいと思っております。

実質的に今全体で二万七千八百件ぐらいあるというお話ですけれども、そのうち物質を一定の濃度以上、温泉の定義にあります一定の濃度以上含んでいるものの数を教えていただきたいなと思います。いろんな鉱物資源ありますけれども、そのうち一つだけをクリアしているものとか二つとか三つとか、そういう分類でもし分かれば教えていただきたいというふうに思っております。
○政府参考人（冨岡悟君）　平成十六年に全国の温泉事業者を対象に環境省が実施いたしましたアンケート調査の結果によりますと、特定の成分が一定量未満で摂氏二十五度以上の温度の要件を満たす温泉の割合は三二%となっております。
そして、もう一つのお尋ねでございました、温泉の成分の基準を満たしている温泉のうち成分が一つじゃなくていろいろと、そういったことにつきましては、実は、含有する成分を満たす温泉のうちそれが幾つの基準を満たしているかとかそういったことにつきましては、誠に申し訳ございませんが、私どもその数の把握はいたしておりませんが、ただ、例えば温泉の表示でも分かりますが、ある一つの源泉の温泉成分の中で、例えば水素イオンと鉄と二酸化炭素など複数のもので複数の泉質を持っている温泉、こういったものもあることは御案内のとおりでございます。
○冨岡由紀夫君　幾つずつというのが分からないということであれば、その成分の定義を一定の基準、定義でうたわれている基準を満たしている温泉の数と比率、その全体の総数でももし分かれば教えていただきたいと思います。
○政府参考人（冨岡悟君）　分類ごとで申し上げますと、先ほど単純温泉ということで温度の要件を満たしているものが三二%と申し上げましたが、一般的に硫黄温泉と分類されるものが約一五%、それから塩類泉と言われるものが四八%、全体としてこのような成分の分布になっております。
○冨岡由紀夫君　今の硫黄温泉、塩類温泉というのは、それぞれ温泉の基準の、何というんですか、温泉の定義にある含有量の基準を満たしている数字ということですか。

○政府参考人（冨岡悟君）　そのとおりでございまして、温泉の成分の基準のうち硫黄の基準を満たしているものというのが一五％ということでございまして、その他の塩類の基準を満たしているものが四八％ということでございます。

○富岡由紀夫君　今回の改正で、その表示がしっかりとされるようにということでうたわれているわけですけれども、ちょっと幾つかサンプリングでそれぞれの温泉の地域の成分表示の内容を見させていただいたんですが、実は、個別に名前を申し上げるとあれなんで申し上げませんけれども、かなり有名な名の知れた温泉でも、実は成分表示はしているけれども、その温泉の定義の、温度はもちろん満たしている部分がありますけれども、鉱物資源というか物質が温泉の定義で示されている基準を満たしていない温泉というのがかなりございます。ですから、濃度が一定の基準に満たないところをこれ表示しているわけでございますけれども、それというのは、ちょっと利用者に対しては誤解を招くことにつながるんじゃないかなと私は思っているんですね。

その表示された物質が、濃度が、温泉の定義である基準を一定の濃度を超えているものは超えているとか、それは超えていないんだということが分かるようにしないと、何というんですか、表示する意味が私はないんじゃないかというふうに思うんですが、その点、大臣、もしこの考え方について何か御意見あればちょっとお伺いしたいんですが。

○国務大臣（若林正俊君）　この温泉成分というのは、委員御承知のとおりでございます、非常に細かく決められているんですね。硫黄などの七成分以外のものもそれぞれ、それがラドンだとかラジウムだとか、そういう言わば単純泉に分類されるような中でも、微量ではありますけれども、それが自分に効くと思っている人もおられるんですね。ラジウム温泉とかがあります。それは、いわゆるこの七成分の中に入っていない、温度が二十五度以上でラジウムとかそういうような物質が入っているものは単純泉に分類されています。でも、温泉場に行きますと、そのラジウムだとかラドンだとかというのは書いているのもあるんですね。

やはり私は、温泉というものについては、リピーターが、すぐ即効性のあるものじゃありませんから、いろんな要素でそこが自分に合っている、自分がいいと思うような人がリピート、リピートしていくという中で、言わば、即効性ではありませんけれども、健康にもいいというふうに思っていただく。そういう意味では、やはり情報をきちっと提供していくという意味で、細かい微量な成分であっても分析した結果で出てきた成分は細かいものもできるだけお示しをして、やっぱり選択はユーザーが選択していくと。それも一度行って、ああこれだから効いたというようなお薬のようなものと違いますから、そういうものかなと思いながら、自分に合っているというような認識を持っていただく、風評が広がっていく、そんな中で温泉というのはなじみ親しまれて利用されていくのが普通一般的でありますし、またそのこと自身は健全な温泉の利用方法じゃないかなと、私はそんな認識でおりますので、役所が決めた定義上のこの分類水準を超えている、超えていないといったようなことを、これ決める、それは一義的に決まっているわけですが、それをそのように分類表示をさせろということはいかがなものかなというふうに私は考えております。

○富岡由紀夫君　もちろん、ユーザーが何回も行く機会があって、これはいいからもう一回行ってみようということで何回も足を運べるようなところばかりならいいんですけれども、一回きりしか行けないような、何というんですか、遠いところとか、そんなにめったに行けないような温泉もありまして、そんな何回も何回も自分が入ってみて試してみて結果として良かったかどうかというのが分かるところはいいんですけれども、そうじゃないところもかなり一杯あると思うんで、そういうようなときはやっぱりいろいろなそういう情報を基に行かれる方もいるのかなと私は思っているんですけれども。

ただ、その情報の、表示をしろと言っておいて、ただ、何というんですか、濃度がわずかでも含んでいればその表示にされますけれども、それを出して、この温泉はちゃんと微量ですけれども含んでいますよということをやって、それが本当に効くのか効かないのかというのが分かる利用者というのはほとんどいないんじゃないかと私は思うんですね。

ですから、そういう指標を示す意味で、そういう、何というんですか、基準値と、それを満たしているかどうかという対比表ぐらい、出している温泉もあるんですよね、そういうのを出しているところもありますけれども、そうじゃなくて、一杯ちゃんと表示はされているけれども、これはほとんど微量で温泉の基準を満たしていないというのを堂々と掲げている。それを出されると、利用者は、ああこれはすごいんだなというふうに誤解しちゃうという、そういう私はちょっと心配があるものですから今申し上げた次第でございます。

あと、成分表示の更新が今度十年ごとに義務付けられたということでございますけれども、この十年というのは妥当なのかどうなのかというところはちょっとお伺いしたいと思います。具体的に、十年以内に成分が変化した温泉というのは過去何件ぐらいおありになったのか、教えていただきたいと思います。
○政府参考人（冨岡悟君）　御案内のように、法律的にはこれまで測り直しといった規定がございませんものでしたので、十年以内に成分が変化したとかそういったことについてのデータの件数の把握は私どもしておりません。
ただ、新聞報道等で、枯渇して温泉が出なくなったとか、それから成分が変化して温泉じゃなくなったといったそのような報道がなされているケースもございますし、研究報告におきましても、温泉法上の温泉に該当しなくなったような成分の変化があったと、そういうふうな変化し得るものであるという研究報告、こういったものはございます。

○富岡由紀夫君　具体的にそういう過去の統計というかそういうのを取らないで十年というのは、何か思い付きで十年にしたような今の答弁だと受け止められるんですけれども、先ほどの山根先生の質問もそうでしたけど、相続のときの承継するときも、実態の状況が把握できていないところで今回そういう法改正が行われたというようなことをちょっと考えると、実態をまず押さえて、問題点がどうなのかと、そういう具体的な統計というか、そういうものをまず押さえた上で、それでそれに基づいて、じゃ今回は十年にしようとか、そういうお話ならいいんですけれども、今のお話だと、調べてなくて十年にしたというのはちょっと、何というんですか、思い付きで十年に取りあえず区切ったような感じがするんですけれども、その点、大臣、いかがでしょうか。

○国務大臣（若林正俊君）　決して思い付きで十年と、こう目の子でやったつもりはないはずでありまして、審議会の専門の委員の先生方にもいろいろとお聞きをしながら、どこで区切るかということですね。

今、現実、この温泉の事業者側が表示をどんな状況で表示しているのかということを調べた十八年四月一日現在の資料によりますと、分析表を掲げて五年以内であるというのが四〇％ぐらい、五年ないし十年、分析を表示してから五年ないし十年というのが二二％でありますから、六二％が表示してからまだ十年をたっていないということでありますけれども、一方、十年から二十年の間、もう表示してから十年を超えているというのが二二％あり、二十年を超えているというのも一六％ある、十年を超えているのが三八％あるという現実がございます。

それぞれ温泉は一つ一つの特徴がありまして、先ほどもお話ありました自然に湧出しているところがだんだん減りまして、何らかの形でポンプでくみ上げているというのが増えてきているわけで、そういうふうになると、ポンプでくみ上げていくと温泉の質が変わってくる、あるいは温泉が、温泉量自身が少なくなってくると加水をするというようなことも出てきているわけですね。

ですから、そこはもう一つ一つでみんな違う、温泉によって対応が違っておりますから、どこで、ユーザーに対してどの時点で切っていったらいいかというのは一義的に決めにくいんですけれども、現実を見まして、十年はほっといていいということじゃなくて、温泉業者として、三年で分析をして表示する業者もいれば十年で表示するというのもありますでしょう。それは、やはり自分の温泉の評価を高めるためにどういう努力をしていくかということによって差が出てくるわけでございます。

一般論として言えば、温泉の成分というのは徐々に変化していくというもので、急激に変化するというのは、人為的に何か加えたりすることがない限りは急激に変化をしないという性質のものでありますから、そのようなことを考えますと、従来から実はおおむね十年ごとに分析表示をすることが適当だというような行政指導をしてきたという経緯と、現実が四割弱ぐらいは十年を超えてもその指導に従っていないというのがあるということも踏まえまして、まあ十年ごとに、まずは十年以内で分析表示をしてもらうというふうに決めるのが今の時点では妥当ではないかというふうに判断をしたものでございます。

○富岡由紀夫君　そういう理由は分かりましたけれども、是非統計を取ってくださいね。今後十年間やってみて、十年間で成分が変化した温泉がどれだけ出てきたのかと、客観的なやっぱり数値を押さえておく必要が私はあろうというふうに思いますので、やはりそういうことはやっていただきたいと思います。

要は、一般国民が、利用者がイメージしている温泉なのかどうか。それはだまし討ちというか、利用者の期待を裏切ることのないような表示の方法を是非取っていただきたいというふうに思っております。

大臣の、今、長野というお話ありましたけれども、私の群馬も非常に歴史的な有名な温泉が一杯ありまして、そこはやっぱりちゃんと振興対策というか、そういったものをはぐくんでいく対策が私必要だというふうに思っております。

こういったところが、いわゆる一般の国民がイメージしている本当の、本当のと言ってはちょっと語弊がありますけれども、イメージに近い温泉が非常に多いわけでございますけれども、そういった歴史的な温泉地に対するいろんな振興対策というか、今そういうんじゃない新しい日帰り温泉とかたくさん出てきましたけれども、それに対抗して、そういった歴史的な、いわゆる昔からある温泉地をちゃんとしっかり支えるための対策はやっぱり必要だというふうに私も思っているんですけれども、これについて大臣、御所見あればお伺いしたいというふうに思います。

○国務大臣（若林正俊君）　群馬では草津温泉などを始めとして有名な古来の温泉が多数あることは承知いたしております。ちょうど白根山を挟んでその裏側が長野県の志賀高原の一帯でございまして、ここも大変な温泉、昔からの温泉地になっております。

それらが非常に昔からユーザー、利用者が継続的に多数来るというのは、もちろんそれが体に効くという、そういうような評価というものが広がっているということもありますけれども、同時に、最近、自然との触れ合いとか、それから歴史、伝統、文化の町並みに一定の風情があるといったようなことなど、やはり地域の持っている特性というようなものに引かれて皆さんが集まってくるというようなことも私はあるように思うわけでございます。

そういう意味では、この温泉地の魅力を高めるというのは、それぞれの温泉地で工夫を凝らしていく必要があり、地域の伝統の文化、自然を大切にしていく、そしてその魅力を有効に活用していくというのはそれぞれの知恵だと思うんですね。その創意工夫だと私は思います。

そういうことで、その特徴のある取組を我々は全国に紹介をする、そして、併せてその温泉地周辺の、周辺施設の整備などを通じて支援していくということが温泉地の活性化につながっていくものというふうに考えておりまして、そういう意味では、温泉地域の温泉事業者と地域の自治体と温泉を維持してともに利益を得ているその事業者の団体、こういうような人たちと一緒になった町づくりを環境省としては総合的に支援をしていきたいと、このように考えております。

○……。

○富岡由紀夫君　……。

最後に、もう時間になりましたので、先ほどの温泉のところに戻りますけれども、排水規制がこれかなり、温泉の旅館業界とか実際に営んでいる人たちにとっては大きな問題になっているというところでございますけれども、いわゆるさっき言っていた歴史的な温泉地に負担を掛けるようなことがないように、いろんな施設を、排水規制をクリアするためにいろんな機械を購入したり、そういう資金的な負担のところがないように、是非十分考えていただきたいというふうに思いますので、それについてちょっとお考えだけお伺いして、私の質問は終わりたいと思います。大臣、もしお願いできたら。

○委員長（大石正光君）　時間が過ぎておりますので、大臣、申し訳ありませんが、簡単によろしくお願いしたいと思います。

○国務大臣（若林正俊君）　硼素、弗素に係る暫定排水基準につきましては、温泉を利用する旅館について、その処理の困難性などを考慮しまして、現在の基準をそのままで延長するという方針で臨んでおりまして、新たな負担を掛けないようにしたいと思います。

今後においても、一律排水基準の達成に向けた改善を、更に改善努力を促すとともに、業界が実施する処理技術開発などを支援していきたいと考えております。

○加藤修一君〔公明党〕　……。

温泉は我が国にとって貴重な自然資源であり、将来の世代に残すべき大切な資産であると考えているわけでありますけれども、今回の改正案では、この大切な温泉資源を保護するための、都道府県知事が掘削等の許可を行う際、条件を付けることを可能とすることが盛り込まれているわけでありますが、この温泉資源をめぐっては、昨年の八月、東京高裁において、これは群馬県の水上町における温泉掘削申請を不許可にした県の判断は誤りである旨の判決が出されたということがありました。

この裁判の中で、県が、いわゆる掘削がほかの温泉に影響を与える可能性が高いと、こういう調査報告書に対しまして、裁判所は、あくまでもその可能性を指摘しているにすぎないと、そういうことで県の主張を認めなかったわけでございますが、今後、全国の温泉地においてこうしたトラブルが生じることを懸念しているわけでありますけれども、温泉資源の保護の難しさということを改めて感じたわけであります。

そこで、環境省にお聞きするわけでありますけれども、環境省として、いわゆる温泉資源保護の観点から今回の法改正の中の条件をどのように想定しているか。さらに、科学的な根拠に基づく温泉資源保護対策を実施するために、いわゆる都道府県から掘削等の許可を行う際の技術的なガイドライン、指針を作成する予定と聞いているわけでありますけれども、どういった内容のガイドラインとなる見込みであるかどうか。両方通して今後とも抑止的な効果が期待できるか、あるいは、裁判になったとした場合に堪えられる内容とすることができるかどうか、その点についての御見解を示していただきたいと思います。

○政府参考人（冨岡悟君）　御質問の、今回の法改正によります条件の内容といたしましては、私ども、具体的な例といたしましては、例えば、新規掘削の許可につきましては、温泉井戸の大きさ、口径の上限、掘削深度の上限、下限、有害物質や可燃性ガスの噴出等の事故防止対策の実施、こういうものが考えられると思います。それから、ポンプ設置の許可につきましては、揚湯試験の実施、こういうことを条件とする。それから、公共の浴用、飲用への提供の許可に当たっての条件につきましては、有害ガスを含む温泉の場合には浴室に開口部を設け換気を促す、それから高濃度の成分を含む温泉を飲用する場合にはその希釈といったこと、こういったことが条件になり得るものと考えております。

それからもう一つの、ガイドラインについてでございますが、温泉資源保護のためのガイドラインの内容につきましては、今後、専門家から構成されます委員会を設けまして具体的に検討することとしておりますが、この検討項目といたしましては、新たな掘削を制限する温泉保護区域の設定や既存源泉からの距離規制、事前の影響調査と事後モニタリング等の具体的な手法を示すことを考えております。

この条件付与の規定の運用やガイドラインの策定に当たりましては、先ほど申し上げましたように、地質や地下水の専門家の意見の聴取、先進的な都道府県の対策の把握等に努めまして、都道府県が実効ある対策を実施するために役立つものとしたいと考えております。

なお、お尋ねの中に抑止的なものかどうかというお尋ねがございましたが、この点につきましては、客観的に科学的根拠を持ったものとして説明し得るものにしたいというふうに考えております。

それから、裁判に堪えられるようにという点につきましては、先生の御質問ありましたように、都道府県からも、この裁判の後、是非とも環境省に、国におきましてこういった客観的なものを示していただきたいという御要請がございました。そういう御要請を踏まえまして作るものでございますので、裁判といったもの直接というよりも、客観的に判断できるものというものを作りまして、結果としてそういった紛争の事例になった場合にも堪えられるものにしたいと考えております。

○加藤修一君　よろしくお願いしたいと思います。

それで、ただいまの答弁の中にありましたけれども、距離規制の関係でありますけれども、そういう既存の源泉からの距離規制を行う場合などでどういった調査が行われることが望ましいか、具体的な事例があれば、それを交えて説明をしていただきたいと思います。

○政府参考人（冨岡悟君）　既存源泉からの距離制限や保護区域の設定による温泉掘削の規制は、温泉の湧出量等に影響を及ぼす蓋然性が高いことを理由に行うものでございます。こうした影響の内容や程度は温泉地ごとに様々であると考えられますが、湧出量等への影響を把握するための調査を必要に応じて行うことは、説明責任の観点から非常に望ましいものと考えております。

具体的な調査の中身といたしましては、地質や地下水の実態調査、湧出量等への影響が生じた事例の把握、自然からの温泉の供給量に見合う利用の密度の分布、井戸の分布の密度でございますが、こういったものが考えられます。

実例に即して申し上げますと、例えば神奈川県におきましては、大深度の温泉については、自然から供給される温泉の量に見合う利用密度は半径約一キロメートルにつき源泉一つとの試算を行いまして、大深度掘削温泉につき一キロメートルの距離規制を行っております。どのような調査が効果的かにつきまして、今後、温泉資源保護に関するガイドライン策定作業を進める中で、専門家の意見を聴きながら具体的に検討してまいりたいと考えております。

○加藤修一君　よろしくお願いしたいと思います。

それでは次に、温泉と健康にかかわる関係でございますけれども、温泉は最近では専ら観光の面で着目されておりますが、我が国では古くから、湯治ですけれども、そういう形で病気やけがを治すために温泉が利用されてきておりまして、今や高齢化社会を迎えているわけでありますので、正にそういった意味では温泉療法を普及することが必要であるというふうに私は特に考えてございます。

先ほどもこの関係の質問があったわけでありますけれども、環境省では温泉療法に適していると考えられている病気、病態、すなわち適応症に関する調査研究をしているというふうに聞いているわけですけれども、その内容は大体どのようなものであり、かつまたその成果をどのように活用する予定であるか、あるいはこういった観点につきましては、私は、厚生労働省あるいは総務省などの関係省庁とやはり連携して総合的な取組が必要でないかと、そんなふうに考えているわけでありますけれども、御答弁をよろしくお願いいたします。

○政府参考人（冨岡悟君）　環境省におきましては、現在、温泉の禁忌症、適応症及び利用上の注意事項に関する最新の医学的知見を収集するために、日本温泉気候物理医学会に対しまして、温泉と医療に関する研究論文等の文献調査を実施しているところでございます。

調査の結果を踏まえまして、禁忌症や適応症の表示の在り方について必要に応じ見直しを行い、利用者に対しましてより適切な情報提供が進められるよう努めてまいりたいと考えて、現在その研究を継続しているところであります。また、今後、厚生労働省などの関係省庁の協力も得ながら、健康増進のために温泉を活用したいという利用者のニーズに対応した施策をどのように進めていったらいいかを検討してまいりたいと考えております。
○加藤修一君　連携の関係については特によろしくお願いしたいと思います。
次に、厚生労働省にお尋ねいたしますけれども、厚生労働省が推進しております健康増進施設認定制度、それには運動型の健康増進施設のほかに三十か所のいわゆる温泉利用型と二十か所の温泉利用プログラム型の健康増進施設が認定されているわけでありますけれども、その検証結果等、いわゆる健康増進にどのように貢献しているか、そういった面についての御報告をいただきたいということでございます。

物理的な療法と組み合わせた形でなった場合に初めて効果的ということなんでしょうけれども、その御報告と、また、その検証結果が前提になるということに当然なるわけでありますけれども、こういった事業についてはより一層推進していくべきであろうと。今後の取組についてもお尋ねをしたいと思います。
○政府参考人（宮坂亘君）　まず、私の方から温泉と健康増進の研究についての状況を申し述べたいと思いますが、まず、厚生労働省といたしましては、健康づくりに活用できる場としての温泉と健康づくりについての研究を現在行っているところでございます。
具体的には、厚生労働科学研究費補助金におきまして、平成十八年度からでございますが、温泉利用と、今委員おっしゃられましたように、生活、運動、食事指導、これらを組み合わせた職種別の健康支援プログラムの有効性に関する研究を実施しているところでございます。この研究、具体的には、研究参加者を介入群と非介入群に分けまして、介入群に対しては温泉入浴それから運動の指導それから食事の指導、これを行います。また、非介入群に対しましては温泉入浴以外の介入を行いまして、それぞれ一定期間後の身体測定、血液検査、体力測定等を行いまして、両群の介入効果を検証するというものでございます。

今後とも、このような研究等を温泉を利用した健康づくりの取組に活用してまいりたいと考えております。

以上であります。

○加藤修一君　温泉の成分は温泉地ごとに様々でありますけれども、今答弁がありましたように、そういう検証をやっていただいているわけではありますけれども、温泉療法の科学的な根拠、エビデンスでありますけれども、そういったものもなかなか明確に出すというのは難しい部分も決してなくはないわけでありますけれども、しかし、実際に今、認定された施設の利用において温泉医療費が所得税医療費控除対象になっているわけでありまして、そういった意味では、その辺の検証というのが十分行われている部分についてもあると、そういうふうに考えております。

いずれにいたしましても、今の答弁にありましたように、更に予防的な観点含めて懸命に温泉療法に関する研究を進めていただきたいということと、将来は、これはドイツで実際やっている話でありますけれども、健康保険の適用まで視野に入れて考えるべきではないかというふうに思っているわけでありますけれども、この辺についての見解をよろしくお願いいいたします。

○政府参考人（白石順一君）　お尋ねありましたように、特定の技術、健康づくりという観点ではなく治療という観点から、医療技術が公的な健康保険の対象になるかどうかということは、今先生から御指摘がありましたように、有効性、科学的な観点からのいろんなチェック、普及性、技術的成熟度等々を勘案するわけでございまして、そういう科学的根拠に基づいて有効性等が確立されたということを判断した場合には、医療保険上の取扱いということが検討されると、こういうことになると思います。

○加藤修一君　それでは次に、情報提供の推進ということで環境大臣政務官にお尋ねしたいと思います。

今回の法改正では、定期的な成分分析、そういったこととか、その結果の提示ですね、掲示、それを義務付けることとしているわけでありますけれども、これは当然のごとく、信頼できる情報を求める温泉利用者の要請に応じるためでも当然あるわけでありますし、さらには、温泉成分の変化を把握し温泉資源保護の基礎データとして役立たせるためにも非常に意義のあるところだと考えております。

現在の温泉に関する情報というのは、インターネットや旅行雑誌など、あるいは温泉宿に関する情報がそういったところで情報として提供されているわけでありますけれども、温泉の成り立ちや多様な温質などの科学的な情報、それから、先ほど申し上げましたように、温泉の適応症や禁忌症に関する情報など、まだまだこれ伝えていくべき情報がたくさんあるというふうに考えているわけであります。そういった意味では、温泉という商品に関する情報提供の充実、これに向けて環境省は今後どのように取り組んでいくかということは極めて重要であると思っておりまして。

ただ、その情報提供の充実の中身でありますけれども、伝えるべき情報と伝えてはいけない情報といいますか、要するに誤解が生じるような情報は当然伝えてはいけないわけでありまして、例えばの話でありますけれども、これは考え過ぎかもしれませんが、美肌効果は抜群とか、それは因果関係をどういうふうに考えていいのかちょっと分かりませんが、染み、そばかす、美肌に効果がある温泉地とか、あるいは子宝の湯とか、そういうことが言われているところも決してないわけではないんでありまして、大体そういったことについてはごく普通の日本人は、ある幅があってのそういう表現だなというふうにとらえていると思っておりまして、私もそういうたぐいでありますけれども。

ただ、観光がどんどん国際化していく中にありまして、温泉地も当然観光客が訪れるようになってくる。そして、そういう説明をいかに翻訳するかによっては誤解を生じかねないということにもつながってくる。それが、これは杞憂でありますけれども、場合によっては、訴訟までいかなくても何だかんだという話になりかねないという、これは心配し過ぎかもしれませんが、そういうこともありますので、そういった面における情報についてはやはり整理すべきではないかと。整理というのは、と言われているとか、そういう伝説だとか、何かそういう表現でもう少し明確にすべきではないかと、そういうふうに考えておりますが、この点も含めてよろしくお願いしたいと思います。

○大臣政務官（北川知克君）　加藤委員の方から非常に難しい質問でございまして、今表記の面で、美人の美しくなる湯とか子宝に恵まれるとか、観光地、温泉地へ行くとそういう看板が目に付くところもありますけれども、これはやはり地方における、その地域における伝説とか言い伝え、そういうものもありますし、実際に温泉に入って体が温まる中で身体が活性化をしていく、そして周りの景色等々、様々な観点の中で精神、心身がリフレッシュして、きれいになったかな、肌が美しくなったかなと、こういう感じを抱くのもあるかもしれませんし、実際、アルカリ泉においては肌がすべすべすると、こういう効能もあるものでありますから、肌に関してはいい効果というのもあるんでありましょうが。

いずれにいたしましても、先ほど大臣の方からの答弁もありました、この温泉というのは即効性のあるものでもありませんし、そういう点も踏んまえながら、特に今は温泉に対するニーズも多様化をいたしておりますし、先ほど来からの質問でもありました古来からの温泉と違う大深度掘削温泉等々、様々なこういう温泉も出てきておりますので、そういう情報の提供に関しましては、今後、自治体又は温泉事業者の方々や、そして海外へのアピールということになれば、これは旅行業者、そして今ビジット・ジャパンということもあります、観光立国としてやっぱり国土交通省等とも連携をしていかなければなりませんし、海外の方々に誤解を招かないような表記ということが今後求められていくと思っておりますので、いずれにいたしましても、今後、利用者の立場に立った様々な情報の提供を積極的に進めていきたいと考えております。

○加藤修一君　温泉は、ある意味では日本のアイデンティティーというふうに言っていいんじゃないかと思われます。そういった意味では、よく言われるようなホットスプリングではない、温泉は温泉であると。最近は英文字でＯＮＳＥＮということで世界語にしようという動きもあるように聞いておりまして、温泉文化を日本ブランドとして世界に発信していこうと、そういうふうに力強い動きもあるようでありまして、そういった日本の温泉文化という中で幅広で先ほどの美人云々の話があるんで、日本の温泉文化とはそういうものであるということをしっかりと認識させるということが私は非常に大事だと思っておりますので、どうかよろしくお願いを申し上げる次第です。

次に、温泉地の活性化ということになりますけれども、温泉地は利用施設の規模や豪華さよりも、先ほど今大臣政務官から話がありましたように、温泉そのもの、個性ある温泉地の風情や歴史、文化などが重視される時代に入っておりまして、かつてのように大型化を目指した温泉地や温泉旅館の多くは、今日極めて厳しい競争に余儀なくされている。そういった意味では非常に経営的には不安定な状態に入っているわけでありますけれども、そうした温泉地を魅力あるものにしていかなければいけない。地域の再生、活性化を図ることには、これは政府全体の方針でも当然あるわけでありまして、現在、社団法人でありますけれども民間活力開発機構において健康づくり大学ネットワーク支援事業という地域活性化事業を推進しておりまして、この中にも温泉地の活性化という点についてアプローチしている案件もあるわけであります。

一方、総務省が中心になり推進しております頑張る地方応援プログラム、これによりますいわゆる地方交付税等の財政支援はこういった温泉地の活性化にも十分適用していくべきではないかと思うわけでありますけれども、適用できるかどうか、そういった面についての御説明をお願いしたいと思います。

○政府参考人（久保信保君）　お尋ねの頑張る地方応援プログラムでございますけれども、これは独自のプロジェクトを自ら考え前向きに取り組む地方公共団体に対して御指摘のように地方交付税などによって支援をしていこうと、こういうものでございます。

御指摘の温泉地の活性化への取組につきましてもこの応援プログラムの支援対象になり得るものと考えておりまして、一市町村当たり三千万円を限度といたしまして取組経費に対し特別交付税措置が講じられるということになっております。この場合、当該プロジェクトに対しまして私どもがその内容について査定をするとか、いいとか悪いとか、そういったことを一切することは考えておりません。

ただ、例えば入り込み観光客が何年後に倍になりますとか、そういったような具体の成果目標を掲げていただきたいというふうに申し上げております。また同時に、当該プロジェクト、これを住民に公表していただきたいと、こういうふうに考えております。

○加藤修一君　非常にいい施策でございますので、更に積極的な対応をよろしくお願いしたいと思います。

それでは次に、同じように温泉地の活性化の関係でございますが、環境大臣にお聞きしたいと思います。

今回の温泉法でありますけれども、その温泉法の二十五条ということに当然なってくるわけでありますけれども、健全な温泉地を育成するため、全国に九十一か所の国民保養温泉地を指定しているわけでありますけれども、この国民保養温泉地を対象にいたしました共同浴場や遊歩道等の施設整備に対する環境省の補助金でございますが、これ平成十六年で終わってしまったわけですね。

お金がなくなったということなのかどうかよく分かりませんが、これは今申し上げましたように、温泉法の二十五条に基づく指定地域であるわけでありまして、何らかの支援の手が差し伸べられていないことについては非常に私は残念に考えておりまして、やはりこの指定地域の内容について検討してまいりますと非常に重要な内容を持っておりまして、あるいはさらに、予防医学的な見地から温泉を活用した国民の健康増進を進めていくということで、さらに、地域再生、地域の活性化に向けて是非ともこの国民保養温泉地への支援というのはやはり復活させるべきではないかなと、こんなふうに考えておりまして。

これさらに、この九十一の指定の中にさらに国民保健温泉地二十一か所とか、さらに、ふれあい・やすらぎ温泉地がその九十一か所の中の二十五か所というふうに細かくこれ立て分けて指定しているわけなんですね。それなりの根拠があってそれなりの対応をしてきているわけなんですけれども、やはり私は復活して更なる積極的な対応を進めていかなければいけないんではないかなと、このように考えているわけでありますけれども、大臣の御所見をいただきたいと思います。

○国務大臣（若林正俊君）　大変御理解のある御意見を含めた御質問でございました。魅力のある温泉地づくりを進めるということのために温泉事業者のみならず地域住民、行政が一体になって、地域ぐるみでそれぞれの温泉地の魅力を高めるための創意工夫が大事だというのは度々申し上げてきているところでございます。

御指摘ございました国民保養温泉地が、その区分を設けながらこれを国民保養のために進めているわけでございまして、そういう意味で、効果を高めるために、お話ございましたように、施設整備にかかわる国の補助事業をやっていたわけでございますが、平成十六年に三位一体改革、地方にいろいろな地方での独自性を発揮していただくための、地方分権を推進するという視点に立った政府全体としての三位一体改革に伴いましてこの施設整備の補助金が廃止をされたわけでございます。

残念ではありますけれども、そういう時の流れでございますので、このことはやむを得ないと、こう受け止めながら、しかし、こういう創意工夫の努力をしていく地方自治体に対する支援の在り方ということにつきましては、やっぱり改めて、国民保養温泉地の位置付け、制度の在り方といったようなことを、視点を変えて、国としてこれを今後どのように支援していくかということは、新しい観点から検討をしていかなきゃならないのではないかなと考えております。

なお、御承知のように、国立公園とか国定公園という制度がございます。この国民保養温泉地の中には国立公園、国定公園の中にある温泉地も相当数あるわけでございます。九十一か所の国民保養温泉地の中のうち二十六か所がこういう国立公園、国定公園の中にございます。こういう中に位置している温泉地につきましては、公園整備の一環として、遊歩道でありますとかあるいは休憩所の設置でありますとか、そういう公園と一体としてこの温泉地を位置付けて整備をするというような仕組みは現在ございます。

そういう趣旨をどうやって生かしていくかということで、どのような支援ができるのかという観点で御指摘の点を踏まえて検討をしてまいりたいということでございます。

失礼しました。二十六か所と申しましたが、二十五か所でございました。

○加藤修一君　大臣の、地方の支援の在り方あるいは制度の在り方について検討していくという極めて積極的な答弁をいただきました。ありがとうございます。

それでは、硼素、弗素の排水基準の関係でございますが、これは一九八四年に、もう御存じのようにＷＨＯが勧告したことでございますが、諸外国の実態を調べてみますと、アメリカでは、一律の排出基準ではなく、個々の事業所ごとに達成可能な最適技術を採用しているかを審査し、対策を促すこととしている。あるいはＥＵでは、ＥＵ指令附属書、これ二〇〇六年の十一月でありますけれども、リスト二番目、リストツー、有害性が比較的低い物質というのがリストツーでありますけれども、そこに指定されておりまして、排出基準は設定されていない、加盟国の検討にゆだねられている。また、業種ごとに設定しているドイツにおいては硼素の排出基準はない。イギリスでは硼素、弗素に関する排出基準はないという、そういう実態のようであります。

このように、硼素、弗素の排出基準に関する各国の対応が、ＷＨＯの勧告はあるものの、あるいはそれに対してかちかちに従っているというような状況でもないように私は個人的に認識しているわけなんですけれども、そろそろこの現実的な対応、温泉由来の硼素、弗素についての話でありますけれども、現実的な対応について見直しを検討すべき時期に来ているんではないかなと。三年延ばして、三年延ばして、また三年延ばしてという話になっていく話になって、十年、次二十年、次という話になりかねないかもしれないんですね。

それぐらいこの機器の開発については、メッキ業界の関係の機器の開発と違って、ここは、メッキ業界の方もそれはそれなりに難しい話ですけれども、大量の温泉水を高スピードで安く処理をしなければいけないというのは、これは、それと同時に温泉も非常に様々な化学物質が含まれているわけでありますから、化学物質が含まれているものによっては機器の構成の在り方も当然変わってくる、それから浄化のプロセスも当然変わってくるということを考えてくると、様々な機器の開発が必要になってくるということも想定されるわけでありまして、そういった意味では極めてこれは難事中の難事だというふうに判断しかねない状況だと私は思っておりまして、そういった意味では現実的な対応を考えてそろそろ見直しを図るべきではないか。これは暫定的な延長とかそういうことではございません。よろしくお願いいたします。

○政府参考人〔環境大臣官房審議官〕（寺田達志君）　お答え申し上げます。

現実に水質汚濁防止法におきましては、様々な新しい規制項目が追加されるごとに、業界の実態を踏まえまして暫定排出基準というものを設定してまいりました。過去におきましても、暫定排出基準を三回、四回と延長していく中で、暫定排出基準の強化あるいは暫定排出基準の対象業種の削減が進みまして、最終的にすべての業種において一律排出基準の達成が図られているという状況にございます。

このように、ただいま御指摘の硼素、弗素、これと硝酸性窒素という三物質についての暫定基準延長の検討を今回しているわけでございますけれども、この三物質につきましても、当初の規制時には四十業種が暫定排出基準の対象でございましたけれども、三年後の十六年には二十六業種になり、そして今回、近々パブリックコメントを行って方針確定させたいと思っておりますけれども、さらに一律排出基準に移行する業種、あるいは一律排出基準に至らないまでも基準を強化できる業種もあるところでございまして、そうしたことから、今後とも一律排出基準の達成に向けて改善を促してまいりたいと考えております。

○加藤修一君　誤解のないように改めて確認しますけれども、私は温泉由来の関係について言っておりますので。ほかの業種についてはそれなりの規制が必要だと思っておりますので。

それで、この硼素、弗素の関係で、今まで技術開発を懸命に省庁としてもやってこられていると思いますけれども、環境省とそれから経済産業省に、この辺の現状と今後の取組についてお聞きしたいと思います。

○政府参考人（寺田達志君）　まず、環境省からお答えを申し上げます。

硼素、弗素に係る排水基準導入後、最初の三年間におきましてはなかなか技術の開発が進まなかったということで、環境省といたしましても、平成十七年度からは環境技術の普及を目的といたしました環境技術実証モデル事業の対象に硼素、弗素の処理技術を加えまして、民間で開発された技術の現場での性能試験を実施してきたところでございます。

その結果でございますけれども、残念ながら、実証試験の結果、必ずしも所期、予定いたしました除去性能に達しなかったという場合もございますし、なかなか省スペース化ができない、あるいは大量の汚泥等が発生するというような結果になり、今般、暫定排出基準の延長という方針で臨んでおるところでございます。

今後は、業界において実施されます技術開発に協力してまいるとともに、業界だけでは対応できない問題につきましても環境省としても支援を行っていくという方針でございます。

○政府参考人（伊藤元君）　続きまして、経済産業省よりお答え申し上げます。

製造過程で硼素、弗素の発生を伴う業種のうち、電気メッキ業を始めとする水質汚濁防止法に基づく暫定基準の適用業種につきましては、硼素、弗素を省スペース、低コストで除去する技術の開発、導入が特に重要であるというふうに認識をしております。こうした認識に基づきまして、経済産業省といたしましては、平成十六年度から平成十八年度まで硼素と弗素を同時に処理できる薬剤の技術開発を進めてまいりました。この結果、処理コストでは、硼素は従来の二十五分の一以下に、弗素は百五十分の一以下に、処理スペースにつきましては、硼素は従来の五分の一以下に、弗素は三十分の一以下に低減することが可能となる見込みでございます。今後、こうした新しい技術の中小企業者への導入、普及に努めてまいりたいと思っております。

さらに、本技術の導入、普及に加えまして、資金的に脆弱な中小零細事業者に対しましては、今後事業者の状況を十分に把握しながら、並行してやっておりますＪ金融税制措置の効果、あるいは事業所にどこまで自助努力を期待できるのか、あるいはさらに、技術開発を通じて一層のコスト削減がどこまで可能なのかという調査等通じまして、課題や問題点を踏まえながら必要な対応について引き続き検討してまいりたいと考えております。

○加藤修一君　環境省、よろしくお願いします。

それから、経済産業省には税制とか融資の支援措置だけじゃなくて、別の支援措置も当然三番目としてあるわけでありますから、そういった面についてもしっかりと対応していただきたいということを要求しておきます。

それから最後に、温泉法では自然にわき出たもの、あるいは掘削による温泉かにかかわりなく当然規制対象にしているわけなんですけれども、しかし、水質汚濁防止法では共同浴場で利用する温泉水と国有地から未利用のままで出てくる温泉水については適用外であります。同じように温泉を利用しているのにもかかわらず、温泉旅館は規制の対象になる、日帰り温泉施設であれば対象外であるというのは公平性に欠けるなというふうに非常に強い議論があります。こういった面についてはやはり私はそれなりの取組を考えていかなければいけないんではないかと、公平性をいかに担保するかということを考えるべきだと思いますけれども、この辺についての見解をお願いいたします。

○政府参考人（寺田達志君）　ただいま御指摘いただきました問題でございますけれども、これは水質汚濁防止法上の対象として、温泉ということではなくて旅館というものをとらまえていることから生じてきている事態でございます。おっしゃるような御意見が非常に多方面からいただいているということは承知をしておるところでございます。

ただ、日帰り温泉入浴施設につきましては、実際に硼素、弗素を多く含む火山地帯の温泉地にあるものから、最近増えておりますけれども、鉱物を恐らくほとんど含まないで大深度掘削をしている都心の温泉まで、その形態は極めて多様であると心得ております。要検討課題だとは思いますので、そうした実態について精査を行い、引き続き情報収集を行って検討を進めてまいりたいと考えております。

○加藤修一君　その辺については非常に重要ですので、よろしくお願いいたします。

以上で終わります。

○市田忠義君〔日本共産党〕　今回の法改正の成分検査十年義務付け問題についてお聞きしたいと思います。

先日、私、別府の市長さんや同業組合の皆さんと懇談する機会がありました。既に別府では去年から温泉カルテというのを始められて、それが、ちょっと遠くで見にくいかもしれませんが、こういうやつなんですけれども。実際見てきましたけれども、要するに、成分検査に加えて浴槽検査も行って掲示されているわけですけれども、この温泉カルテというのは別府独自の安心して入れる温泉への取組で、循環、加温、加水、お湯の感覚評価、これは五感で感じる湯の感覚を分かりやすくグラフで表示したものです。それから、浴槽内、源泉の温泉分析情報、それから温泉分析表で源泉と浴槽の両方を表示しておられます。

今度の法改正で十年に一度の成分検査の義務付けが行われるわけですけれども、別府温泉がやっているような温泉水の成分検査だけじゃなくて、更に浴槽検査まで拡大して温泉利用者への安心、安全に資するべきではないかと、これは山根委員も先ほどその種の質問をされました。先ほど冨岡さんは、利用人数によって異なるし費用も掛かるということもおっしゃいましたが、同時にサービスの向上にも役立つということも言われました。自主的努力に任せるんじゃなくて、浴槽検査まで拡大するというお考えは全くないんでしょうか、改めて簡潔に。

○政府参考人（冨岡悟君）　利用する温泉につきまして、できるだけ多くの正確な情報を知りたいというのは利用者の願いでございますし、そういった傾向は強まってくるものと思っております。そういうことで、御指摘の別府の温泉におきましても、利用者のそういったニーズにこたえる、それから信頼性を高める、そういった観点から独自のそういった取組が行われているものと思っております。

それで、御指摘の成分の分析について、浴槽での成分の分析もという御指摘でございますが、これまで成分分析につきましては法的には期限の義務付けがなくて、今回いろいろなことから判断しまして新たに導入するとしたわけでございますが、それに加えまして、浴槽での、源泉での、そういった源泉からの成分に加えまして、また浴槽でもということを義務的に課するということにつきましては、やはり広範な事業をされている皆様方の御理解も必要でございますし、またそういった検査をするという点につきましては、検査能力とかいろんな点もございます。

そういった点から考えまして、私どもとしては、現時点におきましては、現在の利用場所での成分分析、それに加えまして加水とか消毒、循環ろ過をしている、そういった場合にはその旨それを掲示することによって利用者の方々の理解を深めてもらうと、こういった対応が現時点におきましては妥当な対応ではないかと考えております。

○市田忠義君　湯布院にも行ってまいりました。組合に加盟している旅館は百軒程度なんですけれども、ただ一軒当たりの部屋数は平均十一室なんです。家族経営の旅館が多いわけですけれども、十年成分検査に掛かる費用が十万円程度なんですけれども、お聞きしますと御負担が大きくて五〇％の旅館はかなり厳しいということをおっしゃっていました。

それで、十年成分検査を義務付けるには、検査料に補助することや検査料のコストを低くするなどの支援措置を検討すべきじゃないかと思うんですけれども、その点についてのお考え、いかがでしょうか。
○政府参考人（冨岡悟君）　今回の十年ごとの分析、そしてその表示につきましては、その趣旨につきましては利用者の信頼にこたえるということでございまして、その意味では事業をなさっている温泉旅館の方がそれぞれの事業につきましてやっぱり安心して利用していただけるように、事業として信頼性を増すという観点からしていただくわけでございまして、その意味では御負担いただける性格のものであるし、またこの案を作る過程におきまして、審議会とかそういった過程におきまして、こういった温泉旅館の団体の皆様方、温泉の経営者の委員の方からも、どちらかといいますと信頼向上という観点から積極的な支持が得られたものと考えております。
○市田忠義君　信頼向上は大賛成ですし、十年に一度の成分検査も私も賛成なんです。ただ、実際、湯布院に行ったときにそういうことをおっしゃる方がかなりおられたので、そういうこともよく考えて対応していただきたいということを言いたかったんです。
　次に、大深度掘削問題についてお聞きします。

　大深度掘削が集中している東京都自然環境保全審議会でも、この大深度温泉の増加の問題点として幾つか挙げられています。地盤沈下の発生のおそれとか、あるいは温泉資源の枯渇、水質の低下のおそれ、隣接する温泉に影響が生じるおそれ等々が挙げられておるわけです。

　大深度掘削の源泉に必要な最小範囲というのはかなり広いわけですから、規制されるべき源泉間距離というのは通常の掘削より遠距離になるのは当然だというふうに思うんですけれども、そういう意味では大深度掘削と通常掘削とで同様の対策を講じることは無理があると思うんです。それで、掘削規制や影響調査、モニタリング、これはそれぞれに応じた、いわゆる大深度掘削と通常掘削とそれぞれに応じた措置をとるべきだと思うんですが、その辺の考え方は、環境省、いかがでしょうか。
○政府参考人（冨岡悟君）　大深度掘削につきましては、近年新しく許可されるものにつきましては大体半分ぐらいが大深度ということで、増えてきております。ただし、この大深度掘削によります影響、地下への影響とかそういうことにつきまして、必ずしも地質的また地下水という観点から解明されてない点が多々あるようでございまして、そういうことにつきましてこれから知見を蓄積して対応を考えなければならないというふうに考えておりますが、今後予定しておりますガイドラインにおきましては、専門家の方々の意見を踏まえまして、それぞれの温泉の性格とかその地域の実態に応じたガイドラインの適用、そういったものが必要じゃないかと考えております。
○市田忠義君　御丁寧な答弁で有り難いんですけど、質問数が多いので、もう少し早口でしゃべっていただけると有り難いと。
そもそも、掘削許可制度というのは大深度掘削想定してないわけですから、別途の規制が必要だということだけ指摘しておきたいと思います。

東京都の北区の温泉掘削現場のメタンガス火災では掘削深度が千五百メートルに達していたと言われています。メタンガスは大深度の温泉掘削やれば至るところで噴出する可能性があるわけですし、一昨年でしたか、宮崎県の西都市での温泉掘削火災も発生したと。こういう事態を踏まえて、掘削坑内のメタンガスの厳重監視の義務化など安全防災基準が必要だと思うんですが、この点はいかがでしょうか。
○政府参考人（冨岡悟君）　平成十七年二月に東京都北区で発生しました大深度掘削に伴います火災事故を受けまして、東京都は平成十七年五月に安全対策指導要綱を策定し、様々な対応を求めているところでございます。

環境省におきましては、東京都の取組も含めましてこういった安全対策の状況を調査しまして、先進的な取組の都道府県の内容等を全国に普及する、そしてその同様の対応を取ってもらうというふうな技術的な支援を行ったところでございます。
○市田忠義君　天然ガスに関する安全基準というのは都道府県にはほとんどないわけですから、事故防止対策のための安全基準がやっぱりどうしても必要だと。
そこで、大臣にこれはお聞きしたいんですけれども、現在、水溶性メタンガスを含む温泉開発ではメタンガスを大気放散で処理しているわけですけれども、このメタンガスの大気放散という方法はメタンガスの温室効果やオゾン層に対する影響など地球環境の保全という視点から、私は見直す必要があると思うんです。現に沖縄県の那覇市では、温泉水くみ上げによる水溶性メタンをガス灯だとかプールサイドのかがり火として燃焼して大気に放散していると。温室効果の高いメタンガスの大気中への放散を見直して、非温室効果に変える有効利用を積極的に促進すべきだと私は思うんですけれども、大臣、基本的な考え方をお伺いしたいと思います。
○国務大臣（若林正俊君）　今委員から具体的なお話ございましたので、そのような継続的にかなりの量の水溶性のメタンガスが継続的に発生していくと、それを何かとらえて他の熱源利用にするというような状況があるのかどうか、そういうことも踏まえまして、少し調べさせていただきたいと思います。
一般的には、一度にぽんと出てくると、これはいろんな事故の対策しなきゃならない。あとは、余りまとまって継続的に出てくるというような事例は承知していなかったものですから、今委員のおっしゃられたようなことを少し調べてみたいと思います。
○市田忠義君　次に、第三セクターの温泉事業についてお聞きしたいと思うんですけれども、ふるさと創生資金が全国に配られた一九八八年度以降、温泉掘削ブーム、火が付いたわけですけれども、ふるさと創生資金で三百二十七市町村が温泉事業を試みて、三セク温泉、二百以上の法人が設立されました。当時ちょうど掘削費用が一億円以内でやれたということもあったと思うんですけれども、それを、掘削費用がそれだけで済んでも、温泉施設の建設費用十億円とか二十億円掛かって、これが自治体負担になったわけですけれども。

これは総務省にお聞きしますが、第三セクター等の状況に関する調査結果、これは私、事前にチェックした資料を総務省にお渡ししましたが、第三セクターの温泉事業法人二百四十九社について、経常損益、債務超過、補助金の交付、それから廃止法人などの経営状況の事実関係、分かっている範囲で簡潔にお答えください。

○政府参考人〔総務省大臣官房審議官〕（榮畑潤君）　お答えいたします。

御指摘のございました第三セクター二百四十九社に関しまして、経常損益に関しましては、経常黒字法人数が百四十一法人でございまして、その経常黒字の計が約十二億円、また経常赤字法人数は百八法人で、その赤字が約十二億円でございます。それから債務超過法人数は二十五でございまして、債務超過額は約二十八億円でございます。また、地方公共団体からの補助金が交付されているところが三十九法人でございまして、その交付金額が七億円ということでございます。

それからさらに、平成十七年度に廃止された第三セクター、計十一ございますが、北海道羽幌町の羽幌観光開発、北海道遠別町の遠別町観光公社、北海道美幌町の美幌ふるさと振興公社、福島県の旧新鶴村の新鶴村振興公社等々、十一ございます。

○市田忠義君　今言われましたように、温泉事業を営む第三セクターの債務超過率一〇％、これは法人全体の超過率の二倍です。それから単年度赤字法人、これは百八法人ですから四三・四％、かなり高い率です。この理由は、過当競争で売上げが伸びないという中で、建設後十年以上を経て人件費がかさんだり施設の改修費用がかさんだと。その赤字を自治体が増資や補助金で補てんする、すなわち住民の負担になるわけですけれども、二〇〇五年度に温泉施設に投入された補助金、これは六億九千五百万円です。

三セクの温泉ブームというのは、二〇〇二年に九州の二つの三セク温泉施設でレジオネラ菌の感染が発生して、債務超過、解散に追い込まれたと。さらに、広域合併機会に三セク温泉整理する動きが大変目立って、施設を指定管理者に委託するケースが増えています。

今言われたように、廃止した法人が十一社に及んでいるわけです。そのうちの、例えば羽幌観光開発、これは北海道ですけれども、総事業費は三十億円です。それから美幌ふるさと振興公社、これも北海道ですが、十二億五千万。それから筑前おおしま、これは福岡県ですが、十二億円。それから東郷温泉ゆったり館、鹿児島県ですが、十一億七千六百万です。

私、大臣にお聞きしたいんですけれども、このふるさと創生資金による三セク温泉事業が相次いで失敗していると。解散した際の法人の負債、これは自治体がしょい込むことになるわけですし、また温泉資源の保護という観点から見ると大きな文化資源の損失にも私はなると思うんです。

そこで、こういう経営状況の厳しい三セクによる温泉事業については、温泉資源の保護という観点から、温泉の廃熱利用などを組み込んだ環境保全型の温泉地づくりなどでの支援を積極的に図るべきではないかと思うんですが、大臣の基本的な考えをお聞きしたいと思います。

○国務大臣（若林正俊君）　今お聞きしまして、相当第三セクターによります新たな、新しく生まれた温泉地、温泉業が苦況に陥っているという状況を知りましたが、しかし、環境省の方で助成をしながらこれを再建を図っていくと、今言いました新たな視点を加えてということでありますが、これ民業と第三セクターと、やるとすればやっぱり同じような、温熱利用を進めるんであれば、それは有効であれば民業にもやらなきゃいけないというような気がいたしますね。

第三セクターに肩入れをするということは民業圧迫にもつながることでもありますが、環境省の温泉行政、あるいは熱利用というような観点で環境省でこれを助成対象に加えるということは、私自身は今考えておりません。

○市田忠義君　時間が来ましたので終わりますが、地球の恵みである温泉資源について、いまだにその影響の解明が十分でない大深度掘削が非常に増えているわけですし、ずさんな計画で住民に負担を押し付けることになる温泉事業など、そういうことで貴重な文化資源が損失することがないように強く求めて、ちょうど時間になりましたので終わります。

第二次改正案についての質疑は終局し、討論がなされなかったので、直ちに採決に付され、前会一致をもって原案どおり可決すべきものと決定された。

つぎに、その後、福山哲郎委員は、自由民主党、民主党・新緑風会、公明党、日本共産党及び国民新党の各派並びに各派に属しない議員荒井広幸君の共同提案による附帯決議案を提出し、案文を朗読した。

温泉法の一部を改正する法律案に対する附帯決議（案）

政府は、本法の施行に当たり、次の事項について適切な措置を講ずべきである。

一、大深度掘削泉等新たな形態の温泉が近年広がりつつあるが、一般に国民に浸透している温泉概念とは異なっていることにかんがみ、諸外国の例も参考としつつ、温泉の定義の在り方について検討を行うこと。

二、温泉の成分・ゆう出量が短期間で急激に変化した例等が見られることにかんがみ、急激に変化したことが明らかな温泉に対しては、十年の期間内であっても温泉成分分析を行うことが望ましい旨を周知しその実施を指導すること。また、温泉成分分析を行う登録分析機関の分析能力の確保に努めること。

三、温泉に対する国民の信頼を確保するため、温泉成分等の情報提供に当たっては、効能等に関する掲示内容や掲示方法等について必要な見直しを行うこと。また、利用者の健康保護の観点から、温泉分析に当たっては、温泉のゆう出場所ではなく、利用者が実際に温泉を利用する場所での分析を検討すること。

四、近年、大深度掘削泉開発が多く行われていることにかんがみ、大深度掘削による温泉資源、地下水、周辺地盤等への影響について調査・研究を行うこと。また、未利用源泉についても、その実態の把握に努めるとともに、温泉資源への影響の程度等に関する調査を行うこと。

五、温泉利用施設からのほう素、ふっ素に係る排水規制については、暫定排水基準を再延長することとしているが、対象となる温泉利用事業者に零細事業者が多いことにかんがみ、低廉な除去技術の実用化に向けた取組を加速化させること。

六、温泉の掘削等の許可に関するガイドラインを作成するに当たっては、都道府県が地域特性をいかした対策を十分に行えるよう配慮するとともに、温泉が国民共有の資源であることにかんがみ、利用者、ＮＰＯ等の意見についても十分に留意すること。

七、利用者にとって魅力ある温泉地をつくり、はぐくむため、我が国を特徴づける文化資源である歴史的な温泉地については、地方自治体と協力して必要な振興策を講ずること。

右決議する。

投票の結果、附帯決議案は、全会一致をもって本委員会の決議とすることに決定された。

6　第一六六回国会参議院本会議（平成一九（二〇〇七）年四月一八日）

平成一九（二〇〇七）年四月一八日に開かれた参議院本会議において、環境委員会における第二次改正案の審議の経過と結果が大石正光環境委員長からつぎのとおり報告された。

温泉は、年間延べ一億人以上が利用し、国民の高い関心を集めていることから、入浴者に対する温泉の成分等についての情報提供の充実が求められております。また、我が国は豊富な温泉資源に恵まれておりますが、その資源には限りがあるため、持続可能な利用を進める必要があります。

本法律案〔第二次改正案〕は、このような状況を踏まえ、温泉の保護及び利用の適正化を図るため、定期的な温泉の成分分析とその結果の掲示、温泉の掘削等の許可への条件の付与等の措置を講じようとするものであります。

委員会におきましては、十年ごとの温泉成分分析を義務化する理由と、これにより期待される効果、温泉成分分析場所の見直しなど温泉に関する情報提供の充実強化、魅力ある温泉地づくりへの支援策等について質疑が行われましたが、その詳細は会議録によって御承知願います。

質疑を終了し、採決の結果、本法律案は全会一致をもって原案どおり可決すべきものと決定いたしました。

なお、本法律案に対し附帯決議が付されております。

続いて、第二次改正案は採決に付され、その結果、全会一致をもって可決された。

以上のとおり、温泉法第二次改正案は、原案のまま成立した。そして、同法は、平成一九（二〇〇七）年四月二五日に公布され、同法附則第一条の規定に基づいて制定された「温泉法の一部を改正する法律の施行期日を定める政令」(平成一九年七月二〇日政令二二七号)により、平成一九（二〇〇七）年一〇月二〇日に施行された。

第三章　温泉法第二次改正

第四章　温泉法第三次改正

温泉法は、「温泉法の一部を改正する法律」（平成一九年一一月三〇日法律第一二一号）により改正（第三次改正）された。この法律の原案である「温泉法の一部を改正する法律案」（以下、「温泉法第三次改正案」または「第三次改正案」と称することがある。）は、平成一九（二〇〇七）年一〇月一二日に閣議決定され、第一六八回臨時国会（平成一九〔二〇〇七〕年九月一〇日～同二〇〔二〇〇八〕一月一七日）に提出された（内閣提出四号）。そして、衆議院でも参議院でも原案のとおり可決され、公布された。この温泉法第三次改正案の内容および国会での主な審議は以下のとおりである。

一　第三次改正案の内容

温泉法第三次改正案の内容は以下のとおりである。

1　第三次改正案の提出理由

温泉法第三次改正案の提出理由はつぎのとおりである。

温泉の採取等に伴い発生する可燃性天然ガスによる災害を防止するため、温泉をゆう出させる目的で行う土地の掘削等に係る許可の基準の見直し、温泉の採取に係る許可制度の創設等の措置を講ずる必要がある。これが、この法律案を提出する理由である。

2　第三次改正案の要綱

温泉法第三次改正案の要綱はつぎのとおりである。

第一　目的の改正

法の目的に、温泉の採取等に伴い発生する可燃性天然ガスによる災害の防止を追加すること。（第一条関係）

第二　温泉のゆう出を目的とする土地の掘削等に伴い発生する可燃性天然ガスによる災害の防止

一　掘削の許可及び当該許可の取消しの基準として、掘削のための施設等が可燃性天然ガスによる災害の防止に関する基準に適合していることを追加すること。（第四条及び第九条関係）

二　掘削のための施設等について可燃性天然ガスによる災害の防止上重要な変更をしようとするときは、都道府県知事の許可を受けなければならないこととすること。（第七条の二関係）

三　都道府県知事は、掘削の工事を完了した者等に対し、当該完了等の日から二年間は、可燃性天然ガスによる災害の防止上必要な措置の実施を命ずることができることとすること。（第八条第三項関係）

四　都道府県知事は、緊急の必要があると認めるときは、掘削を行う者に対し、可燃性天然ガスによる災害の防止上必要な措置の実施等を命ずることができることとすること。（第九条の二関係）

第三　温泉の採取に伴い発生する可燃性天然ガスによる災害の防止

一　温泉源からの温泉の採取を業として行おうとする者は、都道府県知事の許可を受けなければならないこととし、当該許可及び当該許可の取消しの基準は、採取のための施設等が可燃性天然ガスによる災害の防止に関する基準に適合していることとすること。ただし、採取の場所における可燃性天然ガスの濃度が災害の防止のための措置を必要としないものとする基準を超えないことについて都道府県知事の確認を受けた場合には、許可を受けることを要しないこととすること。

（第十四条の二、第十四条の五及び第十四条の九関係）

二　温泉の採取の許可等を受けた者である法人又は個人について、合併、相続等の場合における地位の継承ができることとすること。

（第十四条の三、第十四条の四及び第十四条の六関係）

三　採取のための施設等について可燃性天然ガスによる災害の防止上重要な変更をしようとするときは、都道府県知事の許可を受けなければならないこととすること。

（第十四条の七関係）

四　都道府県知事は、採取の事業を廃止した者等に対し、当該廃止等の日から二年間は、可燃性天然ガスによる災害の防止上必要な措置の実施を命ずることができることとすること。

（第十四条の八関係）

五　都道府県知事は、緊急の必要があると認めるときは、採取を行う者に対し、可燃性天然ガスによる災害の防止上必要な措置の実施等を命ずることができることとすること。

（第十四条の十関係）

第四　その他

一　報告徴収及び立入検査の対象となる事項として、可燃性天然ガスの発生の状況等を追加すること。

（第三十四条及び第三十五条関係）

二　鉱山保安法との関係について定めること。

（第三十五条の二関係）

三　罰則に関し所要の規定の整備を行うこと。（第三十八条から第四十三条まで関係）

第五　附則

一　この法律の施行期日について定めること。（附則第一条関係）

二　所要の経過措置を定めること。（附則第二条から第七条まで関係）

三　政府は、この法律の施行後五年を経過した場合に、新法の施行の状況を勘案し、必要があると認めるときは、新法の規定について検討を加え、その結果に基づいて必要な措置を講ずるものとすること。（附則第八条関係）

3　第三次改正案

温泉法第三次改正案は、つぎのとおりである。

温泉法（昭和二十三年法律第百二十五号）の一部を次のように改正する。

目次中「第二章　温泉の保護（第三条-第十四条）」を

「第二章　温泉の保護等（第三条-第十四条）

第三章　温泉の採取に伴う災害の防止（第十四条の二-第十四条の十）」

に、「第三章」を「第四章」に、「第四章」を「第五章」に、「第五章」を「第六章」に、「第六章」を「第七章」に改める。

第一条中「その」を「、温泉の採取等に伴い発生する可燃性天然ガスによる災害を防止し、及び温泉の」に改め、「図り、」の下に「もつて」を加え、「もつて」を削る。

「第二章　温泉の保護」を「第二章　温泉の保護等」に改める。

第四条第一項中第五号を第六号とし、第四号を第五号とし、第三号を第四号とし、同項第二号中「前号」を「前二号」に改め、同号を同項第三号とし、同項第一号の次に次の一号を加える。

二　当該申請に係る掘削のための施設の位置、構造及び設備並びに当該掘削の方法が掘削に伴い発生する可燃性天然ガスによる災害の防止に関する環境省令で定める技術上の基準に適合しないものであると認めるとき。

第四条第三項中「保護」の下に「、可燃性天然ガスによる災害の防止」を加える。

第六条第二項中「第三号から第五号まで」を「第四号から第六号まで」に改める。

第七条第三項中「第三号及び第四号」を「第四号及び第五号」に改め、同条の次に次の一条を加える。

（掘削のための施設等の変更）

第七条の二　第三条第一項の許可を受けた者は、掘削のための施設の位置、構造若しくは設備又は掘削の方法について環境省令で定める可燃性天然ガスによる災害の防止上重要な変更をしようとするときは、環境省令で定めるところにより、都道府県知事に申請してその許可を受けなければならない。

2　第四条第一項（第二号に係る部分に限る。）、第二項及び第三項の規定は、前項の許可について準用する。この場合において、同条第三項中「温泉の保護、可燃性天然ガスによる災害の防止その他公益上」とあるのは、「可燃性天然ガスによる災害の防止上」と読み替えるものとする。

第八条の見出し中「届出」を「届出等」に改め、同条に次の一項を加える。

3　都道府県知事は、第三条第一項の許可を受けた者が当該許可に係る掘削の工事を完了し、若しくは廃止したとき、又は同項の許可を取り消したときは、当該完了し、若しくは廃止した者又は当該許可を取り消された者に対し、当該完了若しくは廃止又は取消しの日から二年間は、その者が掘削を行つたことにより生ずる可燃性天然ガスによる災害の防止上必要な措置を講ずべきことを命ずることができる。

第九条第一項第一号中「又は第二号」を「から第三号まで」に改め、同項第二号中「第四条第一項第三号又は第五号」を「第四条第一項第四号又は第六号」に改め、同項第四号中「第四条第三項」の下に「（第七条の二第二項において準用する場合を含む。）」を加え、同条第二項中「保護」の下に「、可燃性天然ガスによる災害の防止」を加え、同条の次に次の一条を加える。

（緊急措置命令等）

第九条の二　都道府県知事は、温泉をゆう出させる目的で行う土地の掘削に伴い発生する可燃性天然ガスによる災害の防止上緊急の必要があると認めるときは、当該掘削を行う者に対し、可燃性天然ガスによる災害の防止上必要な措置を講ずべきこと又は掘削を停止すべきことを命ずることができる。

第十一条の見出し中「許可」を「許可等」に改め、同条第二項中「又は動力の装置」を削り、「者について」の下に「、第九条の二の規定は温泉のゆう出路の増掘について」を加え、「及び第二号」を「から第三号まで」に改め、「第七条第一項」の下に「、第七条の二第一項」を、「第八条第一項」の下に「及び第三項」を加え、「前条中」を「第九条の二中「掘削を」とあるのは「増掘を」と、前条中」に改め、「若しくは動力の装置」及び「し、又は温泉のゆう出量を増加させるために動力を装置」を削り、同条に次の一項を加える。

3　第四条（第一項第二号に係る部分を除く。）、第五条、第九条及び前条の規定は第一項の動力の装置の許可について、第六条、第七条並びに第八条第一項及び第二項の規定は第一項の動力の装置の許可を受けた者について準用する。この場合において、第四条第一項第一号及び第三号、第五条第二項、第六条、第七条第一項、第八条第一項並びに第九条第一項第一号中「掘削」とあるのは「動力の装置」と、同号中「から第三号まで」とあるのは「又は第三号」と、前条中「掘削が行われた場合」とあるのは「動力の装置が行われた場合」と、「当該掘削」とあるのは「当該動力の装置」と、「温泉をゆう出させる目的で土地を掘削した者」とあるのは「温泉のゆう出量を増加させるために動力を装置した者」と読み替えるものとする。

第三十八条第一項中「第三条第一項又は第十一条第一項の規定に違反した」を「次の各号のいずれかに該当する」に改め、同項に次の各号を加える。

一　第三条第一項の規定に違反して、許可を受けないで土地を掘削した者

二　第九条の二(第十一条第二項において準用する場合を含む。)又は第十四条の十の規定による命令に違反した者

三　第十一条第一項の規定に違反して、許可を受けないで温泉のゆう出路を増掘し、又は動力を装置した者

四　第十四条の二第一項の規定に違反して、許可を受けないで温泉の採取を業として行った者

第三十九条第四号を同条第七号とし、同条第三号中「登録」を「、登録」に改め、同号を同条第六号とし、同条第二号中「違反した」を「違反して、許可を受けないで温泉を公共の浴用又は飲用に供した」に改め、同号を同条第五号とし、同号の前に次の二号を加える。

三　不正の手段により第十四条の五第一項の確認を受けた者

四　第十四条の七第一項の規定に違反して、許可を受けないで温泉の採取のための施設の位置、構造若しくは設

備又は採取の方法について重要な変更をした者

第三十九条第一号中「第九条第二項」を「第八条第三項（第十一条第二項において準用する場合を含む。）、第九条第二項」に改め、「第十一条第二項」の下に「又は第三項」を、「第十二条第一項」の下に「、第十四条の八第三項、第十四条の九第二項」を加え、同号を同条第二号とし、同号の前に次の一号を加える。

一　第七条の二第一項（第十一条第二項において準用する場合を含む。）の規定に違反して、許可を受けないで掘削若しくは増掘のための施設の位置、構造若しくは設備又は掘削若しくは増掘の方法について重要な変更をした者

第四十一条第一号中「第八条第一項」の下に「（第十一条第二項又は第三項において準用する場合を含む。）、第十四条の八第一項」を加える。

第四十三条第一号中「第二十一条第一項の」を「第十四条の六第二項又は第二十一条第一項の規定による」に、「怠つた」を「せず、又は虚偽の届出をした」に改める。

第六章を第七章とする。

第三十四条第一項中「実施状況」の下に「、可燃性天然ガスの発生の状況」を、「管理者に対し」の下に「、温泉の採取の実施状況」を加え、「、利用状況」を「又は利用状況、可燃性天然ガスの発生の状況」に改める。

第三十五条第一項中「、土地の掘削」の下に「若しくは温泉の採取」を、「利用状況」の下に「、可燃性天然ガスの発生の状況」を加え、同条の次に次の一条を加える。

（鉱山保安法との関係）

第三十五条の二　鉱山保安法（昭和二十四年法律第七十号）第二条第二項の鉱山（可燃性天然ガスの掘採が行わ

れるものに限る。次項において「天然ガス鉱山」という。）における温泉をゆう出させる目的で行う土地の掘削又は温泉のゆう出路の増掘についての第四条第一項第二号及び第十一条第二項の規定の適用については、同号中「当該申請に係る掘削のための施設の位置、構造及び設備並びに当該掘削の方法が掘削に伴い発生する可燃性天然ガスによる災害の防止に関する環境省令で定める技術上の基準に適合しないものである」とあるのは「鉱山保安法（昭和二十四年法律第七十号）第五条の規定に従つた鉱山における人に対する危害の防止のため必要な措置が講じられていない」と、同項中「第四条、」とあるのは「第三十五条の二第一項の規定により読み替えて適用する第四条並びに」と、「から第八条まで」とあるのは「、第七条並びに第八条第一項及び第二項」と、「同項」とあるのは「前項」と、「、第九条の二の規定は温泉のゆう出路の増掘について準用する」とあるのは「準用する」と、「第四条第一項第一号から第三号まで」とあるのは「第四条第一項第一号及び第三号」と、「第七条の二第一項、第八条第一項及び第三項」とあるのは「第八条第一項」と、「第九条の二中「掘削を」とあるのは「増掘を」と、前条」とあるのは「前条」とする。

2　天然ガス鉱山においては、第七条の二、第八条第三項及び第九条の二並びに第三章の規定は、適用しない。

第三十六条第一項中「第三章」を「第四章」に、「前条第一項」を「第三十五条第一項」に改める。

第五章を第六章とする。

第三十二条中「第十一条第二項」の下に「又は第三項」を加える。

第三十三条第一項中「第十一条第二項」の下に「又は第三項」を、「第十二条第一項」の下に「、第十四条の九第二項」を加え、同条第二項中「第十一条第二項」の下に「又は第三項」を、「第十二条第一項」の下に「、第十四条の九」を加える。

第四章を第五章とする。

第十五条第四項中「保護」の下に「、可燃性天然ガスによる災害の防止」を加える。

第三章を第四章とし、第二章の次に次の一章を加える。

第三章　温泉の採取に伴う災害の防止

（温泉の採取の許可）

第十四条の二　温泉源からの温泉の採取を業として行おうとする者は、温泉の採取の場所ごとに、環境省令で定めるところにより、都道府県知事に申請してその許可を受けなければならない。ただし、第十四条の五第一項の確認を受けた者が当該確認に係る温泉の採取の場所において採取する場合は、この限りでない。

2　都道府県知事は、前項の許可の申請があつたときは、当該申請が次の各号のいずれかに該当する場合を除き、同項の許可をしなければならない。

一　当該申請に係る温泉の採取のための施設の位置、構造及び設備並びに当該採取の方法が採取に伴い発生する可燃性天然ガスによる災害の防止に関する環境省令で定める技術上の基準に適合しないものであると認めるとき。

二　申請者がこの法律の規定により罰金以上の刑に処せられ、その執行を終わり、又はその執行を受けることがなくなつた日から二年を経過しない者であるとき。

三　申請者が第十四条の九第一項（第三号及び第四号に係る部分に限る。）の規定により前項の許可を取り消され、その取消しの日から二年を経過しない者であるとき。

四　申請者が法人である場合において、その役員が前二号のいずれかに該当する者であるとき。

3　第四条第二項及び第三項の規定は、第一項の許可について準用する。この場合において、同条第三項中「温泉の保護、可燃性天然ガスによる災害の防止その他公益上」とあるのは、「可燃性天然ガスによる災害の防止上」と読み替えるものとする。

（温泉の採取の許可を受けた者である法人の合併及び分割）

第十四条の三　前条第一項の許可を受けた者である法人の合併の場合（同項の許可を受けた者である法人と同項の許可を受けた者でない法人が合併する場合において、同項の許可を受けた者である法人が存続する場合を除く。）又は分割の場合（当該許可に係る温泉の採取の事業の全部を承継させる場合に限る。）において当該合併又は分割について都道府県知事の承認を受けたときは、合併後存続する法人若しくは合併により設立された法人又は分割により当該事業の全部を承継した法人は、同項の許可を受けた者の地位を承継する。

2　第四条第二項及び前条第二項（第二号から第四号までに係る部分に限る。）の規定は、前項の承認について準用する。この場合において、同条第二項中「申請者」とあるのは、「合併後存続する法人若しくは合併により設立される法人又は分割により当該許可に係る温泉の採取の事業の全部を承継する法人」と読み替えるものとする。

（温泉の採取の許可を受けた者の相続）

第十四条の四　第十四条の二第一項の許可を受けた者が死亡した場合において、相続人（相続人が二人以上ある場合において、その全員の同意により当該許可に係る温泉の採取の事業を承継すべき相続人を選定したときは、その者。以下この条において同じ。）が当該許可に係る温泉の採取を業として引き続き行おうとするときは、その相続人は、被相続人の死亡後六十日以内に都道府県知事に申請して、その承認を受けなければならない。

2　相続人が前項の承認の申請をした場合においては、被相続人の死亡の日からその承認を受ける日又は承認をしない旨の通知を受ける日までは、被相続人に対してした第十四条の二第一項の許可は、その相続人に対してしたものとみなす。

3　第四条第二項及び第十四条の二第二項（第二号及び第三号に係る部分に限る。）の規定は、第一項の承認について準用する。

4　第一項の承認を受けた相続人は、被相続人に係る第十四条の二第一項の許可を受けた者の地位を承継する。

（可燃性天然ガスの濃度についての確認）

第十四条の五　温泉源からの温泉の採取を業として行おうとする者は、温泉の採取の場所における可燃性天然ガスの濃度が可燃性天然ガスによる災害の防止のための措置を必要としないものとして環境省令で定める基準を超えないことについて、環境省令で定めるところにより、都道府県知事の確認を受けることができる。

2　第四条第二項の規定は、前項の確認について準用する。

3　都道府県知事は、次に掲げる場合には、第一項の確認を取り消さなければならない。

一　第一項の確認を受けた者が不正の手段によりその確認を受けたとき。

二　第一項の確認に係る温泉の採取の場所における可燃性天然ガスの濃度が同項の環境省令で定める基準を超えるに至つたと認めるとき。

（確認を受けた者の地位の承継）

第十四条の六　前条第一項の確認を受けた者が当該確認に係る温泉の採取の事業の全部を譲渡し、又は同項の確認を受けた者について相続、合併（同項の確認を受けた者である法人と同項の確認を受けた者でない法人の合併であつて、同項の確認を受けた者である法人が存続するものを除く。）若しくは分割（当該確認に係る温泉の採取の事業の全部を承継させるものに限る。）があつたときは、当該事業の全部を譲り受けた者又は相続人（相続人が二人以上ある場合において、その全員の同意により当該確認に係る温泉の採取の事業を承継すべき相続人を選定したときは、その者）、合併後存続する法人若しくは合併により設立された法人若しくは分割により当該事業の全部を承継した法人は、同項の確認を受けた者の地位を承継する。

2　前項の規定により前条第一項の確認を受けた者の地位を承継した者は、遅滞なく、その事実を証する書面を添えて、その旨を都道府県知事に届け出なければならない。

（温泉の採取のための施設等の変更）

第十四条の七　第十四条の二第一項の許可を受けた者は、温泉の採取のための施設の位置、構造若しくは設備又は採取の方法について環境省令で定める可燃性天然ガスによる災害の防止上重要な変更をしようとするときは、環境省令で定めるところにより、都道府県知事に申請してその許可を受けなければならない。

2　第十四条の二第二項（第一号に係る部分に限る。）並びに同条第三項において準用する第四条第二項及び第三項の規定は、前項の許可について準用する。

（温泉の採取の事業の廃止の届出等）

第十四条の八　第十四条の二第一項の許可又は第十四条の五第一項の確認を受けた者は、当該許可又は確認に係る温泉の採取の事業を廃止したときは、遅滞なく、環境省令で定めるところにより、その旨を都道府県知事に届け出なければならない。

2　前項の規定による届出があつたときは、第十四条の二第一項の許可又は第十四条の五第一項の確認は、その効力を失う。

3　都道府県知事は、第十四条の二第一項の許可若しくは第十四条の五第一項の確認を受けた者が当該許可若しくは確認に係る温泉の採取の事業を廃止したとき、又は第十四条の二第一項の許可を取り消したときは、当該廃止した者又は当該許可を取り消された者に対し、当該廃止又は取消しの日から二年間は、その者が温泉の採取を行つたことにより生ずる可燃性天然ガスによる災害の防止上必要な措置を講ずべきことを命ずることができる。

（許可の取消し等）

第十四条の九　都道府県知事は、次に掲げる場合には、第十四条の二第一項の許可を取り消すことができる。

一　第十四条の二第一項の許可に係る温泉の採取が同条第二項第一号に該当するに至つたとき。

二　第十四条の二第一項の許可を受けた者が同条第二項第二号又は第四号のいずれかに該当するに至つたとき。

三　第十四条の二第一項の許可を受けた者がこの法律の規定又はこの法律の規定に基づく命令若しくは処分に違反したとき。

四　第十四条の二第一項の許可を受けた者が同条第三項において準用する第四条第三項（第十四条の七第二項において準用する場合を含む。）の規定により付された許可の条件に違反したとき。

2　都道府県知事は、前項第一号、第三号又は第四号に掲げる場合には、第十四条の二第一項の許可を受けた者に対して、可燃性天然ガスによる災害の防止上必要な措置を講ずべきことを命ずることができる。

（緊急措置命令等）

第十四条の十　都道府県知事は、温泉の採取に伴い発生する可燃性天然ガスによる災害の防止上緊急の必要があると認めるときは、当該採取を行う者に対し、可燃性天然ガスによる災害の防止上必要な措置を講ずべきこと又は温泉の採取を停止すべきことを命ずることができる。

附　則

（施行期日）

第一条　この法律は、公布の日から起算して一年を超えない範囲内において政令で定める日から施行する。ただし、次の各号に掲げる規定は、当該各号に定める日から施行する。

一　附則第七条の規定　公布の日

二　附則第六条の規定　公布の日から起算して九月を超えない範囲内において政令で定める日

（温泉をゆう出させる目的で行う土地の掘削等に関する経過措置）

第二条　この法律の施行前にこの法律による改正前の温泉法（以下「旧法」という。）第三条第一項又は第十一条第一項の規定によりされた土地の掘削又は温泉のゆう出路の増掘の許可の申請であって、この法律の施行の際、許可又は不許可の処分がされていないものについての許可又は不許可の処分については、なお従前の例による。

第三条　この法律の施行の際現に旧法第三条第一項の許可を受けて土地を掘削している者又は旧法第十一条第一項の許可を受けて温泉のゆう出路を増掘している者（この法律の施行後に前条の規定に基づきなお従前の例により許可を受けた者を含む。次項において「許可掘削者等」という。）については、この法律による改正後の温泉法（以下「新法」という。）第七条の二（新法第十一条第二項において準用する場合を含む。）の規定は、適用しない。

2　許可掘削者等に対する新法第九条（新法第十一条第二項において準用する場合を含む。）の規定の適用については、新法第九条第一項第一号中「第四条第一項第一号から第三号まで」とあるのは、「第四条第一項第一号又は第三号」とする。

第四条　この法律の施行前に旧法第三条第一項の許可に係る掘削若しくは旧法第十一条第一項の許可に係る増掘の工事を完了し、若しくは廃止した者又は旧法第三条第一項若しくは第十一条第一項の許可を取り消された者については、新法第八条第三項（新法第十一条第二項において準用する場合を含む。）の規定は、適用しない。

（温泉の採取に関する経過措置）

第五条　この法律の施行の際現に温泉源からの温泉の採取を業として行っている者は、この法律の施行の日（以下「施行日」という。）から起算して六月間（当該期間内に新法第十四条の二第一項の許可の申請について不許可の処分があったときは、当該処分のあった日までの間）は、同項の規定にかかわらず、引き続き当該温泉の採取を業として行うことができる。その者がその期間内に同項の許可の申請をした場合において、その期間を経過したときは、その申請について許可又は不許可の処分があるまでの間も、同様とする。

第六条　温泉源からの温泉の採取を業として行おうとする者は、施行日前においても、新法第十四条の五第一項及び第二項の規定の例により、都道府県知事の確認を受けることができる。この場合において、当該確認を受けた者は、施行日において同条第一項の規定により都道府県知事の確認を受けたものとみなす。

（政令への委任）

第七条　附則第二条から前条までに規定するもののほか、この法律の施行に関し必要な経過措置は、政令で定める。

（検討）

第八条　政府は、この法律の施行後五年を経過した場合において、新法の施行の状況を勘案し、必要があると認めるときは、新法の規定について検討を加え、その結果に基づいて必要な措置を講ずるものとする。

二　第三次改正案の審議

温泉法第三次改正案の国会での主な審議は以下のとおりである。

1　第一六八回国会衆議院環境委員会（平成一九〔二〇〇七〕年一〇月二六日）

第三次改正案は平成一九（二〇〇七）年一〇月二四日に衆議院環境委員会に付託され、同年一〇月二六日に開かれた同委員会において同法案の提案の理由および内容が鴨下一郎環境大臣から以下のとおり説明された。

本年六月十九日に、東京都渋谷区において、温泉のくみ上げに伴い発生した可燃性天然ガスの爆発事故により、三名の方のとうとい命が失われました。全国に約二万ある温泉の中には、同様に可燃性天然ガスが発生しているものが相当数あると見込まれ、この事故の教訓を踏まえ、温泉における可燃性天然ガスに対する安全対策の実施が求められております。

本法律案〔第三次改正案〕は、このような状況を踏まえ、温泉の採取等に伴い発生する可燃性天然ガスによる災害を防止するため、温泉の掘削に係る許可の基準の見直し、温泉の採取に係る許可制度の創設等の措置を講じようとするものであります。

次に、本法律案〔第三次改正案〕の内容を御説明申し上げます。

第一に、法の目的として、現行法の目的である温泉の保護、利用の適正に、可燃性天然ガスによる災害の防止を加えることといたします。

第二に、温泉の掘削に伴う災害を防止するため、都道府県知事による許可の基準として、掘削のための施設や方法が可燃性天然ガスによる災害の防止に関する技術基準に適合していることを追加するとともに、都道府県知事が災害の防止上必要な措置命令を行えることといたします。

第三に、温泉の採取に伴う災害を防止するため、温泉の採取について、既存のものも含め都道府県知事の許可を受けなければならないこととし、採取のための施設や方法が可燃性天然ガスによる災害の防止に関する技術基準に適合していることを許可の基準とするとともに、都道府県知事が災害の防止上必要な措置命令を行えることといたします。

なお、可燃性天然ガスが発生していない温泉については、都道府県知事の確認を受けて、温泉の採取の許可を受けることを要しないことといたします。

このほか、報告徴収及び立入検査の項目の追加等の所要の規定の整備を図ることとしております。

以上で第三次改正案の趣旨説明は終わり、散会した。

2　第一六八回国会衆議院環境委員会（平成一九〔二〇〇七〕年一〇月三〇日）

平成一九（二〇〇七）年一〇月三〇日に開かれた環境委員会において、第三次改正案についての質疑および答弁がなされた。その内容はつぎのとおり。

〇坂井〔学〕委員〔自由民主党〕……。

質疑に先立ちまして、本年六月でございますが、渋谷区にあります温泉施設におきまして発生した爆発事故、その事故では三人の方がとうとい命を落とされておりまして、まず、御冥福を心からお祈りしたいと思います。また、温泉というのは、もう日本人は温泉好きというように好きな方が大変多いということでございますが、私たちがリラックスをし、そしてまたリフレッシュをして、あすへのエネルギーを充電する場が温泉でございまして、そういう場で悲惨な事故が起きたこと、これを忘れることなく、二度とこのような悲惨な事故を起こさない、こういう思いのもとで質問をさせていただきたいと思っております。

まず最初に、副大臣に確認をさせていただきたいと思いますが、今回改正される温泉法ということでございますが、今までの温泉法が制定されております目的やねらいというもの、そしてまた、この内容を説明いただいた後に、それに加え、今回の改正はどの部分をどういう目的で加えるのか、改正するのかという御説明をいただきたいと思います。

よろしくお願いいたします。

〇桜井〔郁三・環境〕副大臣　坂井委員にお答えを申し上げます。

現行の温泉法は、温泉の掘削や公共の利用への提供を許可制として、温泉成分の掲示などを求める、温泉の保護、衛生面の利用の適正を目的としているところでございます。

今回の改正案は、今お話しありましたように、ことし六月の東京都渋谷区における死者三名、負傷者八名という重大な爆発事故の教訓を踏まえ、法の目的に可燃性天然ガスによる災害の防止を加えるとともに、新たに、温泉の採取を許可制とし、安全対策を義務づける、このことによって、あのような悲惨な事故が繰り返されないように、国民が安心して温泉を利用できるようにするためのものでございます。

○坂井委員　今、副大臣から御説明をいただきましたとおり、今までの温泉法というのは、要は温泉の枯渇等を防ぐための資源を保護するための観点、また適切な利用ということで、衛生的な面等々に関しましてのさまざまな取り組みはありましたけれども、可燃性ガス、そしてその危険性に関しての部分というのが全く落ちていたということでありまして、その部分を今回新たに加えるということに関しては、私も大変必要だ、こう思っております。

しかし、安全に温泉を利用する、こういったときに、私は、まず二つ方向性があるのではないかと思います。一つは本改正案、今、副大臣が述べられたように、要は安全対策、この可燃性ガスへの安全対策をしっかりとろうということでございますが、もう一つは、やはりもっと根本的に、メタンガスが出る温泉というもの、源泉というものは危険であるから、これはもう使わないということにしよう。これは、もともとメタンガスが出るものを使うから安全対策をとる必要があるのであって、では、それを使うのをやめよう、こういう考えが当然根本から出てくるのではないかなと思うわけであります。

聞きますと、大体二万近く、一万九千以上ある温泉、源泉のうち、メタンガスが発生するという形で報告をされておりますのは千四百程度ということでございまして、これは全体の七・三％ということだそうであります。

裏返すと、要は九〇%以上の温泉はメタンガスが発生しない温泉でありまして、今、温泉の数からいっても、個別に大変困るという地域はあるにしても、全体の国民が温泉を利用する観点からはさほど支障はないのではないか、こういう意見が当然出てくるのではないか、こう思っております。

この点に関連いたしまして、櫻井局長にお伺いをしたいのですが、メタンが発生する温泉、源泉、これを使用しないという選択肢が当然あると思いますが、この選択肢については今まで政府は検討されたのかどうか、されたのであればどういう結論が出たのかということをお聞きしたいと思います。

〇櫻井政府参考人　お尋ねの、メタンを含むような温泉は使用しないという選択肢があるのではないかということでございます。

委員御質問の中で触れられましたように、私ども、可燃性の天然ガスが含まれているような温泉というのは、源泉、約二万ある中の一割程度にはそういったものが含まれているのではないかというふうに考えておるところでございます。したがいまして、それだけの数の事業者の方が営業をしておられるということだろうと思います。

そういったメタンを含むような温泉を使用しないという選択肢でございますけれども、これは、法律的にはそういった温泉の採取を禁止するというような措置かと思いますが、可燃性の天然ガスを含む温泉でありましても、採取設備の構造あるいは採取の方法について十分な対策を行えば、安全に温泉を採取することは可能であるということを考えておりまして、採取を禁止するまでの必要はないのではないかというふうに結論を得たところでございます。

今回の法改正によりまして、温泉の採取に当たっては、可燃性天然ガスの分離及びその屋外への放出、あるいは換気の実施、ガス検知器の設置というような対策を義務づけることとしておりまして、この対策を確実に実行することによって安全性が確保されるようにしてまいりたいというふうに考えております。

○坂井委員　まずは禁止をしたらどうか、こういう選択肢も十分御検討いただいたというお話でありまして、その中では、温泉の安全対策というのが技術的には完全にできる、こういう結論が出ているものと私も今の答弁を伺いまして思います。

それを、今後も当然、温泉の安全性に関して、技術的にも、具体的な方法、実現する方法でも、また御尽力をいただきたいと思いますが、今の答弁を受けまして、基本的に、使いながら、そしてより安全対策を進めていくという方向で私も質問をさせていただきたいと思います。

もう一点、このメタンガスの発生ということに関連いたしまして、大深度、大変深いところから温泉を掘り上げる、そのときにはメタンガスが大変発生をしやすい、こういうような話を聞いたことがございます。

大深度の温泉というのは大変深いところまで掘り下げるわけでありまして、これは地球環境的にも実は余りよろしくないのではないか、こういう意見もある中で、大深度の温泉に関して、メタンガスが発生しやすいというのは本当かどうか。

そして、それに関して、要は大深度から掘り上げる温泉というものが必要かどうか。先ほども言いましたけれども、メタンガスが発生するだけではなくて、大深度の温泉というのは要らないのではないだろうか。これは今後使用を制限すべきではなかろうか、こういった意見もあるかと思いますが、この点については検討されましたでしょうか。局長にお伺いをいたします。

○櫻井政府参考人　大深度の温泉に関してでございますが、温泉法では、温泉の掘削、最初のボーリングを許可制としておるわけでございますけれども、深度一千メートルを超えるような大深度の温泉開発であっても、必ず可燃性の天然ガスが湧出するというわけではございません。一律に深さを制限して、メタンが混入しやすいということから許可を与えないんだというようなことは、そういうことにつきましては、なお慎重な検討を要するのではないかというふうに考えておるところでございます。

仮にガスが湧出することがありましても、先ほど申しましたように、今回の法改正で新たに規定することとしております可燃性天然ガスによる災害を防止するための技術基準をきちっと守っていただく限りは、安全面からの問題は生じることはないのではないかというふうに考えております。

○坂井委員　引き続き、この大深度の温泉の必要性についても検討を続けていただきたいと思いますが、一方で安全対策ということでございます。

今まで、お話の中で、一万九千何ぼある、約二万ある源泉の中で、千四百幾つという数が、約一割が天然ガス、要は可燃性ガス、メタンガスを含む、こう考えるということでありますけれども、環境省さんのペーパーによりますと、そのうちでも特に危ない、危険な、こう言われているものは四百九十ぐらい、こういうふうに聞いております。

というのは、屋内にある、もしくは地下に施設があるということで、特に対象にしなければいけないのは四百九十ぐらい、こういうことでございますが、要は、これらの温泉の施設というものは、六月に事故が起きて、そして安全対策というものをとる必要がある、こういうことになった今でも、当然使われているわけでありますし、そして、この部分は今ここで議論しているわけでありますから、法律としてはカバーをしていない部分だということでございます。だからといって、行政としてそのまま、要は危ないのはわかっていて、ほったらかしにしておく、こういうことはできないわけでございますが、今時点でどういう対策を講じているかということをお聞きしたいと思います。局長、お願いいたします。
○櫻井〔康好〕政府参考人〔環境省自然環境局長〕　委員御指摘の四百九十余りの温泉につきましては、これは源泉からのくみ上げあるいは貯湯の部分が屋内に置かれているというものであり、なおかつ可燃性の天然ガスが発生しておるというものでございます。
　したがいまして、私どもとしましては、この事故を受けまして、七月の二十四日に、今回御議論いただいております法改正を含みます恒久的な対策が実施されるまで、それまでの当面の暫定的な対策というものを事業者に要請していただきたいということで、都道府県知事に対して依頼をしたところでございます。

　具体的には、可燃性の天然ガスを含む温泉を対象として、既存施設については、十分な換気あるいはガス検知器の設置、周辺における火気の使用禁止などを求め、新規施設につきましては、源泉等を屋外に設置するということを求めたところでございます。

　この暫定対策につきましては、九月末までの状況といたしまして、すべての事業者さんがその暫定対策には応じますという御返事をいただいているところでございまして、ただいま御議論いただいております法改正以前におきましても、各事業者において、非常に安全対策についての意識が高まると同時に、自主的な取り組みといいますか規制前の取り組みも進められつつあるということであろうかと思います。
○坂井委員　今のお話を聞いて、今現在、危険というか、可燃性ガスを発生する泉源も安全な状態で運用されているというお話を聞きまして、まずは安心をしたところでございます。
　しかし、今お話がありましたように、恒久的な対策というものを今回考えているわけでありまして、恒久的な対策というのは、当然、各事業所に、これが恒久的な内容ですよというのを選別をするなり、もしくは選ばせてするのではなくて、一定のガイドラインというようなもの、政府の方でこういう施設がこういうふうな形で必要ですよというものを、やはりガイドラインというものが必要になるかと思います。

そのガイドラインとなるもの、また義務づけとなるような政府が考える安全基準というものの内容、どのような危険に着目をして、またどのような対応をしろということになっているのか、具体的にこれをお示しいただければと思います。

○並木大臣政務官　既に局長答弁という中にもございましたけれども、可燃性天然ガスの爆発事故というのは、まず五%から一五%のメタンが滞留するということ、それと裸火とかスイッチ等の火花、こうした着火源が存在する、この二つの条件がそろったときに発生するということなので、これを発生させないということが安全対策になるわけであります。

したがいまして、整理してお答えしますと、可燃性天然ガスを分離して、それを屋外に放出して拡散してしまうこと。そしてまた、周辺での火気の使用を禁止すること。さらには、屋内に採取設備を置く場合には、十分に換気して、ガス検知器を設置すること。あるいは、これは細部にわたってはこれから省令で詰めるところですけれども、防爆型蛍光灯、火花が出ないような蛍光灯ということですけれども、そういうような対策を行わせることを予定しております。

○坂井委員　今も話にありましたメタンのガス、温泉の場合、可燃性の天然ガスのほとんどがメタンガスだということをお聞きいたしました。

メタンガスというのは、引火をするという危険性があると同時に、やはり温暖化の観点からいいましても、CO_2、要は二酸化炭素の二十一倍もの温暖化の効果があるという温暖化効果ガスと言われておりまして、温暖化のためにも、実はこれを拡散して放出するのはよろしくないのではないか、こういう意見もあるかと思います。

このメタンを発生する泉源も使っていく。そして、それをそのまま、メタンを放出するということは安全対策ではいいわけでありますが、当然、温暖化の問題からいけば、一方では問題があるということでありまして、要は、メタンのガスを集めて有効利用したらどうか。このメタンのガスを集めて使えるようにしまして、そして有効利用して、これをエネルギーとして使ったらどうかという意見が当然出てくるかと思います。

そこでお聞きをしたいと思いますが、このメタンガスの有効利用の方向性、また可能性というもの、そして可燃性の天然ガス、メタンガスが出るところもすべて使うというわけでありますから、使うところにはせめてメタンガスを有効利用するように義務づけをしたらどうか、こういう意見に関しての見解をお聞きしたいと思います。

また同時に、全体で千四百程度の源泉でメタンガスを発生しているわけでありますが、このメタンガスの年間の推定の放出量、それが大体どのくらいか。それから、大体一分間に百リッターくみ上げているというのがよくあるような温泉の量かと思いますが、そういうところでの放出量がどのくらいになって、そこでそのメタンガスの有効利用の設備をつけた場合、大体どのくらいのメタンガスを有効利用できるのか。それは、具体的にお示しをいただきたいと思うんですが、要は、何立方とか何立米とか言われてもぴんとこないので、例えば、私たちのような核家族が、家族三人、四人、五人、こういった家庭が一年間に使う量のどのくらいの、何倍、何人分の、何家庭分の量が放出することになるのか、また使えるようになるのか、こういったところをお聞きしたいと思います。
○櫻井政府参考人　まず、メタンガスの量についての御質問がございました。
温泉から湧出するところのメタンガスの量につきましては、これはいろいろな前提を置いて推計せざるを得ないところでございますが、ちょっとその推計のプロセスをはしょりまして、私どもが得ました結論といたしましては、五十七万から百六万トンぐらい、年間でございますが、これは日本の温室効果ガス排出量十三・六億トンの約〇・〇四％から〇・〇八％ぐらいになるのではないかということでございます。これは、最初に申しましたように、いろいろな前提を置いて計算をしてみたものでございます。

これは一体どのくらいの家庭での利用量というようなことになろうかと思いますが、メタンガスの含まれます量というのも地域によって全く差異がございますので、例えば、メタンガスの割合が比較的高いと言われております南関東ガス田の地域、この南関東地域というふうにお考えいただければいいと思いますが、メタンガスが含まれます温泉百リットル中には、九十五ないし百四十三リットル程度のメタンガスが含まれると考えられます。これはあくまで平均値でございますので、個々にはばらつきがあろうかと思います。

これは家庭でどのくらいの数になるかというのは、直ちに手元に数字を持っておりませんけれども、エネルギーの供給事業として行うほどの量にはならないのではないかというふうに考えております。

それで、御質問の趣旨でございます、そういったメタンの利用を義務づけるということに関してでございますけれども、御指摘のとおり、メタンを利用して、大気への放出ということを抑制するというのは、地球温暖化対策上望ましいものであることは間違いございません。

他方、そういったメタンが利用できるほど多量には発生しない場合というのもありますし、あるいは発生したメタンを利用するほどのエネルギー需要がない、つまり、温泉を加温するとか、そういった熱に使うという需要がない場合もございます。

メタンの利用がそういう事業として成り立たない場合があるということでございまして、こうしたことから、メタンの利用について、一律に義務づけるのではなくて、技術ガイドラインを策定する、あるいは助成制度の活用を推進するというようなことによって事業者の方々の自主的な取り組みの普及を促進してまいりたいというふうに考えているところでございます。

○坂井委員　もちろん、メタンガスが温泉のところで危険だからといって、ただ放出すればいいというだけではなくて、各事業者やその他の方々が有効に利用ができる方向性とか、またそのバックアップというものを今後も政府の方で十分考えていただきたい、このように希望するものであります。

また、具体的に、要は家族何人が使って何世帯分みたいな形でイメージするときにも、やはり、そういう数字をなるべく具体的な形で押さえて、そして国民に対してアピール、またメッセージを発信していくということが大変大事だと思っておりますので、こういった数字などもこれから、もちろんこの温泉法の改正に関してもいろいろなところでまた各事業者等に説得したり説明をされたりすることがあると思いますが、ぜひともわかる形、わかりやすい形で説明をしていただきたいな、このように思っております。

そこで、先ほどからお話しさせていただいております安全対策でありますが、メタンガスの有効利用の設備をつけるにせよ、それから、さまざまな、今お話をいただいてまいりました探知器等、そういった設備をつけるにせよ、当然つけるには新たな設備投資が必要、お金がかかると思います。

温泉の事業者の中には零細企業や中小企業というところもあるかと思いますが、そういったところに、あなた方、これで必要になったんだから全部自分でやりなさいというのは、なかなか費用的に難しいところもあるかと思います。これは、中小零細企業等々に関して、やはりその資金的な支援というもの、またその他の政策的な支援というものも必要になってくるのではないだろうか、こう思っております。

そこで質問ですが、メタンが発生をすると言われているところの安全対策をするのに、もちろん大小ございますけれども、中小零細企業がつけると思われるような設備というのは大体幾らぐらいするものかということ、それから、それに対して、要は支援体制というものをどうお考えになっているのかという二点をお聞きしたいと思います。

○櫻井政府参考人　安全対策に要する費用の問題でございます。

これは、建物の構造とか事業の規模とか、個別の事情によって大きく異なってくるだろうとは思いますが、私どもの推計しておりますのは、まず一つは、井戸や源泉タンクなどの採取設備がすべて屋外にあるという場合には、これはガスを分離する装置等を追加的に設けるということになりますが、その場合の費用は十数万円から数十万円程度で済むのではないかというふうに考えております。

また一方、採取設備がすべて屋内にあるという場合には、先ほど申しました確実な換気を実施する、あるいはガス検知器を設ける等々の設備が必要になってまいりますので、数百万程度の費用がかかるのではないかということでございます。

ただ、いずれにいたしましても、個別の事情で、そういった工事に伴っていろいろな配管をいじるとかあった場合には、またさらに費用はかかるだろうとは思います。

こういった安全対策に関する設備投資につきましては、国民生活金融公庫で低利融資の制度が現にございますので、その活用を促すことなどによりまして事業者への支援を行ってまいりたいというふうに考えておるところでございます。

○坂井委員　今回の改正案を見てまいりますと、もちろん今までもそうだったわけでありますが、都道府県知事がさまざまな許可を出すということになっております。知事の役割というものが大変重要ということであろうかと思いますし、また、今回は、安全性を確保するという観点から、当然消防やその他の関連機関というものもあるかと思います。

国がこういった法律をつくり、そして、現場、実際の許可というものを都道府県が行って、また、その運営、運用等々に関しましては当然消防等々の関連機関が連携をとってやっていかなければならないということになるかと思いますが、国そして都道府県等々の役割、要は責任分担、役割分担がどのようになっているかということや、また、国や都道府県、そしてまた関連機関との連携に関してどのようにお考えになっているかということをお聞きしたいと思います。

○桜井副大臣　今回の改正案により、都道府県においては、温泉の掘削、採取の開始前に、安全対策に関する技術基準に合致するような審査をして許可を行うとともに、掘ったり、とったり、くみ上げたりというような実施中に、温泉事業者への指導監督を行うこととなっております。これにより、都道府県は、温泉事業者による安全対策の実施を確保する重要な役割を担っておるということであります。

環境省といたしましては、都道府県に対して、これらの事業の実施に当たって、火災の予防を役割とする消防機関と立入検査を合同で行ったり、労働基準監督署などその他関係機関と連携して、天然ガス安全対策を確実に行うよう助言をしてまいりたいと思います。

○坂井委員　それでは、最後の質問にさせていただきたいと思いますけれども、温泉を安全に多くの人が楽しんで、そしてまた、使用していただきたい、こういう思いから、今回の温泉法の改正が出ているわけでありますが、この安全対策、またこれを徹底するぞ、こういうことに対して、副大臣の方から決意というものがあればお聞きをしたいと思います。

○桜井副大臣　今お話がありましたように、温泉というのは、人のいやし、安らぎの場でございますので、爆発事故というような人に危害を与えるようなことはあってはならないというふうに考えておるわけであります。

事故の再発防止に向けて、消防庁など関係省庁とともに連携し、温泉事業者の実情も踏まえ、必要な規制を行うこととなっております。

安全対策が確実に行われるよう、国民の温泉に対する信頼、安心、これをしっかり確保していかなければならないと思いますので、そういう決意で臨んでいきたいというふうに思っております。

○坂井委員　どうもありがとうございました。

○小島委員長　次に、吉田泉君。

○吉田（泉）委員〔民主党〕　……。

私の方からも、温泉法改正に関連しまして、質問をさせていただきます。鴨下大臣初め皆様、どうぞよろしくお願いいたします。

ことしの四月、この環境委員会で温泉法改正の審議がありました。私もその質問に立ちました。今から考えますと、そのとき、温泉の採取時にガス爆発の可能性があるということが全く私の頭にはありませんでした。

そうこうしているうちに、六月に渋谷のシエスパで事故が起こって、三人の方が亡くなり、八人の方が重軽傷、こういう事故が起こってしまったわけであります。つくづく、この四月の改正のときに、何らかの対応、対策が法案に盛り込まれておれば事故は防げたかもしれないという、私自身も内心じくじたる思いが続いているところであります。

ところが、一方で、その後、今回の法改正の審議の準備でいろいろ資料を見ますと、実は、平成元年以降だけでも、温泉の掘削のときですけれども、ガスの爆発事故は全国で十四件起こっていた。それから、昨年十月に温泉懇談会の報告書というものが出ておりますけれども、ここでは、メタンガスの安全対策も推進すべきだという文章が載りました。また、ことしの二月、法案審査の直前ですが、中央環境審議会答申、ここでも、可燃性ガスの危険性については明確に指摘されていたところであります。

そこで、最初にお伺いしたいのは、今申し上げたように、この審議会の答申等で指摘があったにもかかわらず、ガス爆発対策というものが四月の法改正に盛り込まれなかった。何らかの事情があったんだろうと思うんですが、そこをお伺いいたします。

○櫻井政府参考人　委員御指摘の平成十八年の十月の温泉懇談会の報告、それから、平成十九年、ことしの二月の中央環境審議会答申におきまして、それぞれ可燃性天然ガスに対する安全対策についての議論はございました。

ただ、いずれも、これは平成十七年の二月に東京都北区で掘削中に発生した事故を取り上げて、掘削時の危険性についての指摘、あるいは掘削時の公益上の判断という観点から議論がなされたところでございまして、いずれにしても、今後の検討課題だというふうにそれらの会議では位置づけられたものと理解をしております。

しかし、一方、今回の事故を契機に、改めて温泉における事故情報の調査を行ったところでございまして、委員御指摘のように、最近二十年間で十五件の事故が発生をしておるということを確認いたしました。これらは、死傷者が出たものはごくわずかではございますけれども、調査をしてみると、そういった可燃性の天然ガスに起因する小規模な爆発のようなものはあったということでございまして、こうした点を踏まえまして、今般、安全対策を進めるべく改正法を提出したものでございます。

今後は、その改正法に基づく安全対策を進めることはもちろんでございますけれども、温泉における事故情報を適時適切に把握するように努めてまいりたいというふうに考えております。

○吉田（泉）委員　そうしますと、掘削時の危険性の指摘だったというイメージで、それが採取時までという可能性にイメージが膨らまなかった、そこに一種の落ち度があったんじゃないかと思います。

いずれにしても、人身事故の可能性を我々が見落としたということは、行政府であれ立法府であれ、ひとつ大いに反省して、今回の改正で、今後これを防げる改正としたいというふうに思います。

さて、つい先日ですが、同僚議員と一緒に渋谷のシエスパの事故現場を視察に行ってまいりました。自然環境局長にも御同行、説明をいただいたところであります。

ただ、爆発現場の温泉くみ上げ施設の方は、大変高い塀で覆われていて、ブルーシートもかかっておって、捜査中でもあり、中には入れませんということでしたので、内部までは我々も見ることはできませんでした。道路に立って、いろいろ警視庁の方も含めて説明を聞いただけでございますが、この渋谷のシエスパの事故から既にもう四カ月たったわけでありますが、環境省としては、このシエスパの事故の原因、どこまで判明しているのか、お伺いします。

○櫻井政府参考人　この渋谷の温泉利用施設シエスパの詳細な事故原因につきましてでございますけれども、現在、関係機関、これは警察と消防でございますが、捜査中あるいは調査中ということでございまして、まだ詳細なところは明らかになっておりません。

しかし、大筋としての原因というのは、温泉から分離した可燃性の天然ガスが滞留をして、何らかの着火源から引火、爆発したというふうに考えておるところでございます。

この間、このシエスパの施設の配管とか換気の情報に関しまして、ガスが屋外に放出される配管構造となっていなかったのではないかとか、あるいは換気装置の構造に問題があったのではないかとか、あるいはガス抜きの配管が結露による水で詰まったのではないかといった報道がなされておることは承知をしておりますけれども、いずれにしましても、繰り返しになりますが、詳細な原因については、まだ警察及び消防による調査、捜査が継続中であるということでございます。

○吉田（泉）委員　詳細な事故の原因がわからないままに、法改正をして対策を考えなければいけないというのも大変我々にとってもつらいところでありますが、新聞情報等を総合的に見ますと、今局長がおっしゃった中でも、特にガス抜き配管のあり方が問題があった、新聞報道ではそこに水がたまってガスがうまく抜けなかったというような報道もあります。そこは基本的な大きな問題だったような、そういう可能性が強いというふうに私は思っているところでございます。

渋谷の現場に行って、改めてちょっと不思議だなと思ったのは、これは新聞でも報道されておりますが、実は、道路を挟んで本館と温泉のくみ上げ施設というものが別棟になっているということであります。どういう事情でその二つを道路を挟んで分けたのか、これはちょっとわかりませんけれども、その結果、くみ上げ施設でくみ上げた温泉、並びに、そこでガスを分離しているわけですが、分離したガス、これを別々の管で道路の下を通して本館の方に送っているわけですね。そして、その途中でガス抜きの方の管に水が一部たまって逆流したんじゃないか、こう言われておるわけであります。

本館の方は、地上九階建て、地下一階建てのビルディングであります。くみ上げ施設の方は、地上一階、地下一階の平屋づくりという構造になっておりますが、いずれにしても、この建物をつくるときに、建てるときには建築確認というのが要ったはずだと思います。そのときには、これは渋谷区の方ですが、渋谷区の消防のチェックも受けたはずではないかというふうに推測します。また、道路の下を、これは公の道路ですが、ガス管、温泉管を通すわけですから、その配管をするに当たって道路占用許可というものも必要になったろう、そういう手続もしたんだろうと思います。

いわば、幾重にわたるチェックがそれなりにあったはずなんですが、なぜそれらの許可の際に、一番問題とされている水のたまるようなガス抜き配管のあり方、これを問題にできなかったのかどうか、その辺の状況をお伺いします。

○櫻井政府参考人　渋谷のシエスパという温泉施設は、当然、営業に至るまでに、温泉法の利用の許可ですとか建築確認等々あるいは道路の占用許可などの手続を経ていたものだろうと思いますが、いずれの手続につきましても、温泉法は、従来というか現行では、そういった可燃性天然ガスに関する安全対策というものがないということもございますし、いずれの手続についても、天然ガスの安全対策がとられているかどうかを審査するということはなされていなかったのではないかと思われます。

また、本年六月の事故以前は、温泉の採取に伴って天然ガスの爆発事故が発生する危険性というものをそれらの手続の関係行政庁が十分認識していたということは考えにくいのではないかと思います。

このようなことから、今御指摘のありましたガス抜きの配管のあり方については、天然ガス安全対策の観点からチェックがなされるということを期待できる状況にはなかったのではないかというふうに考えているところでございます。

○吉田（泉）委員　そうしますと、いろいろな法律に基づくチェックが現場ではあったにもかかわらず、それぞれの法令の範囲でチェックしているだけということで、ガス配管のところまでは目が届かなかったというようなことだろうと思います。

結局、これは難しいことかもしれませんが、何か法令を超えて危険性に気配りするといいますか目配りするといいますか、そういうベテランの目ききの目がなかったんだろうというふうに思います。今はマニュアル時代ですが、何かマニュアルを超えた、建築常識といいますか道路常識といいますか、そういうものも培っていく必要があるんじゃないかというふうに思うところであります。

それで、これに関連しまして、今度は大臣にちょっとお尋ねしたいんですが、今回、温泉法が改正されます。そして、ガスの問題が正面から温泉法の対象になるわけでありますけれども、今、渋谷の事故で一番問題になったと思われるガス抜き配管のあり方について、改正温泉法、それからそれに関連する建築基準法とか消防法とか道路法とかいろいろありますが、それぞれの関係法令、どういうふうに連携し、組み合わさって、ガスの爆発事故対策に働きかけることになるのか、お伺いいたします。

○鴨下国務大臣　先生御指摘をいただいていることは、いわば一番重要なことだろうと思います。私も現場を見てまいりまして、たまたま、あれは地下にガスセパレーター等も設置してある、こういうようなことも、いろいろな意味で不運が重なったんだなというふうなことも印象を受けてまいりました。

今回の改正温泉法の主眼は、可燃性天然ガスを確実に分離するということと、それから屋外に排出する、こういうようなことを主眼に置いているわけでありまして、この法施行後には、もちろん先生御指摘のガス抜き配管のあり方、これも、たまたま、あのケースにおいては、折れ曲がっていたところに結露して、そこに水がたまったということでなかなかガスが抜けなかった、こういうようなこともあったようでありますけれども、今まさにその原因については捜査中であるわけでありますから、私が予断を持っては申し上げられませんけれども、そういうことも含めて、温泉の採取のための施設の構造については温泉法においてチェックする、こういうようなことを厳しくさせていただきたいというふうに思っております。

具体的には、これは温泉の採取施設に満たすべき基準を環境省令として定めまして、その基準に適合しているかどうかにつきましては、温泉法に基づきまして都道府県知事が審査する、こういうようなことで万全を尽くしたい、こういうふうに考えております。

○吉田（泉）委員　私の質問は、温泉法以外の道路法とか建築基準法とか消防法とか、そこの連携もお尋ねしたんですが、いずれにしても、ここで今我々がつくろうとしている温泉法がガス対策の最大の武器になるということだと思います。

今大臣がおっしゃったように、ガス爆発対策で一番大事なのは、ガスを早く確実に分離して空中へ発散させてしまう、そのためにはガス抜きの配管を正しく設計施工すること、そこだろうというふうに思います。これが今のところ渋谷の事故の最大の教訓ではなかろうかというふうに思います。これを、温泉関係者だけじゃなくて、建築関係者のだんだん共有の常識にしていきたいというふうに思うところであります。

続けて大臣にお伺いしますが、今回渋谷へ行って、現場で改めて怖いというふうに感じたのは、シエスパのあった場所なんです。繁華街から一本入った住宅地にこれだけの施設があったわけであります。爆発した平屋建てのくみ上げ施設の両隣は、片方がマンション、片方は一戸建ての住宅ということであります。一つ間違えば、この地域の住民も引き込んで、何十人、何百人という被害になっていたかもしれません。

つくづく思いますが、やはり住宅地においては、こういう温泉の掘削、採取に当たって特別厳しい条件を何か課すべきではなかろうかというふうに思ったんですが、いかがでしょうか。
○鴨下国務大臣　先生がおっしゃるように、シエスパの現場のお隣にはまさに民家があるわけでありまして、被害も当然巻き込まれていたわけであります。そういう意味において、住宅密集地において温泉の安全性の確保というようなことが図られる、こういうようなことは、温泉の施設だけでなく、周辺の住民にとっても極めて重要なことであることは間違いないわけであります。
今回の法案によりまして安全確保の枠組みができましたら、今後は具体的な安全対策基準を検討していくわけでありますけれども、その際に、いわゆる住宅密集地では、温泉開発については、環境省に設置している有識者会議、これは温泉に関する可燃性天然ガス等安全対策検討会という名称でございますけれども、その中間報告におきましても、温泉井戸を住宅等から一定距離離すことの必要性、こういうようなことについて指摘を受けているわけでありまして、この指摘を踏まえまして、今後、具体的な検討、例えば何メーター離すとか、こういうようなことも含めて検討をさせていただきたいというふうに思っております。
○吉田（泉）委員　ぜひその方向で検討していただきたいと思います。
続いて、先ほど坂井委員の方からも出ましたが、暫定対策の件で一つお尋ねいたします。

千四百カ所ぐらいでメタンガスが出ておって、そのうち室内でくみ上げているのが約四百九十ということでありました。それに対して、換気とかガスの検知とか火気使用禁止、さらには安全担当者を指名してくれ、この四つの暫定対策をお願いしている、要請しているわけであります。

この四百九十余りのうち、大体三分の一ぐらいは既にこの四つの暫定対策を終えたということでありますが、三百三十三件については、九月末の段階でまだ暫定対策がとれておりませんという報告が来ているわけであります。

　この三百三十三件がとりあえず大変心配なんですけれども、今後、法の施行まで、この三百三十三件に対するフォローをどのように行うのか、お伺いします。

○櫻井政府参考人　法の施行までの間の暫定対策の件でございます。

　委員御指摘のように、九月末の時点で、源泉など採取の設備が一部でも屋内または地下室に設置されている源泉のうち、可燃性の天然ガスが検出された源泉数が四百九十二ございました。そのうち、今回、換気の実施ですとか、あるいは火気の使用禁止等々、要請をいたしたわけでございますけれども、その要請については、四百九十件は要請に応じるという御回答をいただいているところでございます。ちなみに、二件は、この際、くみ上げをもう停止しますというのもございました。

　それで、これも委員御指摘のように、九月末の時点では、対策が完了したのは百五十七件ということで、残り三百三十三件があるわけでございますけれども、先ほど申しましたように、暫定対策には応ずるという回答をいただいているところでございますので、順次、換気設備とか検知器の設置などの対策が行われるものというふうに考えておりますが、利用者あるいは地域の住民の方々の安心を得るためにも、できるだけ早く暫定対策が実施されるように、都道府県を通じまして事業者に対して促すとともに、随時その状況についても把握をしてまいりたいというふうに考えておるところでございます。

○吉田（泉）委員　できるだけ早くということはそうでありますけれども、全国で三百三十三件に絞られたわけですよね。法施行までこれから一年ぐらいあるかもしれませんが、私は、この三百三十三件についてはやはり数カ月単位で環境省としてフォローをしていくべきではなかろうか、そのぐらい、周りの温泉利用者の話を聞いても、ちょっと不安に思っている人が多いんですね。

この三百三十三件の数カ月単位のフォローというのはどうでしょうか。

○櫻井政府参考人　先ほどお答え申しましたように、暫定対策に応じるという事業者の方の御回答は得ているわけですが、それぞれいろいろな事情があろうかと思います。

例えば、換気とか検知器の設置ということには当然費用もかかります。あるいは、設計をするのに時間がかかるというようなものもございまして完了していないということですので、それは順次進んでいくだろうとは考えておりますけれども、御指摘のように、そのフォローをきちっと定期的に行っていくということについては、ぜひそういった対応をしてまいりたいというふうに考えております。

○吉田（泉）委員　続いて、今回の法改正の中身について少しお伺いいたします。

今度は新しく温泉の採取が許可制になるわけでありますが、そうかといって、全部が全部ということではなくて、ガスが出ないところでは、出ないということが明らかなところでは、災害防止措置必要なしという確認を都道府県知事からとれば、その上の許可は要りません、こういう構造になっております。

そこで、大事なことは、この都道府県知事による許可不要の確認というものが一体どういう基準でなされるのかということだと思います。その基準をお伺いいたします。

○櫻井政府参考人　ただいま委員御指摘のように、すべての温泉について採取の許可というものを制度上はかけるわけではございますが、一方、可燃性の天然ガスが発生しない温泉につきましては、安全対策を義務づけるということが必要がないことから、そういった許可が不要だという確認をいたすこととしておるところでございますけれども、この確認は、採取場所におきまして天然ガスの濃度が環境省令で定める基準を超えない温泉というものについて確認をするということになっております。

そこで、具体的には、天然ガスの測定方法というものを、まず方法を設定しなければいけません。その方法に沿って測定した結果、一定の濃度以下であった場合というのは、そこの確認をするということになろうかと思います。また、そういった濃度の測定だけではなくて、過去の調査の結果、あるいは周辺の温泉の調査結果等から、天然ガスを含まないというふうに判断される場合も、これもあろうかと思います。そういったことで、その詳細な判断基準につきましては、今後さらに検討を進めてまいりたいというふうに考えておるところでございます。

○吉田（泉）委員　原則測定をしながらということだと思いますが、いずれにしても、許可をするときの技術基準がこれからつくられるということであります。先ほどから申し上げている渋谷の事故の詳細がまだわかりませんが、事故の教訓を極力反映した基準をつくっていただきたい。基準どおりにやったけれどもまた爆発事故が起こったということでは困りますので、そういう姿勢でやっていただきたい。

そこで、技術基準について、これがまだ明確にはなっておりませんけれども、幾つかお伺いいたします。

当然この暫定対策にも入っていますが、室内でくみ上げているところについては火気使用禁止、周辺の火気使用禁止というのが基準の一つに盛り込まれるということでありますが、一体、この周辺というのはどのぐらいを考えておられるのか。例えば渋谷の場合でいうと、地下室のことなのか、もしくは別棟全体のことなのか、さらには道路を挟んだ本館の方も含めてなのか、さらには、ある程度の住宅地域を含めた地域で火気を禁止しようとしているのか、その辺の範囲をお伺いしておきます。

○櫻井政府参考人　周辺の火気の使用禁止の範囲でございます。

これにつきましては、今委員御指摘のように、源泉から、あるいはそれに続くガスの分離装置、あるいはそれからのガスを抜く配管等々ございます中で、どの範囲を火気の禁止にするかということにつきまして、今後の検討が必要なところでございます。

また、その範囲、距離といいますか、何メートルの範囲とかというような議論も、これは他法令での取り扱いなどを参考にし、また専門家の意見も聞きながら、その詳細な基準を検討してまいりたいというふうに考えております。

いずれにいたしましても、掘削時において温泉井戸周辺の火気の使用を禁止する、これは掘削時にガスが噴出して火柱が上がるというようなことのないようにでございますが、そういった掘削時の対策。それから、温泉のくみ上げ時において、これは、屋内に温泉の井戸、源泉、あるいはその分離装置、貯湯槽等、可燃性の天然ガスの発生源となり得る設備が設置されている場合には、当然のことながら、その当該室内においては着火の原因となるようなおそれのあるものは排除するということが考えられるところでございます。

○吉田（泉）委員　さらに、電気器具の防爆化という基準も盛り込まれるとされております。

先ほどの御答弁で、実は、いろいろそういう施設をつくると、屋内の場合については数百万円ぐらいのコストがかかるんじゃないかという答弁がありました。私もそういう事業をやっている方に聞くと、この電気器具の防爆化というのは結構お金がかかるんだという話でありました。ただ、大変大事な対策だと思います。

そこで、一体、電気器具の防爆化という場合には、どのぐらいの場所で、どういう電気器具について防爆化を義務づけるのか、それをお伺いいたします。

○櫻井政府参考人　電気器具の防爆化についてのお尋ねでございますが、電気器具が、屋内で可燃性の天然ガスが充満している場合におきまして、そこから発生する火花が着火の原因となるというおそれがあることから、これを防爆化するということは安全対策の一つになるのではないかというふうに考えているところでございます。

電気器具の防爆化につきましては、どういう防爆の方法を義務づけるか、あるいはどういった器具を対象に義務づけるかということにつきましても、これは先ほどと同様でございますが、他法令での取り扱い、あるいは専門家の意見を聞きながら、詳細な基準を今後検討してまいりたいというふうに考えておるところでございます。

○吉田（泉）委員　いずれにしても、これから検討ということですが、もう一つ、暫定対策、先ほど四つの暫定対策を今要請しているということですが、これには安全担当者の指名というのが入っております。

渋谷の事故を考えても、この安全対策をだれが責任を持ってやっているのかというところがはっきりしませんでした。親会社なのか、下請会社なのか、孫会社なのか、役割がはっきりしなかった、これが非常に悔やまれるところであります。

今後つくる我々の技術基準においては、この安全担当者の指名というものも盛り込むべきだと思いますが、どうでしょうか。

○櫻井政府参考人　安全担当者の指名に関してでございます。

そういった安全対策の担当者をあらかじめ定めておくということは、その温泉施設の経営主体、あるいは設備の管理委託を受けた者など、複数の事業者といいますか、複数の方々がかかわった場合の責任の所在を明らかにする、あるいは事業者内部での一体だれが責任を持つかということを明らかにするということで、安全対策を確実に行うためには重要なことではないかというふうに考えております。

したがいまして、今回導入しようとしております温泉の採取の許可申請に当たりましては、安全対策の担当者を明らかにするということを事業者に義務づけるというふうにしたいと思っておるところでございます。

○吉田（泉）委員　ありがとうございました。

今回の法改正が成功するかどうか、つまり事故を今後防げるかどうかというのは、この技術基準が適切につくられるかどうかということに大きくかかっていると思います。ぜひ、十分な対応をしていただきたいと思います。

時間もなくなりましたので、一つ飛ばしまして、ちょっと消防の方のお話を伺います。

ガス爆発事故があったわけですが、その原因が温泉であれ何であれ、爆発事故で火災事故があったということは、消防の方の支援、協力が不可欠でございます。

ひとつ消防庁として、今後、温泉におけるガス爆発対策、我々も環境の方は環境で温泉法の改正をしますが、消防の方は一体この対策をどういうふうに考えておられるのか、お伺いします。

○寺村〔映〕政府参考人〔消防庁審議官〕　お答え申し上げます。

ことし六月十九日に東京都渋谷区の温泉施設で発生した爆発火災を受けまして、消防庁におきましては、温泉採取施設の実態調査を行うとともに、有識者などから構成されます検討会を開催し、火災予防上の観点から安全対策の検討を行っているところでございます。

全国調査の結果からは、温泉採取に伴い発生する可燃性ガスの爆発対策は、現状においては十分確保されていないと認識しているところでございます。

したがいまして、温泉におけるガス爆発対策として、ガス爆発により在館者の人命被害が生じるおそれのある屋内施設につきましては、消防法令においても、ガス漏れ、火災警報設備の設置など、所要の防火安全対策の確保が必要であると考えているところでございます。

今後、検討会の結果を踏まえまして、環境省とも連携を図りながら、消防庁として速やかに必要な措置を講じ、今後の温泉におきますガス爆発対策を推進してまいりたいと考えているところでございます。

○吉田（泉）委員　そうしますと、消防の方でもこういう温泉のくみ上げ施設等にガス検知器等の設置を義務づけるとか、そういう方法でもって、いわゆる消防法の対象にしていくということだと思います。そうしますと、一番最初に申し上げた建築確認のときなどにも、そういうチェックを入れることができるということにつながっていくんだと思います。ひとつよろしくお願いします。

最後に、大臣の方にお伺いしたいと思いますが、先ほどの質疑にもございましたけれども、大深度掘削の問題であります。

渋谷の場合も千五百メーターの大深度でした。この十年ぐらいの期間の統計を見ると、全国では毎年二百件近く大深度の温泉が掘削されています。大深度というのは千メートル以上の地下からくみ上げる温泉ということだそうですが、千メートル下にあるいわゆる化石水というのが人間にとって安全なのかどうか。それから、温泉資源や周辺の地盤への影響とか、毎年二百件近く掘っているわけですから、影響がないのかあるのか。さらには、今回のこういうガス噴出と大深度とは一体どういう関係にあるのか。大変、新しい事態だけに不明な点も多いわけであります。

結局、とりあえず大深度掘削泉について調査を急ぐべきじゃなかろうか。そして、場合によっては、規制の対象、規制も加えていくということじゃないかと思いますが、大臣、いかがでしょうか。

○鴨下国務大臣　先生の御懸念は私も共有するところでありまして、特に、一千メーターを超えるいわゆる大深度掘削泉が増加してくるということで、自噴の湧出量が減少傾向にある、こういうことも指摘されているようであります。そういうような結果として、今おっしゃっているように、化石水というのはもしかすると有限のものかもわかりませんから、そういう意味で、枯渇化、こういうことも懸念されるんだろうというふうに思います。

そういう意味で、大深度掘削泉の開発に伴ういわゆる温泉源への影響や、それから未利用の自噴源泉による周辺の源泉あるいは周辺環境への影響、こういうようなことというのは、やはり科学的に調査をしなければいけないだろうというふうに思います。

加えて、今お話しになったように、では、その泉質についてどうなのか、こういうようなことも含めてまだまだ未知の部分もございますので、こういう分野について、来年の予算要求でもさせていただいているわけでありますけれども、この調査検討をしっかりとさせていただきたいと思っておりますので、先生の御指摘を生かしてまいりたいというふうに思います。
○……。
○田名部〔匡代〕委員〔民主党〕　……。
……。

今回、この法律を読ませていただいて、私、非常にびっくりというか疑問に思ったということがありました。それは温泉についての定義でありますけれども、これは大臣も驚かれたんじゃないかなというふうに思うんですが、例えば、大量の水道水の中にほんの少量の源泉水が入っただけでも温泉、また、これは冷泉、温度が零度であっても温泉というような定義になっております。本当にこれが温泉と言えるんだろうかということもあるんですけれども、特に温泉を利用する多くの方というのは、こういう定義が定められているというふうなことは知らないんだろうというふうに思うんです。

温泉法のみならず鉱泉分析法指針で、鉱泉の定義、さらにその中に療養泉というのがありまして、これは前回、今御質問された民主党の吉田泉委員からもこの委員会の中で御質問があったように、議事録を読ませていただきましたけれども、私も同じような疑問を持たせていただいて、そのときの政府の御答弁を見てもどうもなかなか理解がしがたいなというふうに思いましたので、再度御質問をさせていただきたいと思うんです。

療養泉とは、特に治療の目的に供し得るものというふうになって、適応症の掲示が可能となっているんですね。でも、その定義も、先ほど言ったように、成分が一定量、それはほんの少量、私からすると少量ですけれども、少量を含有している、また温度が二十五度以上あればそういう治療に役立つというふうになっているんです。

まず、この温泉の定義について、大臣はどのようにお考えかお聞かせください。

○鴨下国務大臣　先生がおっしゃっている趣旨は理解をするのでありますけれども、この温泉法の第二条に定義がございます。その中では、「「温泉」とは、地中からゆう出する温水、鉱水及び水蒸気その他のガス（炭化水素を主成分とする天然ガスを除く。）で、別表に掲げる温度又は物質を有するもの」というようなことで、今お話しになったように、温度については、これは摂氏二十五度以上、あるいは物質についてはさまざまな物質がございますけれども、そういうようなものを含んでいるものを温泉、こういうふうにいうわけでありまして、それがどういう効能、効果を有するのか、あるいはそれに対して科学的なエビデンスをどういうふうに求めていくのかということについては、これはなかなか難しい部分もあります。

私もそういうことを勉強する学会に所属していたこともありますけれども、温泉だけが効果があるかというと、むしろ、例えば療養なんというのは大気、安静、栄養療法といいまして、空気のきれいなところでゆっくりとくつろいで、そしておいしいものをいただいているとおのずと体はいやされてくる、こういうようなこともありまして、そういうトータルのもので温泉というのは効能があるんだなというふうに古来言われていたんだろうというふうに思います。

ただ、この水を持ってきて、温泉を持ってきて、飲んだらあるいは皮膚に塗ったら病気が治る、こういうものというふうに証明するのはなかなか難しいんだろうというふうに思っております。

○田名部委員　……。

今大臣がおっしゃられたように、含まれている成分がどうかというその効能だけではなくて、やはり自然の中でゆっくりとくつろぐこともまた療養の一つであろうというふうには思うんですけれども、例えば、そうであるならば、もうちょっと情報の提示の仕方を考えてもいいんじゃないかなというふうに思うんですね。

例えば、成分が一キログラム中一ミリグラムとか何ミリグラムと書いてあっても、それがどのぐらい薄められているのかによってはまた少し変わってくるのでありましょうし、それが加熱ですとか殺菌処理、循環というものを繰り返していくと、またその効能というのも、これは専門的なことなんでしょうけれども、変わってくるんじゃないだろうかというふうに思うんですね。

私、地元の方から「温泉法改正のあらまし」というパンフレットをいただいたんですけれども、この中で、「温泉利用事業者が掲示しなければならない項目」というのが十二項目義務づけられています。そのほかに、「自主的に掲示することが望ましい項目」という中に、どのぐらい加水しているのかとか、入浴剤、消毒処理の程度というのも自主的に、事業者に任されているわけなんですね。お湯がどのぐらい入れかえられているのか、浴槽の掃除はどのぐらいの状況なのかというようなことが自主的な掲示というふうになっているんですけれども、大臣、これは、利用者の立場に立って考えると、もう少し丁寧に情報を提示してあげることが必要なんじゃないかと思うんですが、いかがでしょうか。

○鴨下国務大臣　前回の温泉法改正において、温泉利用事業者が提示しなければならない項目というようなことで、今委員が御指摘なさったような、源泉名だとか温泉の泉質あるいは温泉の成分、それから成分の分析の年月日等々、十二項目において義務づけられているわけでありますけれども、例えば、温泉を業として専らやっている部分と、それからその村の一角にわいている温泉と、本当にさまざまな温泉があるものですから、そういうものを一律に、例えば、より厳密にというようなこともなかなか難しいでしょうし、河原にわいている温泉に少し川の水が入って、それで薄まったら本当に効能が落ちるのかどうかというようなことも、かなりある意味で心理的なものもあってというようなこともあるものですから、できるだけ厳格にするべきだという一方、やはり自然発生的に温泉を利用してくださる方々の妨げにはなってはいけない、こういうような二つのバランスの中で今やらせていただいているわけでありますけれども、いろいろと検討するべきこともあると思います。

例えば、入浴剤のようなものを添加して、いかにも温泉でございますというふうに言っていたところもありました。あるいは、かけ流しの一〇〇％温泉だといいながら沸かしていたり、それから水を加えていたり、これが、どこまでが許されて、どこまでがそれは温泉を利用する方を欺くことになるのか、こういうようなことについてもう少し勉強させていただきたいというふうに思います。

○田名部委員　今御説明いただいたように、いろいろと難しい問題もあるんだろうというふうに思いますけれども、大臣のお言葉どおり、温泉を利用する側が欺かれないような、的確な情報提供に今後も努めていただきたいというふうに思います。

それと、安全対策の質問に入る前にもう一点お伺いしたいんですけれども、近年、健康ランド等の公衆浴場というものが大変ふえておりまして、十七年度で新規掘削の申請が五百三十五件、そのうち許可されたのが五百十二件、不許可が十件。言ってみると、ほとんど申請をしたら許可がされるということなんですが、環境省の立場として、温泉の保護、利用の適正という観点から、これは妥当な数値、妥当な許可なのだろうかなというふうにちょっと思うわけであります。

先ほど吉田委員の御質問に、大臣は温泉も枯渇が懸念されるというふうにおっしゃっておられました。実は私、いろいろ御説明を役所の方に聞いたときに、温泉は循環型資源であるので余り心配がないんじゃないだろうかというような御説明をいただいたんですね。それで、ある一定の、調査も含めて、国として基準を設ける必要がないんだろうかというふうに思ったわけです。

この温泉法の中を読みますと、「許可の基準」というところで、「当該申請が次の各号のいずれかに該当する場合を除き、同項の許可をしなければならない。」しなければならないというような書き方をしてありまして、それがどういうものかというと、「掘削が公益を害するおそれがあると認めるとき。」この公益というものがどういうものなのか、それは地下資源の保護ということも含めて、また地盤沈下ということも調査をした上で、この公益が守られているのかなというふうにちょっと疑問を持ったんですが、その辺、おわかりになれば教えてください。

○櫻井政府参考人　温泉法におきます温泉の資源保護の観点、あるいはそれについての基準という御質問かと思います。

温泉の掘削等の許可に関しましては、今御指摘ありましたように、法律におきまして、温泉の湧出量あるいは温度または成分に影響を及ぼすということが認められるとき、あるいはその他の公益を害するおそれがあると認めるときには許可を与えないということができることとなっております。

多くの都道府県におきましては、この不許可の要件に該当しないということを確認して許可をすることになるわけでございますが、具体的には、温泉資源保護に関する要綱を定めまして、原則として新規の温泉利用を認めない温泉保護地域を設定するとか、あるいは既存の源泉から一定距離以内での新規の温泉利用を認めないというような距離規制を行うというような手法によって、温泉資源の保護を図っているところでございます。

先ほど御指摘のありました許可件数でございますけれども、こういった、既に都道府県が要綱等で明らかにしております基準に沿って申請がなされているということから、ある意味、それに当たらないようなものは申請にもう上がってこないということもあって許可に至っているのではないかと推測しておるところでございます。

こういった不許可とすることについて、国としてどういうふうに基準とかを考えるかということでございますけれども、先ほど申しましたような不許可の要件については、科学的あるいは客観的な判断に照らして行われる必要があろうというふうに考えておるところでございます。これは、前回の改正時におきまして、この委員会でも答弁をさせていただいているところでございますが、環境省におきましては、現在、掘削等の許可の判断のガイドラインというものの策定の作業をしておるところでございます。都道府県が的確に温泉資源の保護の観点からの判断ができるように、そういったガイドラインを通じて技術的な助言を行ってまいりたいというふうに考えておるところでございます。

○田名部委員　ありがとうございました。

一例で、群馬県で温泉掘削許可をめぐる訴訟がありまして、これは今御説明あったように、各自治体が、都道府県が規定をつくっているわけですけれども、県が敗訴してしまったということがありまして、こういったことは、今ガイドラインを策定しているということですので少し安心しましたけれども、国全体として、自然保護、環境保全という観点から一定の基準が必要だと思ったものですから、御質問させていただきました。ぜひ、ガイドラインをもとに環境省らしい基準の設定をしていただきたいなというふうに思います。

それでは、次の安全対策の質問に移らせていただきます。

先ほど来ありましたけれども、ことしの六月、渋谷の温泉施設で爆発事故が起こりました。事故で亡くなられた方に対しての御冥福と、また負傷した方々の一日も早い御回復をお祈り申し上げたいというふうに思います。

先週、私も事故現場を実際に見てまいりました。本当にすごい繁華街の一本裏に入っただけで住宅街というふうになっているわけなんですけれども、そう広い幅の道路ではないところに、その一角に温泉施設が建ってありました。もっと被害者がふえた可能性も十分にあっただろうなというふうに、非常に恐ろしいなと思ったわけなんですけれども、この事故については、可燃性のガスが漏れて、何らかの理由で引火をしたのではないかというふうに考えられておりますけれども、これはまだ調査中の段階だというふうに思います。

もちろん、これは人命のかかったことでもありますし、危険を少しでも早く回避するために法の整備というものは必要だと思うんですけれども、まだこの調査中の段階ではっきりした原因がわからない中で今対策をとろうとしているわけですけれども、それで十分な対策がとれるのかなと思うんですが、大臣はその点はいかがお考えですか。

○鴨下国務大臣　調査中のところは、例えばメタンガスがどこからどういうふうに漏れてどこに貯留したのか、それから、どこの何がそれにいわば発火をするような原因になったのか、こういうようなことについての具体的な話については調査中であるわけでありますから、例えば建物の構造、あるいは排気のための装置、あるいはガスセパレーターの機能、こういうようなものについて個別の話としてはあるわけでありますけれども、少なくとも、可燃性のメタンガスが温泉の掘削、採取と同時に出てきて、それが貯留して火がついて爆発をした、このことについては間違いないわけでありますので、我々は、もうそのことについてはいわば早目にしっかりとした対策をとるべき、こういうようなことが今回の法律改正の最も主眼になっているところでございます。

具体的な話の、シエスパのことについては、今調査中であることは間違いないわけでありますが、そういう趣旨でございますので、御理解をいただきたいと思います。

○田名部委員　今回、この対策を、今後、事業者に対して、また利用者に対してもなのだと思いますけれども、この危険性に対する理解だとか周知徹底というのは、環境省としてどういうふうな取り組みをしていくおつもりなんでしょうか。

○櫻井政府参考人　今回の法改正によりまして、事業者には可燃性の天然ガスが発生している場合に安全対策が義務づけられるということでございますが、既に、この事故の後、七月の段階で、暫定対策ということで、法の根拠に基づくものではございませんけれども、公共団体を通じて、事業者の皆様方に安全対策を実施してほしいというような要請を行っているところでございまして、現実に、そういった事業者の方々から暫定対策については実施をするという御回答をいただいているというのは、この事故を通じて非常に意識が高まってきているというふうに考えているところでございます。

もちろん、この法改正の後、この法の趣旨を十分事業者団体等を通じまして周知をすることによって、安全対策が確実に実施されるようにしてまいりたいというふうに考えております。

○田名部委員　本当に周知徹底をして、安全対策がしっかりとられていくのかという点検をしていくことも必要だというふうに思うんですね。ただ安全対策を投げかけて、信頼して、やってくださいね、やっているでしょうねという判断ではなくて、ぜひともその辺も徹底をしていただきたいというふうに思います。

今回、この法律をいろいろ調べていて、実際、もっと未然に防ぐことはできなかったのかなという疑問も持ちました。例えば、ガスの突出、爆発、自然発火等については鉱山保安法でもいろいろな規制がありまして、これを見ると大変厳しい規制となっています。例えば、定期検査の記録、保管の義務、保安統括官を置き、さらに保安管理者の常駐もさせるということであります。

そもそも可燃性の天然ガスの噴出が確認されている施設、今回の事故も施設であったわけなんですけれども、これは、ほかの省庁がどういう取り組みをしているか、環境省として対策が十分かという検討がなされていたんでしょうか。その辺、お答え願います。

○櫻井政府参考人　この渋谷の六月の事故以前におきましても、平成十七年二月には東京都北区で可燃性天然ガスの噴出事故がございました。東京都は、それに対応して、掘削時の可燃性ガスの安全対策ガイドラインを定めるというような形で対策を開始していたということは承知しているところでございます。

ただ、御指摘の、例えば鉱山保安法に基づく安全規制というのがございますけれども、鉱山として、具体的にはガス事業という形で実施をされる場合と、温泉のように、中小零細と申しますか、旅館を経営しているというような形態の中でガスが出ているという場合、あるいは、利用するためには、ガス事業の方では当然、ガスをガスタンクに貯留する、言ってみれば、危険をさらにため込むというようなことをするわけですが、温泉の場合には、そういった危険をわざわざため込むということは基本的にはしない。利用する場合は別でございますけれども、そういったガスを分離して排出するというようなことから考えますと、その安全対策の程度には当然違いが出てくるんだろうと思います。

こういったものについて、私ども、先ほど申しました、噴出、掘削時の事故に関しての、十七年二月に起きました事故を契機に、そういった対策についての認識は、東京都の方で先導的に行ったこともあり認識をしておりましたところですけれども、この採取時のことにつきましては、他省庁の取り組み等も含めまして、十分その認識が至らなかったという部分があったのではないかというふうに思っておるところでございます。

〔木村（隆）委員長代理退席、委員長着席〕

○田名部委員　確かに、危険をため込むところとそうじゃないところで対策に違いがあるのかもしれませんが、やはり、どちらも人がかかわっていることで、人の命を守るという観点からすれば、厳しく、きっちりと安全対策をとるにこしたことはないと思うんです。

今申し上げた鉱山保安法の中に、鉱業権が消滅した後でも五年間は、鉱業権者であった者に対して、それによって生ずる危険または鉱害を防止するための必要な設備をすることを命ずることができるという規定があります。今回の改正で、温泉法では事業を廃止した者に対しては二年間の措置というふうになっておりますけれども、これは十分な措置なんでしょうか。

○櫻井政府参考人　事業を廃止した後にその事業者に対して措置を命ずるということの年限といいますか、これは、法的な安定性という観点からは、未来永劫そういった措置ができるということはなかなか難しいだろうと思います。今、鉱山保安法は五年という御指摘がございましたが、先ほど申しましたように、安全対策のレベルといいますか、度合いがやはり違っている部分はあろうかと思います。

私ども、二年という規定を設けましたのは、これは採石法という法律におきまして、採石行為を終了した後にそういった措置を命じることができるという規定がございまして、そういったものとの均衡も考えながら、二年という規定を提案させていただいているところでございます。

○田名部委員　事業者がやめた後、二年間、危険がそのまま放置されることがないように、それも徹底をしていただきたいというふうに思います。

今回、何でこういう事態になったかというと、もちろん法の整備が十分ではなかったということもあるんだと思いますが、ただ、事業者側の認識不足、また対策の仕方というのが非常に欠陥があったということを思いますし、報道によると、さっきも御質問にあったようでありますが、配管の設計が予定と全く違うような設計になっていたというような報道もなされているわけであります。

先ほど来お話があるように、事業者に対しての周知、危険性の周知徹底をして安全対策を確立していくということももちろんこれから大事なんですけれども、なぜこの問題を未然に防げなかったか、役所でいろいろな規制があったり、取り組みをしていたにもかかわらず、なぜこの温泉についてだけこの安全対策というものができていなかったのかなということを含めて、皆さんに少しお伺いをしたいと思うんです。

私の手元に、国土交通省関東地方整備局発行の「施設整備・管理のための天然ガス対策ガイドブック」というものがあります。これはことしの三月、爆発事故より三カ月も前に発行されているんですけれども、環境省はこのガイドブックのことを御存じだったでしょうか。

○櫻井政府参考人　国土交通省の作成されましたガイドラインにつきましては、本年六月の事故以前には、私どもとしてはこの情報については把握しておりませんでした。

○田名部委員　では、このガイドブックについてだけではなくて、その二年前にも、九十九里のいわし博物館で起きた天然ガスの爆発事故を受けて、国土交通省で「国家機関の建築物等の保全の現況」という概要をまとめて出しているんですけれども、それも御存じなかったですか。

○櫻井政府参考人　同様に、その件につきましても、私どもとしては把握しておりませんでした。

○田名部委員　では、いわし博物館の事故は御存じでしたか。

○櫻井政府参考人　いわし博物館の爆発事故につきましては、大きく報道されたこともあり、その時点での担当者は認識していたと思います。

○田名部委員　そのときに、同じような可燃性の天然ガスが出ている温泉施設においても、同様の事故が起こる危険性があるというふうには考えなかったんでしょうか。

○櫻井政府参考人　いわし博物館の事故は温泉の掘削に伴うものではなくて、千葉のあのあたりでは非常に浅い深度でもガスが発生するということがあるようでございます。何らかの形で建物の中にガスがたまって爆発をしたというふうに聞いております。

一方、温泉の場合に、可燃性の天然ガスに基づく安全対策が必要ではないかという議論につきましては、これは今回の渋谷のシエスパの例でもございますが、そういった掘削に伴って可燃性の天然ガスが出てくる場合には、業界のいわば常識といいますか、業界で渋谷の場合にもガスの分離装置をつけておったというようなことがございますので、すべてを安全対策として規制するというところまで思いが至らなかったということはございますけれども、業界においては、多くの場合にそういった対策が行われていた場合もあったのではないかというふうに考えております。

○田名部委員　ガスが深いところから出ているとか、掘って出たとか浅いところから出たとかということではなくて、こういう事故が本当は想定できたんじゃないだろうかというふうに私は思うんですけれども、ちょっと国土交通省の方にお伺いいたします。

今申し上げた天然ガス対策ガイドブック、これはどのような活用方法、どういったところに配付をされていたんでしょうか。

○藤田政府参考人　お答え申し上げます。

平成十六年の七月に起こりました九十九里のいわし博物館の爆破事故を契機に、南関東のガス田エリアで危険と考えられる地区に位置する官庁施設につきまして、同様の事故が発生するという、既存の建物、温泉ではなくて、そういう危険性があると認識しておりましたので、その地域にある官庁施設の施設管理者にお伝えをして、それで二年ぐらいかけましていろいろ知見を集めて、先生御指摘のハンドブックをつくって、これもそういった関係者にお配りしたのと、その後、インターネットで公開をさせていただいて、どの方にということではないんですけれども、広く一般の方々に見ていただけるような方策をとらせていただいたところでございます。

以上です。

○田名部委員　環境省は、掘削時のいろいろな安全対策ということは考えたけれども、しかし、建物についての安全対策というのがなくて、国土交通省さんでは、施設に対してこういう危険性があるということを認識していたわけですよね。それは、役所の建物かどうかということではなくて、あらゆる施設においてそういう危険性があるというふうにはお考えにならなかったんですか。

○藤田政府参考人　私、官庁営繕部長としましては、まず担当するのが国の官庁施設ということです。

ただ、研究したといいますか、千葉県の皆様方と一緒にいろいろ研究した成果をハンドブックにまとめさせていただきましたので、これは当然ながら、関係するというか皆様に見ていただけるというつもりでインターネットで公開させていただいたということであります。

○田名部委員　もしもそういう認識があってインターネットで公開をしていたというのは、私はそれは不十分だというふうに思いますよ。もちろん、その危険性がある以上、役所の建物だろうが何だろうが、人の命にかかわることであれば、きっちりとその施設に対して指導を行うべきだったと思いますし、それは温泉を管轄している環境省さんにも、その情報はしっかりと提供するべきだったんじゃないだろうかというふうに思うんです。

このガイドブックの「はじめに」のところで、「天然ガス発生地域において、施設の安全を図るには、」というふうに書いてあるんです。渋谷の爆発事故があった施設も天然ガスの発生する地域なわけですね。であるならば、私は先ほど未然に防げたんじゃないかというふうに申し上げましたけれども、これは未然に防げたというふうに断言していいんだろうと私は思うんです。

大変すばらしいガイドブックなんです。大臣はこれをごらんになったことがありますでしょうか。大変すばらしいガイドブックで、具体的な安全対策がしっかりと書かれております。施工時の安全対策、そして、その後の施設の管理に対しての安全対策も書かれております。

この中の施設管理というところ、「天然ガスに留意した施設管理」に、天然ガスの対策設計は確立された手法ではない、設計の妥当性というのは竣工後の検証によって初めて確認できる。ですから、調査、計画、設計、施工時に得られた情報を施設にしっかりと伝えて安全対策をとらなければ安全は確立できないんだというようなことが書いてあるんですね。

そのほかにも、日常の点検として、ガスの湧出量というのは時とともに変化をするんだ、ガスが施設内にたまっていないか定期的に検査をする必要があるということまで書いてあるんです。

確かに、先ほど私の担当はここですということをおっしゃっておりまして、実は、きのう私も御説明をいただいたときに、どうしてこれはもっと広く安全対策として配付しなかったんですかというようなことを伺いましたら、自分たちの権限外のところにはそういうことができないというか、権限外のところなのでというお話があったんです。

大臣、これはどこの役所もそういう風潮というか、自分たちのところのことはやるけれども、危険性があっても、それは他省庁、そこの管轄の人がやればいいよというような発想で取り組んでいらっしゃるんでしょうか。大臣、どうですか、役所の中を見て。

○鴨下国務大臣　今先生の一連のお話を聞いていまして、例えば、温泉の掘削に伴うメタンガスあるいは可燃性の天然ガス、そういうようなものと、それから今お話しになったいわし博物館等で起きた事故、こういうようなものを結びつける、いわばある種の想像力というのがそれぞれ各省に必要なんだろうというふうに思いますし、これからは、特に、すべての情報はインターネット等でも我々もとれるわけでありますけれども、各省庁間でももっと連絡を密にして、メタンガスあるいは爆発、こういうようなキーワードがあったときにはお互いに情報を共有できるようにする、こういうようなことは本当に先生がおっしゃるとおりだろうというふうに思います。

今後も、そういうようなことで想像力を働かせて、そして、しかるべき危険に備える、こういうようなことは本当に不可欠だろうというふうに思っておりますので、御意見を承らせていただきたいと思います。

○田名部委員　ありがとうございます。

これは何も国土交通省さんだけのことではないですし、温泉というか施設にかかわった、また、可燃性天然ガスの爆発、危険物にかかわったところというのは、厚生労働省さんもそうですし、消防庁さんもそうですし、いろいろな役所がかかわっているわけでありまして、今大臣がおっしゃったように、もっと連携がとれていれば未然に防げたんじゃないだろうかなというふうに思うんです。これもいろいろ伺うと、それはこっちの役所で、これはここの担当でという話になって、一つの回答にたどり着くまでになかなか時間がかかったりもしたんです。

例えば、可燃性天然ガスが発生する施設においては耐震性の問題なんかもかかわってくると思うんですけれども、そういうことも環境省がきっちりと主導権を持って、連携をとりながら確立していくということでよろしいんでしょうか。

○櫻井政府参考人　耐震性についても、温泉施設に地震がありますれば、配管についての事故、破損等が生ずる可能性はあろうかとは思います。

ただ、耐震性の全体につきましては、建物の耐震性という観点になりますと、恐縮でございますが、やはり建築基準の世界ということになってまいります。配管等の中でどの程度の耐震性を持たせるかという議論になりますと、やはり温泉法の中でも視野に入ってくる部分があろうかと思いますが、さらに検討させていただきたいというふうに考えております。

○田名部委員　わかるんですよ。建築基準法で今度はまた国交省さんの方になるんだと思うんですけれども、先ほど大臣がおっしゃられたように、いろいろな想像力を働かせて、温泉施設に関しては環境省さんの管轄なわけですから、それは、建物の基準はもちろん国交省であろうとも、こういうこともチェックしてもらわなきゃいけない、こういうところは厳しくしてもらわなきゃいけないということは、やはりしっかりと考えて対策をしていかなければならないと思うんですね。

……。

今回の事件を踏まえた法改正も、やはり人の命のかかわったことでありますから、それぞれ担当があるのは十分に理解をしておりますし、これから連携を深めていくということなんでしょうけれども、事が起こってから、いつも、いや、もっと連携を深めて、もっとこういうことをやりますというのでは、失われた命は返ってこないわけなんです。

ですから、先ほど、何度も申し上げますが、大臣のおっしゃられた言葉が、本当に想像力を働かせて、どんなささいなことでも見逃さないように情報を共有しながら対策をとっていかなければならないというふうに思うんですが、その御決意をまず担当のお役所の方からお伺いしたいと思うんです。

○櫻井政府参考人　今回の渋谷の事故につきましては、温泉行政にとっても非常に重大な事故であったということから、今回の法改正を提案させていただいているところでございます。

関係省庁とも省庁連絡会議を設けまして情報の共有を今図っておるところでございますが、今後、この法律の施行に当たりましても、消防庁あるいは建築確認部局あるいは労働安全衛生部局等々と連携を十分密に図ってまいりながら、安全対策に万全を期してまいりたいというふうに考えております。

○……。

○末松〔義規〕委員〔民主党〕　……。

……。

先ほど大臣からも御説明をいただいたんですけれども、この原因究明は今警察の方が行っているということで、まだ結論が出ていないと伺っておりますけれども、それは事実でしょうか。

○櫻井政府参考人　御指摘のように、渋谷の事故の詳細な原因につきましては、現在、関係機関、警察、消防で捜査、調査中でございます。

大筋としての原因というのは、温泉から分離した可燃性天然ガスが滞留をして、何らかの着火源から引火、爆発したということではないかというふうに考えておるところでございます。

○末松委員　推測原因として、メタンが充満した、それに何らかの着火原因があって、そして爆発してああいう悲惨な事故になったと。本当に、犠牲者になられた方には心から哀悼の意を表するわけでございます。こういうことが二度とあっちゃいけないなと思うわけでございます。

そのときに、爆発ということを繰り返しちゃいけないということ、当然これはそうなんですけれども、ただ、私どもが行ったときに、警察の方が仕切っておられて、我々も、議員も中に入らせてもらえなかった。話を聞くと、環境省の専門家も実は現場を子細に見ていない、そういうことなんです。法案ということで、推測原因でおおむねそうだろう、多分九九％そうなのかもしれないけれども、この爆発という原因、これが実は、環境省の専門家が見る前にこういう対策が出てきたんだと。警察庁も少し考えてもらって、そういった温泉の専門家もしっかりいるわけですから、そういったことで調査のためのいろいろな原状復帰というものをやって、それで原因というものを探求してみるというのはそれなりに意義あることなんですが、ただ、現場の爆発の大きさとか、どういうものなんだと、やはり肌で感じるものがあって、初めて対策というのは出てくるんだろうと思うんですね。

ですから、私は、この点については警察庁の方もしっかりと考えていただいて、そういう専門家で、本当にそんなに支障はない話ですから、そこはもう少し協力的に、あるいは議員の視察についても、こういった公の議論の場で対策について議論をしていく責任のある人間でございますから、そこは視察等に応じていくべきだと思っていますが、警察庁の方はいかがでしょうか。

○小野〔正〕政府参考人〔警察庁長官官房審議官〕　お答え申し上げます。

現在、本件につきましては、警視庁におきまして鋭意捜査中でございまして、現在も検証を継続中でございます。検証を実施中でございますので、基本的には、捜査関係者以外の方につきましては立ち入りについては御遠慮いただいているという状況でございます。

ただ、そう申し上げましても、特段の必要性の認められる方もおられると思います。そういう場合につきましては、捜査の進捗状況にも実はよるところでございますけれども、あらかじめ時間的な余裕もいただいて、御要望いただきますれば、私どもで、捜査上支障のない範囲で、可能な限り対応させていただきたいというふうに考えております。

今回、委員お出かけいただいて、まさにそのときはちょうど間の悪いというところでございまして、実は現場状況を再現した検証、配管等につきましてやりまして、現場状況について今確認をやっている最中でございまして、ちょうどそういうときに急にお出かけいただいたという状況でございますので、今回は大変恐縮しておりますが、残念でございました。

また、今後、必要な場合につきましては、あらかじめ余裕を持っていただきまして、また捜査のそういう状況にもよるんですが、対応させていただくことはあるというふうに考えております。

○末松委員　基本的な態度は、その必要性をできる限り広くとらえながらやっていくということですね。私たちがまた行こうとしたら、また間が悪いなんて言われると困っちゃうんですけれどもね。

そこは、基本的には捜査を、特段の著しい支障がない限りにおいてやっていくという御答弁を、オープンに、必要のある人たちに対してはやっていくということでいいですね。うなずいておられますけれども、もう一度確認します。

○小野政府参考人　まさにそういう考え方で対応させていただきたいと思っております。

○末松委員　それは正しい対応だと思います。

それから、メタンですね。実は都会の密集地で、メタンが常時二十四時間ずっと出てくるわけですね。これの対応で、室内にたまって爆発したんだというところですけれども、どんどんどんどんメタンは、付近の住民、いやが応もなくどんどんどんどん出てくるわけですね。

このメタンというのは、聞いてみると、温暖化ガスの、CO_2の二十一倍も温暖化に対して悪いというようなことも言われているわけなんですね。しかも、それが都会の物すごい密集地なんですね。そういった場合に、付近の住民の健康被害を考える必要はないのかなという気がするわけです。

そこについて、この対策では何ら出ていないんですけれども、この法の改正の中、これはアウト・オブ・スコープというか、そういう対象外だったんでしょうか。

○櫻井政府参考人　メタンガスでございますが、これは無色、無臭、無毒というふうに言われております。無毒といいますのは、もちろんメタンガスが高濃度で酸素が不足すれば窒息という危険はございますけれども、メタンガスそのものの危険というよりも、それは酸欠という状態の危険だと思います。そういった意味で、メタンガスそのものに毒性はない、そういうふうに言われております。

それで、近隣の住民の方の健康被害の防止という観点から、そういったことも規制の対象ということは考えられるのではないかという御指摘でございますが、今申しましたように、メタンについては、毒性というものはないということから、そういった健康被害の防止という観点からの規制は必要ないというふうに考えております。

なお、メタンは空気より軽いということでございますので、放出と同時に急速に上方に拡散をされる、したがって、先ほど申しましたように、酸欠の状態になるといいますか、高濃度のメタンを吸引して酸欠になるというようなことはないのではないかというふうに考えております。

○末松委員　二十四時間ずっと休みなく出てくるわけなんですね、ああいう極めて密集した住宅街に。それがそんなに低濃度であるとも思えない。例えば、拡散する中で、ほかの家にもすき間から入ってくる、それが二十四時間、昼も夜もずっとたまっていくわけですね。

こういった場合に、メタンそのものは無毒、これは本当に無毒なのか私はよく知りませんよ、でも今無毒とおっしゃった。でも、自然界のバランスを逸したような形でどんどんどんそれがたまっていく。そうすると、健康は全く関係ないんですかね。私なんか正直言って、すぐ横に、ずっと二十四時間メタンが上がってくるという横には住みたくないですね。

そういった意味で、直接的な、長期間ずっとやっていく、それについても問題なしと環境省は判断したんですか。

○櫻井政府参考人　先ほど申しましたように、メタンについて大気中に拡散しているものを吸引するリスクという議論だろうと思いますが、現行の大気汚染防止法においても、メタンを健康被害という観点から規制するということはしておりませんし、それはもちろん、そのもとには、メタン自体に毒性がありやなしやというところにあるんだろうと思います。

もう一つは、先ほど御答弁させていただきましたけれども、空気より軽いという性格上、閉鎖された空間に滞留して爆発するという議論はあっても、外に出れば急速に拡散をする。その辺に滞留する、外で、大気中で滞留するというものではないというふうに考えておるところでございます。

○末松委員　そういうふうに環境省が判断していると今明らかにしたということで、私もそれ以上に裏づける証拠も持っていませんので、今回、これはこの程度にしておきます。

目先を変えて、都会の温泉の排水対策というのはどうなっているんですか。いずれ川にどんどん流れていくんでしょうけれども、これも常時ずっと温泉の成分がかなり流れていくわけですから、まあ魚なんか、これはかなり影響を受けるということもあるんでしょうけれども、その辺については、いわゆるずっと流して、常時流していくということに対して、特段の危険性あるいは影響もないというお考えでしょうか。

○白石〔順一〕政府参考人〔環境省大臣官房審議官〕　お答えいたします。

温泉からの排水でございますけれども、水質汚濁防止法におきまして、温泉というよりは、厨房あるいは洗濯施設を持つということもありますので、大量の排水により水環境に影響を及ぼすという観点から旅館業という形で規制の対象に加えております。

したがって、水質汚濁防止法の基準というものは旅館をやっている温泉についてかかるわけでございますけれども、自然の中にも、例えば硼素であるとか弗素であるとか含まれているものもございますし、また、排水処理技術、なかなか確立が難しいというものもございますので、今申し上げました硼素、弗素に関しましては暫定の排水基準値、すなわち本来の、ほかの業種なりにかかる排水基準よりは若干配慮をした基準値という形で現在対応しております。

○末松委員　そこでいけば、川等について特段の影響は出ないということを今あなたは言ったということですか。それとも硼素でしたか、そこについては規制しているけれども、ほかについては別に規制しなくてもいいいんだという判断だということですか。

○白石政府参考人　ただいま硼素と弗素につきまして暫定基準を設けておるということを申し上げた趣旨は、本来であるならば、理想的な状態は、きちんとした本来の暫定でない基準値の適用が望ましいわけでございますけれども、実現の可能性とかそういうことを考えればやむを得ない措置として暫定基準というのは適用しておるわけでございますので、本来、水質基準という観点からすれば本来の基準がいいわけでございますけれども、どうしても、健康あるいは生活環境に重大な支障が生じない範囲においては、やむを得ざる措置として暫定基準がある、こういう考え方でございます。

○末松委員　早くそれについてもきちんと暫定じゃない基準をつくってくださいね。

要は、ああいう渋谷とか密集したところ、住宅地域で、ああいうお湯がどんどん、温泉というか、ガスと水がどんどんどんどん排出されるということ自体、本当に都市環境にとっていいのかというのがやはりあるわけですね。だから、民主党の中でも同僚の議員が、こういう温泉等は都市ではなくて地方、そういったところにより活性化させるべきであって、余り都市に集中するような形でいろいろなものをつくっていくのは都市環境の観点から非常に問題である、だからそれはよくないというようなことを言っておられる同僚もいるわけです。

そういったところを踏まえて、ぜひ環境省も、排水それから大気の汚染、そういうことも含めて抜本的な、総合的な対策をぜひまた打ち出していただきたいと思います。

……。

○高木（美〔智代〕）委員〔公明党〕　……。

……。

御存じのとおり、六月十九日、……、渋谷区の温泉施設シエスパにおきまして、温泉施設に隣接する、別棟の従業員更衣室、地上一階、地下一階におきまして爆発事故が発生をしたことは大変残念に思っております。三人の方が亡くなられ、八人の方が負傷されるという事故でございました。

……。

さらに翌日、正式に申し入れを総理に対して行わせていただきました。一つは、都市型温泉の開発や利用に関する緊急安全対策の早期策定と全国への周知、また二つ目に、同種の温泉施設の実態調査、総点検の実施、また三点目に、天然ガス対策として、新規立法を含め関連法制度の整備、検討の着手など申し入れたわけでございます。

特に、関連法制度の整備に関しましては、先ほど来、各省庁にまたがるというお話もございましたとおり、消防法、鉱業法、温泉法など、また国土交通の所管も含めまして、省庁横断的な対応を要請いたしました。総理からは、法改正を含めて政府として取り組みたいとの御意向を伺ったわけでございます。

私も、海外出張で不在でございましたので、翌二十三日、献花、また視察をさせていただきました。

早速、一週間後の二十九日、党といたしまして、都市型温泉施設の安全対策プロジェクトチームを設置いたしまして、第一回の会合を持ったわけでございます。何よりも、施設の利用者、事業者、また従業員、近隣住民に配慮した安全対策につきまして、協議することを申し合わせたわけでございます。

以来、随時、環境省を初め各省から御報告を受けながら、また、要請そしてまた協議を重ねながら、この法改正に至ったわけでございます。

今、温泉ブームを背景に、都内ではこうした温泉施設が毎年十カ所近く新設をされております。若い女性も多く利用しております。

しかしながら、東京、千葉など南関東一帯の地下千メートルから二千メートルには、南関東ガス田が広がっております。近年、掘削技術の進歩によりまして、大体千メーターから千五百メートルぐらいまで掘削するようになりました。そのために、温泉水と一緒にくみ上げられるガスの危険性はどの施設も抱える問題だと言えます。

しかしながら、渋谷の温泉施設におきましては、近隣住民に対して十分な説明もないまま繁華街に建設されたこの施設は、狭い土地のために、温泉くみ上げ設備も密閉されたつくりになっておりまして、かねてより、事故を懸念する声が周辺住民から上がっていたと伺います。

そこで、大臣にお伺いいたしますが、今回の法改正によりまして、施設の利用者、また従業員、近隣住民の安全対策に対しまして万全を期すという当初の目的が達成されているのかどうか、その御不安を払拭できる内容となっているのかどうか、大臣の御所感を伺いたいと思います。

○鴨下国務大臣　先生おっしゃるように、犠牲になられた方には本当に御冥福をお祈りしたいというふうに思いますし、加えて、あの周辺の方々には多分大変な迷惑とある意味での不安を与えたんだろうというふうに、私も現場に伺いまして、つくづく思いました。

そういうような意味において、今回の改正によりまして、温泉の採取を許可制として、許可基準として、可燃性天然ガスの分離及び屋外への放出、そしてガス検知器の設置及び十分な換気の実施等を定めまして、温泉の採取事業者に義務づける、こういうようなことを一番の目的とさせていただいております。

事業者にこの技術基準を遵守させる、こういうようなことによりまして、可燃性天然ガスの爆発事故は防止できるものと考えております。温泉の利用者あるいは従業員の方々、そして近隣の住民の皆さんの安全、安心をしっかりと確保する、こういうような方向に向けまして、法律の施行に万全を期してまいりたいというふうに思っております。
○高木（美）委員　この改正法が成立した場合の施行までのスケジュールがどのようになるのか、伺いたいと思います。
○櫻井政府参考人　この改正法の施行についてでございますが、施行日につきましては、改正法の公布の日から一年以内で政令で定めることとされておるところでございます。その間に、技術基準などの必要な規定を早急に定めまして、その後、事業者及び都道府県が対応できる範囲内で、これもできる限り早期に施行することといたしたいと考えておるところでございます。
なお、既存の事業者さんにつきましては、安全対策の実施に相当の期間を要する場合があることから、施行日から六カ月以内は許可を受ける必要がない、つまり、許可を受ける前も営業は継続できるということなどの経過措置を設けることによりまして、規制に十分に対応できるように配慮をしてまいりたいというふうに考えております。
○高木（美）委員　恐らく、この改正法が施行されるまでの間、また次々と新たに温泉施設が建設されることが十分に考えられます。今とっていただいています暫定対策につきまして、その間も確実に実施するなど、安全対策を徹底することが必要であると思います。このことにつきまして答弁をお願いいたします。
○桜井副大臣　可燃性天然ガスによる災害防止に関する仕組みを温泉法に導入することでありますが、温泉の安全性を十分カバーできることになると考えております。施行までの間に、今お話がありましたように、再度事故が生じれば、我が国の温泉の信頼を大変損なうということでございますので、しっかりした対応をしたいということでございます。

このために、法が施行されるまでの間において、新法の趣旨を十分事業者に周知して安全対策の意識を高めることや、七月に暫定対策が引き続き確実に実施されるよう都道府県を通じ事業者に促すことなどにより、温泉に対する安全、安心の確保に努めてまいりたいと思います。

○高木（美）委員　実効性ある安全対策をお願いいたします。

この渋谷の事故におきましては、温泉くみ上げ施設内の配管につきまして、先ほど来お話がございましたとおり、設計図どおりに設置されていなかったということがほぼ明らかになっております。換気扇が正常に稼働していながらも、構造上の欠陥によりまして換気が不十分であった、このことも指摘されているわけでございます。

そこで、我が党といたしまして申し上げたことでございますが、許可申請の図面と異なった工事を行っていないかどうか、実際に現場で確認することが大事なポイントではないかと申し上げさせていただきました。やはり、図面それから実際にでき上がった配管、そしてまたさまざまな安全設備等々、これをきちんと現場で点検しませんと改正法が空洞化してしまう、このように強く申し上げたところでございます。

こうした点がこの法改正におきましてどのように盛り込まれたのか、許可の判断材料となります災害防止に関する技術基準への適合性をどのように今後確保される御決意なのか、その点につきまして答弁をお願いいたします。

○並木大臣政務官　先生御指摘のとおり、シエスパの事故原因については、調査中ということで、予断をすべきではないわけですけれども、確かに、当初、直接外に放出するという構造が、中で一回換気扇によって換気するような、そういうことに変えられたということが原因ではないかという指摘もあったということで、いろいろ調査しているわけです。

そのようなことにおきまして、まさに先生おっしゃるとおり、温泉の採取の許可に当たりましては、書類申請のそういう審査だけでなくて、必要な場合には工事完了後に実地の検査を行う旨の許可条件を付して、そして検査の結果、基準に適合していなかった場合は、許可の取り消しや措置命令を行うことによって、施設の構造等が技術基準に適合することを確認することが重要であると考えております。

これらの手続が確実に行われることは、環境省としても、十分必要であり、重要であると考えております。技術基準への適合が確保されるよう、省令において必要な規定を設けることにさせていただきたいと思っております。

○高木（美）委員　恐れ入ります、再度確認でございますが、現場で確認というのが必ず行われる、これをいわば義務的な措置というふうに考えてよろしいのでしょうか。

○並木大臣政務官　先生はもう御存じのとおりなので、構造によってさまざまに違うというか、特に屋内の場合、そうした条件が必要かと思います。

○高木（美）委員　ありがとうございます。

こうした温泉施設におきます事故防止対策をより強化するためには、各施設におきまして、一定の資格、経験等を有する安全管理担当者といいますか、そういう人物を配置することを義務づけるべきではないかと考えております。

今回の渋谷の事故におきましても、管理会社は、委託されたけれどもそこまでは自分たちの範囲ではない等々の、こうした責任転嫁といいますか、すき間が多くあったと思っております。

そういう点から考えますと、安全管理担当者が果たしてその施設においてだれなのか、これもあわせて、現場でこうした条件を確認する際に、許可をするための現場確認の際にあわせて確認すべきではないかと思いますが、この点につきまして答弁を求めます。

○櫻井政府参考人　安全対策の担当者をあらかじめ定めておくということは、御指摘のように、温泉施設の経営主体あるいは設備の管理委託を受けた者など、その温泉の安全対策にかかわる複数の事業者間での責任の所在を明確にする、あるいは事業者の中での責任者を明らかにするということから重要なことであろうと考えております。したがいまして、温泉の採取等の許可申請に当たって安全対策の担当者を明らかにするということを事業者に義務づけることを考えております。

なお、一定の資格とか経験を要求するかどうかということでございますが、今回の安全対策は施設の構造に関するものが中心でございまして、運転段階で特別の技能が必要なものではないということ、さらには、大規模な温泉施設から個人所有の温泉に至るまで事業形態が非常にさまざまであるということから、一律の資格あるいは経験というものを要求するということはなかなか難しいのではないかということで、責任者を明らかにするという形で対応したいというふうに考えておるところでございます。

○高木（美）委員　よろしくお願いいたします。

実は、この渋谷の事故の二年前、平成十七年二月、東京北区におきまして、これも温泉の掘削現場でございますが、可燃性ガスが噴出をいたしまして、高さ二十メートルに上る火柱が上がりまして、二十四時間以上にわたって燃え続けるという事故がございました。

それを受けまして、東京都は独自の安全対策ガイドラインをつくりまして、深度五百メートル以上掘削する場合には、天然ガス噴出を防止する装置をつける、また、ガス検知器で常時ガスを測定する等の指導を行うようになりました。

実は、この背景といたしまして、この北区の事故のとき、我が党の都議会議員も駆けつけまして、この後、都ともさまざま申し入れをしたり検討いたしましたが、やはり法の規制というものが、各省庁横断、なかなかそこが成り立たず、各省庁の壁の中でここが法がないような状態に置かれていた、むしろ、法がない状態の中で東京都に対して温泉の許可が求められ、また、ほとんどそれを通していた、そういう現実もここで浮かび上がったわけでございます。

こうした北区の事故、また東京都のこうした安全対策ガイドラインへの取り組み、こういうことを踏まえまして、今回の法改正におきましては、掘削中の事故を防止するために多くの内容も盛り込まれております。実際にどのような安全対策を義務づけることとしたのか、答弁をお願いいたします。

○櫻井政府参考人　温泉の掘削時の事故及び安全対策でございます。

御指摘のように、平成十七年二月に、東京都北区で温泉の掘削中に火柱が上がるという事故がございました。幸いにして、あのときは死傷者はございませんでしたけれども、この問題の重要性にかんがみ、東京都におきましては、御指摘の安全対策のガイドラインというものを設けたところでございまして、また、環境省におきましても、そのガイドラインを各公共団体に参考にするように配付したところでございます。

今回、法改正を行うに当たりまして、掘削時においても安全対策を行うということを、採取だけではなくて掘削の時点でもそういった安全対策を義務づけるということを導入したいというふうに考えております。具体的には、ガス噴出防止装置を設置すること、あるいは周辺での火気の使用を禁止するというようなことを義務づけることを予定しておるところでございまして、その詳細な内容につきましては、今後さらに検討を進めてまいりたいというふうに考えております。

○高木（美）委員　これは大変苦言を呈するようでございますが、やはり北区でこれだけの大きな事故が発生をしたわけで、当然、先ほど来論議がありましたとおり、それぞれ、これほど多岐にわたる、しかも、この労働者というふうになりますと厚生労働も絡んでくるという、大変多岐にわたる省庁の内容になっておりますので、それをつないでいくのも私たち政治家の役割でもあるとは認識しておりますが、やはりもう一歩、環境省の皆様におかれましても、そこの足を踏み込んでいただいて、未然に事故を防ぐためにどうしたらいいかという、この安全、安心の対策のためにもう一段の御努力をお願いするものでございます。

ちょっと時間は早いのですが、最後の質問にさせていただきたいと思います。

ただいまの各省にまたがる、これにつきましても、今後とも、環境省がかなめとなりまして、こうした都市型温泉施設または全国各地にあります温泉施設につきまして、取り組みを期待するものでございます。

今、温泉につきましては、日本人だけではなくて、特に台湾とか香港とか、また中国系の方たちもそうでございますが、海外からの観光客を呼び込む我が国の重要な資源でございまして、おとといでしたか、私も青森に行かせていただきました。ここは、農水産物と温泉、こういう地域資源しかないんだ、なかなか企業誘致が進まないんだと大変悩みの声を多く受けとめたところでございますが、温泉があるということは大変大事な地域の力でございますし、これをまた活用する、また、そこに例えば外国人の観光客の方が来やすいような通訳の方を配置するとか、まだまだ日本では活用できる範囲が広がっていると思っております。今回の法改正によりまして、そうした世界の方たちも含めて、安心して温泉が利用できるような安全対策を望むところでございます。

この安全対策に対しします大臣の御決意を伺わせていただきたいと思います。

○鴨下国務大臣　今お話しになっていましたように、温泉は、ある意味で、国民の皆様みんなが温泉に入ることを好まれますし、具体的には、例えば療養、湯治、こういうようなものも古来からあるわけでありまして、そういう意味では、いわば我が国の文化にすっかり浸透しているわけであります。

加えて、先生おっしゃっているように、今はむしろ外国からも観光資源の一つとして温泉を目的においでになってくれる、こういうような方々もいるわけでありますから、そういう意味で、全体的なインフラを整えて、安全でしかも楽しく入っていただく、こういうような施設を整えていくというのはまさにそのとおりだというふうに思います。

ただ、先ほどからお話がありましたように、温泉に関する、特にこの南関東のガス田の上にあるような温泉掘削に際しては、可燃性の天然ガス、こういうようなことで、実際に渋谷区のシエスパでは悲惨な事故が起こったわけでありますので、こういうようなことを二度と繰り返さないということで、先ほど来ずっと議論になっております、例えば建築の問題あるいは消防の問題、そしてこの温泉法、こういうことを総合的にいわば連携して、そしてその安全対策に関する規制をしっかりとしていく、こういうことなんだろうというふうに思っておりまして、ぜひ国民の皆さんが温泉に対して信頼あるいは安心をして利用いただける、こういうようなことのために全力を尽くしてまいりたい、こういうふうに考えております。

以上で、第三次改正案に対する質疑は終局した。

3　第一六八回国会衆議院環境委員会（平成一九〔二〇〇七〕年一一月二日）

平成一九（二〇〇七）年一一月二日に開かれた環境委員会において第三次改正案についての討論に入ったが、討論の申し出がなかったので、直ちに採決に入った。その結果、委員全員の賛成がなされ、原案のとおり可決された。

その後、小野晋也議員外二名から、自由民主党・無所属会、民主党・無所属クラブおよび公明党の共同提案による附帯決議を付すべしとの動議が提出された。

温泉法の一部を改正する法律案に対する附帯決議（案）

政府は、本法の施行に当たり、次の事項について適切な措置を講ずべきである。

一　温泉の掘削及び採取等に伴い発生する可燃性天然ガスによる災害を防止するため、都道府県知事が行う採取等の許可に当たっては、より適正かつ厳格な条件を付与するよう検討するとともに、その違反に対しては厳正に対処するよう、各都道府県知事に対し助言を行うこと。また、都道府県知事が、採取事業の廃止等をした事業者に対し、可燃性天然ガスによる災害防止上必要な措置を適宜・適切に命ずるよう、助言を行うこと。

二　温泉の掘削及び採取等の許可に関するガイドラインを作成するに当たっては、その地域の特性を活かした対策を都道府県知事が実施できるよう十分に配慮するとともに、温泉資源が国民共有のものであることにかんがみ、国民、有識者、関係民間団体等の意見等も十分に聴取し、それらを可能な限り反映させるよう努めること。

三　可燃性天然ガスによる災害防止措置を必要としない旨の都道府県知事の確認は、十分な科学的知見に基づいて行うものとするとともに、都道府県知事に対し、本法の施行に必要な限度において、可燃性天然ガスの発生状況、掘削等の実施状況等に関する報告徴収及び立入検査を温泉掘削事業者、温泉採取事業者等に対し適宜・適切に行うよう助言すること。

四　温泉に対する国民の信頼を確保しその利用の適正化を図るため、可燃性天然ガス対策に係る情報を利用者に提供する取組の普及を図るとともに、地方公共団体及び温泉協会等とも連携しつつ、温泉に関する国民の正しい理解が得られるよう、関係情報の適正な公表に最大限努めること。

五　安全対策の着実な実施を図るため、温泉採取事業者による当該安全対策に係る設備の新設等に要する費用等に対し、必要な支援を行うことを検討すること。

六　近年、都市部等における大深度掘削泉の掘削等が増加していることにかんがみ、大深度掘削に伴う可燃性天然ガスによる災害の発生、温泉資源及び周辺地盤への影響等に関する調査・研究等を推進すること。また、全国の未利用源泉についてその実態の把握に努めるとともに、その有効利用策について検討すること。

七　関係各省庁は、可燃性天然ガスに係る安全対策のみならず、硫化水素ガスによる中毒事故の再発防止等、温泉をめぐる諸問題に一丸となって迅速かつ的確に対応できるよう、必要な体制の構築等に万全を期すること。また、その際には、各都道府県等とも緊密な連携を図るよう努めること。

八　温泉において発生する可燃性天然ガスの大部分を占めるメタンが温室効果ガスであることにかんがみ、地球温暖化の防止及び資源の有効活用のため、温泉において発生する可燃性天然ガスの利用を促進すること。

九　温泉が我が国の優良な観光資源であることにかんがみ、国民等が安心して利用できるよう、安全対策及び風評被害対策に万全を期すること。

以上であります。
何とぞ委員各位の御賛同をよろしくお願いいたします。

全員の賛成により、第三次改正案に対し附帯決議を付することに決した。

4　第一六八回国会衆議院本会議（平成一九〔二〇〇七〕年一一月二日）

平成一九（二〇〇七）年一一月二日に開かれた第一六八回国会衆議院本会議において、第三次改正案を議事日程に追加する緊急動議が提出され、日程が追加されることになった。まず、小島敏男環境委員長から、環境委員会における審査の経過及び結果がつぎのとおり報告された。

本年六月に東京都渋谷区内の温泉施設において爆発事故があり、これを契機として温泉における災害の防止のための安全対策が求められているところであります。

このような状況を踏まえ、本〔第三次改正〕案は、温泉の採取等に伴い発生する可燃性天然ガスによる災害を防止するため、温泉の採取に係る許可制度の創設等の措置を講じようとするものであります。

本案は、去る十月二十四日本委員会に付託され、二十六日鴨下環境大臣から提案理由の説明を聴取し、三十日に質疑を終局いたしました。かくして、本日採決いたしました結果、本案は全会一致をもって原案のとおり可決すべきものと決した次第であります。

なお、本案に対し附帯決議が付されたことを申し添えます。

直ちに採決に入り、第三次改正案は委員長報告のとおり可決された。

5　第一六八回国会参議院環境委員会（平成一九〔二〇〇七〕年一一月一五日）

平成一九（二〇〇七）年一一月一五日に開かれた参議院環境委員会において、衆議院から送付された第三次改正案の提案の理由および内容が鴨下一郎環境大臣から説明された。

本年六月十九日に、東京都渋谷区において、温泉のくみ上げに伴い発生した可燃性天然ガスの爆発事故により、三名の方の尊い命が失われました。全国に約二万ある温泉の中には、同様に可燃性天然ガスが発生しているものが相当数あると見込まれ、この事故の教訓を踏まえ、温泉における可燃性天然ガスに対する安全対策の実施が求められております。

本法律案は、このような状況を踏まえ、温泉の採取等に伴い発生する可燃性天然ガスによる災害を防止するため、温泉の掘削に係る許可の基準の見直し、温泉の採取に係る許可制度の創設等の措置を講じようとするものであります。

次に、本法律案の内容を御説明申し上げます。

第一に、法の目的として、現行法の目的である温泉の保護、利用の適正に、可燃性天然ガスによる災害の防止を加えることといたします。

第二に、温泉の掘削に伴う災害を防止するため、都道府県知事による許可の基準として、掘削のための施設や方法が可燃性天然ガスによる災害の防止に関する技術基準に適合していることを追加するとともに、都道府県知事が災害の防止上必要な措置命令を行えることといたします。

第三に、温泉の採取に伴う災害を防止するため、温泉の採取について、既存のものも含め都道府県知事の許可を受けなければならないこととし、採取のための施設や方法が可燃性天然ガスによる災害の防止に関する技術基準に適合していることを許可の基準とするとともに、都道府県知事が災害の防止上必要な措置命令を行えることといたします。

なお、可燃性天然ガスが発生していない温泉については、都道府県知事の確認を受けて、温泉の採取の許可を受けることを要しないことといたします。

このほか、報告徴収及び立入検査の項目の追加等の所要の規定の整備を図ることとしております。

第三次改正案の提案理由およびその内容は以上のとおりである。本案に対する質疑は後日に譲ることになった。

6　第一六八回国会参議院環境委員会〔平成一九〔二〇〇七〕年一一月二〇日〕

平成一九（二〇〇七）年一一月二〇日に開かれた環境委員会において、第三次改正案についての質疑および答弁がなされた。その内容はつぎのとおりである。

○ツルネンマルテイ君〔民主党〕　……。

温泉法の一部を改正する法律案について質問させていただきます。どうぞよろしくお願いいたします。

温泉といえば、私も温泉が大好きです。私の家は神奈川県の湯河原にあります。湯河原も温泉町です。そして、湯河原の温泉にはメタンガスが含まれていないということも一つ有り難いことであります。

六年前に議員になってから専ら東京の宿舎の生活ですが、月に一回か二回、湯河原に戻られるときは必ず銭湯に入ります。ですから、温泉が人々に安らぎを与える存在であることが私にもよく分かります。日本の温泉がこれからも保護をされ、安全なくつろぎの場であり続けることが我々みんなの共通の願いであると思います。

しかし、残念ながら、今回の温泉法の改正はその願いに十分こたえるようなものではありません。特に、温泉の保護の面では抜本的な改正にはなっていません。本当は賛成の立場で質問をしたくありませんが、それでも今回の一部改正では、温泉施設における安全対策を義務付けることは一歩前進でありますので、そのことに関しては反対する理由はありません。しかし、この改正だけでは日本の温泉をめぐるほかの問題の解決には全くなりません。どのような根本的な改正が急務であるかについても幾つかの質問で指摘したいと思います。

最初には桜井副大臣の方に質問させていただきます。

私は、今日はこの法案のトップバッターでありますから、現行の温泉法と今回の改正案の内容と目的について、簡単に説明をお願いいたします。

○副大臣（桜井郁三君）　おはようございます。

ツルネン委員にお答え申し上げます。

私も神奈川県でございますから、湯河原にはしょっちゅうお邪魔させていただいたり、あるいは箱根の方に大変な観光地として行かせていただいております。そういう中でも、今御質問ありましたように、温泉の安心、安全ということは大変重要なことではないだろうかというふうに思っております。

今の御質問のように、現行の温泉法は、温泉の保護と適正な利用を目的としております。温泉を掘ったりポンプを付けたりすることや、あるいは利用客のふろや飲物としての提供することを許可制としております。

今回の改正案は、本年六月の東京都渋谷区の死者三名、負傷者八名という重大な爆発事故の教訓を踏まえ、法の目的に、可燃性天然ガスによる災害の防止を加え、また新たに温泉のくみ上げを許可制とし、安全対策を義務付けること等により、あのような悲惨な事故が繰り返されないようにするためのものであります。

○ツルネンマルテイ君　ありがとうございます。今の答弁にもありましたように、現行の温泉法にも既にこの温泉の保護というのは含まれています。

そこで、私は、次に、これは櫻井局長の方に聞きますけれども、この温泉の保護という定義というか、保護という言葉は一般的にもそれにはどういうことが含まれていると思われますか。お願いします。

○政府参考人（櫻井康好君）　現行の温泉法の目的におきます温泉の保護の意味でございますけれども、温泉法の第一条において温泉の保護という言葉があるわけですが、これは温泉源を保護し、あるいは温泉の枯渇、湧出量の減少、あるいは成分の変化、こういったことを防止するということをいうものと解しているところでございます。

○ツルネンマルテイ君　これも答弁のようには、温泉の枯渇しないようにというのも一応定義には入っていますが、後で私は指摘したいことは、これは今までのこの法律の中でも十分には実行されていないことじゃないかなと私は思っています。つまり、この保護という言葉に、一般的にも考えれば、今のままの状態でもち続けることということは一つの重要なことであります。本当にそうなっているかどうかは、ちょっとほかの質問でも指摘したいと思います。

次には、大深度掘削についての幾つかの質問をしたいと思います。大深度掘削というのは、つまり大変深いところまで掘り下げて温泉をくみ上げることの意味ですね、一千メーターとか千五百メーターまで掘り下げるということですね。

そこで、次の質問は、これは櫻井局長にお願いしたいんですが、東京都内の源泉の数、トータルで、あるいは過去十年間で増加した数も含めて、簡単な数字を教えてください。

○政府参考人（櫻井康好君）　東京都内の源泉数でございますが、利用されている源泉につきまして、本年九月末時点で百三十四本という報告をいただいております。約十年前の平成八年度末の時点では七十四本でございました。六十本増加をしているということでございます。

○ツルネンマルテイ君　わずか十年間では、東京では六十本も増えているということは、都内でも、都会でも温泉ブームが起きているということも言えるんじゃないかなと思っています。

そこに、さらにこの大深度掘削についての全国の情報をちょっと教えていただきたいんですね。つまり、温泉の数は、大深度の温泉の数は、あるいはその深さが全国ではどのくらいあるかということをまず教えてください。これも櫻井局長。

○政府参考人（櫻井康好君）　全国の大深度の掘削の件数ということでございますけれども、温泉の年間の掘削許可件数は、年によって異なりますけれども、平成に入ってからはおおむね年三百件とか五百件、全国でございますが、そのくらいの数字で推移をしております。

平成八年度から平成十七年度までの十年間で掘削深度が千メートル以上のいわゆる大深度掘削は千七百六十七件ということでございまして、全体の約四七％を占めているということでございます。

○ツルネンマルテイ君　そこでさらに、その大深度掘削と可燃性天然ガスの噴出の関係について、つまり、私は一般的に考えますと、深く掘り下げればそこには大体、天然ガスも出るということはあり得ると思いますけれども、そのすべてのところではそうあるかどうか、つまりその関係についてまず教えていただきたい。

○政府参考人（櫻井康好君）　この掘削深度と可燃性天然ガスの湧出の有無、可燃性天然ガスが発生するかどうかということに関して厳密な調査は実施しておりませんが、都道府県から聞いておるところによれば、掘削深度が浅い井戸からでも可燃性天然ガスの発生が確認されている事例もございます。逆に、深いから必ず出るというものでもないとは思われます。

ただ、地質的には、堆積層における大深度にそういったガス田に当たるような場所が多いのではないかというふうに考えておるところでございます。

○ツルネンマルテイ君　私の情報でも、特に都内の場合はその関係が非常に深いということは、ほとんどのところで、全国は別としては出るということですね。そして、今回のこの法案の改正のきっかけになったのは、言うまでもなく、さっきも触れましたけれども、この六月に起きた渋谷区のあの温泉施設の爆発事故ですね。その後は環境省の方では聞き取り調査が行われたと思いますが、あるいは暫定対策も行われました、まあ、できましたね。その際には、例えば聞き取り調査のときはこのガスが出ている源泉と深度の関係もその調査の対象になりましたか。

○政府参考人（櫻井康好君）　聞き取り調査あるいは暫定対策に当たりまして、その掘削の深度と可燃性天然ガスの湧出の関係という意味では、そういった調査を実施はしておりません。

ただ、先ほど申しましたように、大深度において地質的に堆積層に当たるような場合にその天然ガスの発生の可能性が高い、あるいは逆に、可燃性天然ガスはその掘削深度が浅いところからも発生が確認されている事例があるということで、今回の法改正による安全対策は、掘削深度のいかんにかかわらずガスが湧出するような有無、湧出しているかどうかということを確認して、湧出があれば対策を行うという考え方にしておるところでございます。

○ツルネンマルテイ君　私は、このことをなぜ問題にしているかというと、この六月の事故の後はいろんな温泉の利用をする人たちの方では、やはり、私が行っている温泉ではこの天然ガスは出ているかどうかということを、やっぱりそういう不安が利用者の中にありますから、その聞き取り調査でもそういうことも触れたら良かったんじゃないかなと思います。

さらに、そこでもっと大きな問題をお聞きしたいと思います。

これはできれば桜井副大臣の方に質問したいんですけれども、この大深度掘削によって非常に恐れている一つのことは、地盤沈下が起きるんじゃないかなということ、これは専門家たちの中にもそういう指摘がたくさんあります。このことについては、環境省の見解をちょっと聞かせてください。

○副大臣（桜井郁三君）　本年二月の中央環境審議会の答申においても、千メートル以上という深い温泉は、温泉資源や地盤などへの影響がよく分からないというために、調査研究を推進する必要があるとの指摘を受けてございます。

環境省といたしましては、こうした指摘を踏まえ、大深度掘削泉による周辺地盤への影響等に関する調査研究を推進していきたいと考えておるところであります。

○ツルネンマルテイ君　是非それも、明らかになるためにはそういう研究を進めていただきたいと思います。

さらに、もう一つの大きな懸念というのは、さっきも触れましたけれども、過剰くみ上げ、例えば後で温泉学会の話を話しますけれども、そのくみ上げによる温泉の枯渇が起こり得るんじゃないかという心配がいろんなところから出てくるんですね。だから、もしそれは本当だったら、場所によっては違うと思いますけれども、それを防ぐためにもこの新規掘削を規制すべきという意見も専門家の中にも、温泉学会の方でもそうありますけれども、そして、いろんな情報を読みますと、今までの掘削申請のほとんどが許可されている、つまり新規掘削の場合でも規制が行われていないというふうな情報があります。こういうところで規制をすべきという意見がありますけれども、そのことに対して。

○副大臣（桜井郁三君）　温泉のくみ上げなどで枯渇を招くおそれのある場合は、現行の温泉法により不許可としたり、あるいはくみ上げを制限したりすることができる、枯渇を防ぐための法的な枠組みは整っていると考えております。この法的枠組みを活用して、都道府県が効果的な枯渇防止対策を実施できるよう、温泉資源についての調査研究を行い、その成果を都道府県に提供することなどにより技術的に支援をしてまいりたいと思っております。

○ツルネンマルテイ君　これは、次に、今度は鴨下大臣に質問することに深く関係している問題でありますけれども、大臣の手元にも恐らく温泉学会の緊急決議があると思います。私もそれを持っていますし、それを読ませていただきました。

そして、この温泉学会というのは、四年前にできた、かなり幅広いいろんなメンバーが、温泉にかかわっている人とか、大学の先生とか、専門家とか、ジャーナリストとか入っている、役員の名簿を見ればかなり温泉のことをよく分かっている人たちの組織ですね。彼らは今年の九月には緊急決議を行いました。それを読みますと、その中に、今既に私はここで質問したところでは、温泉の枯渇の懸念というか、あるいは地盤沈下の問題とか、こういうこと、あるいは安全の情報を温泉で利用者にも何らかの形で掲示すべきではないかとか、こういうことを彼らはかなり厳しくこの中で要望しているという、提案しているということですね。

この緊急決議の名前も非常にそのことを表しているということ、その名前、題名はこういうふうになっていますね、スパ温泉爆発事故にかかわる可燃性天然ガス等安全対策の徹底並びに大深度掘削による温泉資源乱開発・環境破壊の抑止を求める緊急決議という名前が書いてあります。これを読んで、それに対する大臣のコメントを是非求めます。

○国務大臣（鴨下一郎君）　今先生が御指摘をいただきました温泉学会、これは、おっしゃるように、それぞれの研究している学者さん、あるいは温泉を実際に運営している方々も含めた、ある意味で極めて権威のある学会というふうに考えるわけでありますけれども、その中で、これは九月の一日にその今お話しになったような緊急決議がされているわけでありまして、天然ガス安全対策や温泉資源の保護について専門的な観点から貴重な意見と、こういうようなことで、我々としてもしっかりと受け止めさせていただきたいというふうに思っておりますし、これ、項目からいうと、箇条書きには五項目ございますけれども、こういうようなこともこれから温泉行政にしっかりと生かしてまいりたいというふうに思っております。

ただ、今御質問いただきましたように、本法案によって技術的な基準をこれ遵守すれば、温泉施設の安全性と、こういうようなことについては、このたび改正をいただくわけでありますけれども、そういうようなことによって天然ガスに関する情報、こういうようなことはある意味で事が足りてくるんだろうというふうに思っております。したがって、法律上きっちりと義務付けると、こういうようなことについては、様々な利用の観点もございますので、現状では考えていません。

ただ、先生おっしゃるように、事業者が利用者のニーズにこたえて天然ガスに関する情報、こういうようなことをそれぞれの施設で提供するということは、これは必要なことだろうと思いますし、現実にその温泉を利用している方々にとってみれば、この温泉は天然ガスが出ているのかどうかと、こういうようなことについて関心あるのは当たり前でありますので、この自主的な情報提供、こういうようなことの普及をこの緊急決議を踏まえて更に我々としても普及してまいりたいと、こういうふうに思っております。

○ツルネンマルテイ君　ありがとうございます。是非、こういう専門の組織ができたことですから、それを環境省の方でも彼らの意見を十分生かしながら、法整備も含めて検討していただきたいと思います。

さっきは大臣の方から今のところはそれを法律の中に義務付けられていないと、ガスの安全情報ですね。しかし、春に行われたこの温泉法の改正の中では、それをその中に含めることがもう既に可能じゃないかと私は考えています。その中では、この一つの改正のことは、温泉の成分の定期的な分析とか公表の義務付け、項目がありますね。その中では項目の掲示、項目の追加というところがありますね。その中では、温泉の成分とかを入れるべき、しかしこのガス安全情報の掲示が義務付けられてないんですね。しかし、その中ではこういうふうに書いてありますね。その他温泉利用の上で必要な情報で、これは環境省令で定めるというふうに書いてあるんですね。だから、今もそれを省令の中に入れることができるはずですけど、これはもう既に省令の中にガス安全情報の掲示が含まれているかどうか、これもちょっと大臣の方から、あるいは局長の方。

○政府参考人（櫻井康好君）　掲示の関係でございますが、今御指摘のように、成分の掲示等ということで、法律においては温泉の成分、あるいは禁忌症、入浴又は飲用上の注意というようなことを掲示することが定められておりますけれども、あわせまして、必要な事項として環境省令で定めるものというものもその対象にし得るということになっております。

現行におきましては、現状におきましては、例えば温泉に加水をして、水を加えるというようなこと、あるいは加温すると、温めるというようなことをする、あるいは入浴剤を加えるというようなことについては、そういうことを行っているというような旨を掲示することを求めておりますけれども、先ほど大臣からお答え申し上げましたように、今回の可燃性の天然ガスの有無というような点につきましては、まあ有無ということだけではなかなか安全性にかかわる話として、今回の法律の規制を守っていただけば、その利用の、利便とかそういった問題ではなくて、安全性は基本的に法律を守っていれば確保されるはずでございます、これは天然ガスが出ていようが出まいが。

したがいまして、それを、天然ガスに関する情報という意味では、むしろそういった天然ガスが出ている場合に、当該施設では、例えばこういうふうにセパレーターを設け、あるいは施設は屋外にありますとか、あるいはこういった防爆施設を設けておりますとか、屋内にあればですね、ガス検知器を設けておりますとか、そういった形のことを、利用者に対する情報提供を自主的に行っていただくという方がいいのではないかと。一律に項目として並んでいるだけではなかなか分かりにくいという面もあろうかと思いまして、今のところそういうふうに考えておるところでございます。

○ツルネンマルテイ君　これも、やはり法律には今はっきりそれは義務付けられていなくても、各温泉の経営者たちは、私も、ある新聞の情報ですけれども、自発的にうちの安全情報を掲示しているところもあると聞いていますけれども、やはりこれはさっき言ったように、環境省令でも定めることできたら、やはりそういう指示もあればもっと積極的に、これは利用者の人たちの安全のために今はそれは求められているということは確かだと思います。是非それもよろしくお願いします。

次には、メタンガスの有効利用に関することについて質問したいと思います。

メタンガスが出ているのと出ない温泉がもちろん全国にはありますけれども、まず、都内にある温泉施設から外気へ排出するメタンガスの量がどのくらいになっているか。あるいは、これは全国のレベルでは、温泉施設からは大気放散になっているメタンガスの量はどのくらいあるか。ついでに、もしそれ分かりましたら、これは今、日本の温室効果ガス排出量の中で、全体の中では大体何%くらいになっているか、それもちょっと続いて教えてください。

○政府参考人（櫻井康好君）　温泉から発生しておりますメタンの正確な量というのは、これは計測をしているわけではないので正確な量は不明ということではございますが、調査結果を基に一定の仮定を置いて計算を、推計をしてみたところでございます。その過程等々、計算過程をちょっとはしょって数字、結論的に出ました数字を申し上げさせていただきますが、東京都内の発生量は年間で二千ないし三千七百トン程度。二酸化炭素にこれを換算いたしますと、四万一千から七万七千トン程度ではないかと考えております。

全国の発生量でございますが、年間二万七千から五万一千トン程度。これを二酸化炭素に換算いたしますと、五十七万から百六万トン程度ということでございます。この全国の推計発生量五十七万ないし百六万トンというのは、我が国の温室効果ガス排出量の〇・〇四ないし〇・〇八％に相当するものであるというふうに考えております。

○ツルネンマルテイ君　私もこういう情報を読んだときには、案外これは全体の中の温室効果ガスの中ではそれほど大きいものではありません。しかし、それでもメタンガスは、御存じのように、二酸化炭素の排出に比べると二十倍あるいは二十一倍の温室効果がありますから、これを利用することできれば、これもいろんなところで提案されているんですけれども、それを、何らかの形でその利用を義務付けるべきではないかという声もあります。それに対して、まず一つ。

そしてもう一つは、もしどこかの温泉がその有効利用を考えているんなら、言うまでもなくこれにはコストが掛かりますね、それをエネルギーに変えるときの設備とか。そんな場合は政府の方から何らかの支援策が検討されているかどうか。この二つの質問にお願いします。

○政府参考人（櫻井康好君）　御指摘のように、メタンガスを利用して大気の放出を抑制するということは地球温暖化対策上も望ましいということでございます。ただし、他方、利用できるほど多量にはメタンが発生しない場合、あるいは発生したメタンを利用するほどのエネルギー需要がない場合というような場合には、メタンの利用が事業として成り立たない場合もあろうかと思います。こうしたことから、メタンの利用につきまして一律に義務付けるということは今回しておりませんが、今後、技術的なガイドラインを策定するなり、あるいは助成制度の活用を推進するということで、事業者による自主的な取組の普及を促してまいりたいというふうに考えておるところでございます。

なお、その支援制度といたしまして、例えばＮＥＤＯにおきまして、エネルギー使用合理化事業者支援制度というような形での補助制度、あるいは融資制度として、政策投資銀行あるいは中小企業金融公庫などからエネルギー対策としての融資のメニューが現在もあるところでございます。こういったものを活用しながら、事業者による自主的な取組を促してまいりたいというふうに思っております。

○ツルネンマルテイ君　とにかく、メタンガスの量が多いときは是非こういうことはこれからも進めていただきたいと思っています。

もう一つは、これも私も今まで知らなかったけれども、調べてみて読みますと、もしメタンガスの量が少ない場合は、それをエネルギーまでできなくてもそれを燃焼させてこれはＣＯ２に変換して、そうすると逆に二十分の一の温室効果ガスになるということ。それから、この燃焼も可能だということを聞いていますけれども、それは安全な燃焼方法も検討していますか、あるいはこういう考え方には環境省の方はどういうふうに考えていますか。お願いします。

○政府参考人（櫻井康好君）　御指摘のエネルギーとして利用するということではなくて燃焼させるという、これもメタンの温室効果ガスの度合いを減らすという意味では効果はあろうかとは思いますが、ただ燃焼させるということになりますと、その温泉の立地場所との関係での安全性の問題ですとか、あるいは事業者にとりましてはエネルギー利用と違ってメリットというものが直接はございませんので、そういった意味からなかなか問題はあろうかとは思いますが、検討課題としてまいりたいというふうに思っております。

○ツルネンマルテイ君　では、ここからはちょっと次の方に行きます。

さっきもちょっと触れましたけれども、この法律の改正のきっかけになったのは、言うまでもなく六月に起こったシエスパの事故であります。そして、本来ならば、その事故を生かしてどういう法律改正が必要かということは普通に考えていますけれども、調べてみますと、何が本当の原因であるかまだ明らかにはなっていないということですね。それは今は詳細調査中であるということで、これはもう四か月前に起きた事故ですから、警察の方で今もこれを調査中と聞いていますけれども、警察庁の方に聞きたいのは、この事故の原因の究明は一体いつになるか、その見通しについて是非お願いしたいと思います。
○政府参考人（米田壯君）　現在、この事故につきましては、警視庁におきまして業務上過失致死傷罪を視野に入れて今捜査中でございます。
一般に言いまして、この手の大規模な爆発事故につきましては大変現場の検証に時間を要するところでございまして、かつ、その検証結果を踏まえた鑑定、さらには責任関係の解明といったところで立件に至るまでは相当長期を要するというのが通常でございます。したがいまして、現時点におきまして、私どもの捜査の結果がいつ出るかということについてはちょっとお答えできるまだ現時点ではございません。
○ツルネンマルテイ君　究明されていない、原因も分かっていないうちには、この法律をどうしてこんなに急ぐかということは私だけの疑問ではないかと思います。その安全対策もう一応暫定的な対策もできていますから、究明されてからでも遅くはないとは思っていますけれども。
あるいは、私たちは、これを新聞報道でも読みますと、いろんなことが推定されているというのは、例えば新聞にはこういう見出しが入っていますね。配管が詰まり、ガスが充満したりとか、吸気口が予定位置にはなかったとか、機械室の構造には欠陥があったとか、こういうことはマスコミが伝えていますけれども、こういうこともあって、究明がまだ、分からないときでは、この法律によって本当に十分な対策が取れるのか、これを櫻井局長の方はどう思っていますか。
○政府参考人（櫻井康好君）　今、警察庁の方から御答弁ありましたように、事故の原因の詳細というのは確定をしておらないわけでございますけれども、いずれにいたしましても温泉から分離をいたしました天然ガスが地下室に滞留して、何らかの着火源から引火、爆発したということであろうかと思っております。

こういった可燃性の天然ガスの爆発は、五％以上の濃度のメタンの滞留、それから、それに裸火あるいは火花等の着火源が存在するという二つの条件がそろったときに発生をするわけでございますので、事故原因の詳細が不明でありましても、これらの条件の発生を防止するということが安全対策となることは明らかであろうかと思います。安全対策の具体的な内容につきましては今後検討を進めるわけでございますけれども、事故原因の詳細が明らかになれば、必要に応じまして安全対策の内容に反映をしてまいりたいというふうに考えております。

○ツルネンマルテイ君　だから、さっきから私が言いましたように、本当にこういうことが明らかになってからこの法律の改正案がもっと有効なものになるんじゃないかなと思います。

実は、私も十月には、衆議院の方ではこの審議が始まる前にはこのシエスパの事故現場を同僚の議員たちと視察しました。そのときは局長も同行してくださいました。いろんなことをそこでも説明を受けました。

しかし、残念ながら、今も警察の方もいらっしゃいますけれども、その爆発現場の温泉のくみ上げ施設の周りには高いフェンスが造られていて、そして、調査中であるので私たちも中まで入ることはできなかったんですね、これも残念ですけれども。あるいは、その道路のすぐ近くには警察の方もいて、いろんなことを説明をいただきましたけれども、もちろん彼らも、今の段階では本当の原因を説明することもできなかった。さっき言ったように、もう四か月もたっていて、そのままでまだ調査中ということは、ちょっと一つのことですね。

……。

もう一つは、ここでは是非これ桜井副大臣に聞きたいですけれども、過去二十年間ではもう多くの似ているような事故が、まあ死亡事故まではなかったんですけれども、少なくとも十四個くらいあるんですね。その中には、北区の事故とか、あるいは温泉施設ではないんですけれども、いわし博物館のメタンガスの事故とか、いろんな起きていますね。そのときは、例えば北区の方が、もう既に東京都の掘削ガイドラインを作っています。あるいは、いわし博物館の関係では、国土交通省の天然ガス対策ガイドブックもできているんですね。こういうのは地方の方でできているんですけれども、そのときは環境省は、こんな危険性もあるということになぜ至らなかったかということをちょっと意見、お伺いいたします。

○副大臣（桜井郁三君）　御指摘の事故のことは把握をしておりまして、東京都北区の事故は温泉のボーリング工事中のことでありましたし、いわし博物館は、温泉ではなく、自然に発生した天然ガスによる事故ということであります。

くみ上げている温泉に可燃性天然ガスが含まれている場合には、先ほどもお話ありましたように、事業者が自らの責任で必要な安全対策をしていると考え、特段の対応をしてこなかったものであります。今回の事故をきっかけに、温泉における事故の調査を行い、最近二十年間で十五件の事故があったことを確認をしております。今後は、これらの事故の教訓を踏まえて、改正法による安全対策を進めてまいりたい、また、温泉における事故情報を適時適切に把握するよう努めてまいりたいと思っております。

○ツルネンマルテイ君　質問を飛ばします。最後に、大臣だけに一つだけお聞きしたいと思います。これも重要な問題だと思います。

このメタン放散や地盤沈下の危険性がある新規掘削の場合は、その掘削の前には周辺の住民への説明がどうしても必要だと思っています。あるいは、それをできれば書面での同意が得ることが理想だと思いますが、もし得られなかったら、これは温泉学会の方にも提起されていますから、もし得られなかったら、周辺住民の合意が得られなかったらもう許可しないという意見もありますけれども、このことに対して最後に大臣の方から見解を求めます。
○国務大臣（鴨下一郎君）　温泉に天然ガス爆発や地盤沈下など、こういうような危険がないかどうかというようなことは、これはもう周辺の住民の皆さんにとってみれば極めて関心の高い問題だというふうに思っています。
　そういう意味では、地域で事業を営むこれは事業者には説明する一般的な責任があると、こういうふうには考えるところでありますが、ただ、温泉の掘削や採取に伴う危険について客観的な基準に基づいて防止する仕組みが、これが適当でありまして、重要な要素でありますけれども、周辺住民の意思だけがこの許可の可否を決定してしまうと、こういうようなことになると、今度は温泉の利用と、こういうようなことと相反する部分も出てくるかも分かりません。

　そういう意味で、環境省としましては、温泉の掘削や採取に伴う危険に関する最新の知見、こういうようなものに基づきまして、必要な安全対策、こういうようなことを講じてまいりたいというふうに考えております。
○ツルネンマルテイ君　終わります。
○轟木利治君〔民主党〕　……。
　……。

　それでは、温泉法の一部を改正する法律案に関しまして質疑をさせていただきます。

　今回の法律改正の直接の要因となりましたのは、三名もの尊い命が失われた本年六月に起きました渋谷の爆発事故であったと認識しておりますが、平成二年以降、温泉に付随する可燃性天然ガスによる爆発火災事故は今回を除きましても十四件も発生し、また、その中には命を落とされた方もいらっしゃるとのことでございます。したがいまして、渋谷の事故について考えてみますと、過去に例がなく防ぐ手だてがなかったのであればともかく、この十四件に上る過去の事例に基づいた対策を重ねていれば、そして政府がその役割を発揮していれば、今回のような惨事は防ぎ得たのではないかと、そのような思いがしてなりません。

以上の点を踏まえて、政府は過去の事故をどう判断し、これまで対策を講じてきたのか、そして今回の改正の目的、意義、背景についてどうお考えになっているのか、見解をお聞かせ願いたいと思います。

○政府参考人（櫻井康好君）　御指摘のように、過去の事故というのは、今回把握して、この渋谷の事故を含めまして十五件ということでございますが、平成十七年の二月の東京都北区での事故を受けまして、温泉掘削工事中の天然ガス対策につきましては都道府県に注意喚起をしてきたところでございます。しかし、一方、温泉の採取中の可燃性の天然ガス対策、これは、そういった可燃性の天然ガスが発生するようなところでは、当然、事業者自らの責任で必要な安全対策を行っているというふうに考えているところもございまして、特段の対応をしてこなかったわけでございますが、一方、そういったことが課題としてあるという認識は持っていたところでございます。

今回、その重大な事故を受けまして法改正を提案させていただいているわけでございますが、今回の改正案では、この渋谷区の爆発事故の教訓を踏まえまして、法の目的に可燃性天然ガスによる災害の防止を加えるということとともに、新たに温泉の採取を許可制として安全対策を義務付けるということで、あのような悲惨な事故が繰り返されないようにするというものでございます。

○轟木利治君　私は、安全対策というものは二本の柱から成り立つものであると考えております。一つの柱は、設備等の改善、設置、要はハード面の対策であります。もう一つの柱は、設備を使用する人、監視する人たちに対する教育訓練の対策、要はソフト面の対策であります。この二つの柱をともに対策として充実させることが重要であります。ハード面のみの対策では安全の向上に機能いたしません。これまでの事故例を見ましても、ライターやたばこ等の人的原因による事故が六件も起きております。このことからも、いかにそこに働く人たち、かかわる人たちに対する人的対策、ソフト面での対策が大切であるかを理解していただけるかと思います。

そして、今挙げました事故例は、人的安全対策として知識の教育、研修、訓練等が行われていれば防ぐことができたのではないかと思います。

なぜこのようなことを申し上げるかと申しますと、私はこれまで二十五年間、製造業、物づくりの企業で働いてまいりました。それも実際に物をつくる現場、工場で勤務してまいりました。そこで最も教育訓練されたことは安全に対する取組でありまして、一つの事例を挙げますと、私たちの勤務中のあいさつは二十四時間すべて御安全にでございます。人と擦れ違うときも、会議を行うときも御安全にでございます。これは安全に対する意識の向上策であり、このあいさつを繰り返すことによって、頭ではなく体に覚え込ませる訓練なのであります。

そして、安全対策として最も大切なのがトップの姿勢でございます。トップ自らが安全が第一であり、生産よりも安全が優先だと宣言することであります。具体的には、危険予知をしたときやトラブルが発生したときに設備やラインを止めることを周知徹底させることです。現場の第一線で働いている人たちは生産性、コスト意識が非常に高いために、設備やラインを止めることに強い抵抗感がございます。それでも止めることを優先させ、周知させることが大切であり、トップ自らが奨励することが大切であります。

このような思いから今回の法改正を見ますと、ハード面に関しましては対策は足りていると思いますが、ソフト面に関しては弱いというのが私の実感でございます。今回の法改正に至るまでのプロセスとして、安全対策検討会が設置され、中間報告がまとめられております。私は、この報告内容については、現場の状況をよく把握されており、ソフト面での提言もされていることから評価したいと思っております。しかし、これが七月二十四日に出された暫定対策になりますと、ソフト面での対策が中間報告の提言よりもトーンダウンしているように見受けられます。今後、この暫定対策の内容が省令として発令されるのであれば幾つかの疑問点がございますので、質問させていただきます。

まず、一点目でございますが、その暫定対策の中に安全担当者を指名することとありますが、この安全担当者の定義、権限、責任はどのようなものでしょうか。また、労働安全衛生法における安全管理者、安全衛生推進者との関係についてはどのようなものかについてお伺いいたします。

○政府参考人（櫻井康好君）　暫定対策におきます安全担当者につきましては、温泉施設で常時勤務する者から指名をするということ、それから、くみ上げ停止等を行う権限を付与すべきことを定めているところでございます。これは、温泉のくみ上げについてだれがどのような権限と責任を有するかは事業の形態ごとに様々であるのではないかということ、それから事業の規模も様々でございます。そういったことから、安全担当者の権限とか責任を一律に定めるということはせずに、実態に応じて適切な者を指名するということとしたものでございます。

この安全担当者は、労働安全衛生法により選任されます安全管理者あるいは安全管理推進者と同一である場合も、あるいは別人である場合もあるかとは思いますが、いずれにしても両者が連携して温泉くみ上げに関する安全対策を担当するということになろうかと考えております。

○轟木利治君　一つまた関連して発言させていただきたいと思いますが、今その安全衛生推進者とも連携してというお話でございましたけれども、労働安全衛生法における安全衛生推進者の定義といいますか、決める業種の中には、温泉の中に旅館業は入りますけれども、今回のスパみたいな業種は保健衛生業として対象にはなっておりません。こういったところも矛盾もございますので、今後こういったところも是非調整をしていただきたいと思っております。

次に入ります。

安全担当者には、可燃性ガスに対する安全確保の緊急の必要性がある場合に温泉くみ上げの設備の運転停止等を行う権限を付与することとするとありますけれども、この文面を逆説的にとらえますと、安全担当者以外は運転を停止することができないとも読み取れます。運転を停止させることができる者は、その設備に配置されている者、若しくは従業員全員に対して奨励することとした方が万全かと思いますが、御意見をお伺いいたします。

○政府参考人（櫻井康好君）　温泉のくみ上げ停止ということでございますけれども、温泉施設において温泉のくみ上げを止めるということは、その施設にとっては重大な判断であろうかと思います。現場の担当者が通常は経営者の了解なく行うということは現実的ではないという場合もあると考えられたところでございますので、そうはいっても緊急時の安全確保には現場担当者の即応というのがもちろん重要になるということから、そういった経営者の判断を求めることなく現場の担当者がくみ上げを停止できるということが必要と考えて、今回のような安全担当者にくみ上げの停止ということを、権限を付与するということを求めたものでございます。

そういった考え方で表現をしたものでございますが、一方、御指摘のように、特定の者以外はくみ上げを停止できないと、そういった誤解のないように運用上はやってまいりたいというふうに思っております。

○轟木利治君　是非よろしくお願いいたします。

じゃ、次に行きます。

各要請事項ごとの技術的基準で、「管理者から助言を求められた場合には、」とございまして、より専門的な助言を得たい場合には、労働災害防止関係団体、可燃性天然ガスに関する専門知識を有する団体等、括弧で、追って、これらの団体等のリストを提示すると、そして、紹介していただきたいという文面がございますが、これは少し他人任せといいますか、消極的であると思います。

温泉業を営まれる方の中には零細企業の方もいらっしゃると思います。そういったことにも配慮すると、環境省自らが研修会等の開催を呼び掛けるなどの姿勢を見せるべきではないかと思いますが、この点についてのお考えをお伺いいたします。

○政府参考人（櫻井康好君）　可燃性天然ガスによる災害の防止のためには、事業者自らがその安全対策を確実に実施できるように可燃性天然ガスの特性とか危険性について理解を深める、あるいは日常の点検方法や安全対策の技術的内容について習得するということが重要であろうかと思います。

このため、環境省といたしましても、事業者が適切な研修の機会を得られるように、地方公共団体や温泉事業者団体とも協力をしながら、安全、安心への取組ということを推進してまいりたいというふうに考えております。

○轟木利治君　じゃ、次に行かせていただきます。

温泉法改正案の本文から質問させていただきます。

まず、改正案第三十四条の報告の徴収の中で、土地の掘削者や温泉採取者、そして温泉利用施設管理者に対して報告を求めることができるとありますが、可燃性天然ガスが検出された四百九十件の源泉からは定期的に報告を受けるようにしてはどうかと思いますが、この点についてお考えをお伺いします。

○政府参考人（櫻井康好君）　報告徴収に関して定期的な報告を受けるようにしてはどうかということでございますが、どの程度の頻度でどういう内容の報告を求めるべきかにつきましては、温泉源、あるいは温泉施設の実態、あるいは報告を求める行政側の人的な体制などによっても異なるものではないかと思っております。したがいまして、全国一律に定めるということではなく、地域の実情を把握している都道府県ごとの判断にゆだねることとしているところでございます。

この法律の施行に当たりましては、都道府県に対しまして、御指摘のような定期的に報告を徴収するということも含めて、安全を確保するために必要な報告を徴収を行うように促してまいりたいというふうに考えております。

○轟木利治君　是非、よろしくお願いしたいと思います。

各都道府県の暫定対策、省令見ていきますと、もう既にそういった報告を指示しているところもございますので、そういった点も踏まえて是非お願いしたいと思います。

それから、次に入ります。

改正案第三十五条の立入検査で、「関係者に質問させることができる。」とございますけれども、この関係者と安全担当者との関係についてお聞きします。

仮に、安全担当者が関係者の一部に含まれているのであれば、この条文のどの項目の部分について安全担当者として担当することになるのかについてお聞かせ願いたいと思います。

○政府参考人（櫻井康好君）　改正法三十五条の立入検査の規定による質問でございますけれども、この質問は、温泉の掘削、採取、利用にかかわるすべての者に対しまして、掘削や採取の実施の状況、天然ガスの発生状況など、法の施行のために把握する必要があるあらゆる事項について行うことが可能であるというふうに考えております。

したがいまして、事業者内部で安全対策の担当者として定められた者に対してもあらゆる質問が行われ得るわけでございますが、これは事業者内部でどういう責任と権限を持たせるかということにも係ってまいりますので、与えられた責任と権限に応じて現場で具体的な安全対策の実施状況についての質問に対応していただくことが一般的な対応になるのではないかというふうに考えております。

○轟木利治君　その事業者で自主的に判断して決めなさいということですが、実際、現場というのはいろんな法律を多種多用しておりますので、ある程度の指針を、こういった項目の、まあ厳密に決める必要はないと思いますけれども、そういうことをしてあげないと現場が逆に混乱するという可能性もあるかと思いますので、是非またそういった御指導もよろしくお願いしたいと思います。

それでは、次に入らしていただきます。

今回の改正案が適用される範囲についてお聞きしたいと思います。

昨今、温泉付きの個人住宅や分譲賃貸マンション等が多く販売されるようになっておりますが、こうした物件で温泉を使用している場合は温泉法の適用対象となるのかについて一点お聞きしたいのと、また、先日は足立区の分譲マンション等で国の基準値を大きく上回るレジオネラ菌が検出されたとの報道もございました。こういったマンション等の設備で今回のような爆発事故が発生した場合は、その責任の所在はどうなるのかについてお聞きしたいと思います。

○政府参考人（櫻井康好君）　可燃性天然ガスによる事故の危険というのは、ホテルや公衆浴場など外部の利用者に提供するという場合でも、あるいは温泉マンションなど関係者のみで利用する場合でも、その危険の可能性というのは変わりはございません。したがいまして、個人で使う、あるいはマンションで使うというような温泉の採取につきましても、今回の改正による安全対策の適用対象とすることとしているところでございます。

爆発事故に対する責任ということになりますと、温泉法による安全対策の実施を怠ったことによる責任というのもありましょうし、あるいはそのマンションの構造的な欠陥に伴う責任というようなこともあり得るかとは思います。そういったいろんな類型に応じてそれぞれ責任の性質、あるいは事故の原因に応じましてマンション管理組合あるいは管理会社あるいは建築主等によってその責任を、それぞれが責任を負うということがあり得るかとは思います。

今回の改正案によります安全対策につきましては、温泉を採取する者に責任があるということとしているわけでございまして、採取の許可をマンション管理組合が得ているという場合にはマンション管理組合がその責任に該当するということになろうかと思います。

○轟木利治君　今の御回答いただきましたけれども、やっぱりどうも一般的に、私も個人的に考えましても、マンション等でそういった事故が発生した場合、どうもトラブルになるような、責任問題のトラブルになるような気がしております。こういったところをもう一度、今は事故がないからまだいいんでしょうけれども、これから発生する可能性というのはあるわけでございまして、そういったものを含んでしっかり、責任の所在含めての、せっかく入居者は高いお金を払ってそのマンションに自分の財産を含めて買われたわけですから、そこでそういった事故があり得るなんていうのは想定してない範囲だと思いますので、そういったところの御指導もよろしくお願いしたいと思います。

最後に、私から申し上げさせていただきます。

安全対策とは人命にかかわる重要な対策であります。そして、その対策は魂が入ったものでなければ機能いたしません。この法律案の起案者であり、またトップである大臣の姿勢は極めて重要であります。是非、魂の入った対策法となることをお願いいたしまして、私の質問を終わらしていただきます。よろしくお願いします。

○川口順子君〔自由民主党〕　……。

……。

この事故〔渋谷の温泉の施設での爆発事故〕の後を受けまして、環境省におかれては、まず事故の翌日に、可燃性天然ガスを含む可能性があると考えられる事業者に注意を促すように都道府県に緊急対策、対応を依頼をした。二番目に、六月二十九日には有識者会議を立ち上げられて、三番目に、さらに七月二十四日に暫定対策を取りまとめられたということでございまして、その結果として都道府県を通じまして緊急安全対策の実施を事業者に促したということでございますので、事故の再発防止に向けて取組を着々と行ってこられたというふうに理解をいたしております。これは評価すべきものと考えております。

また、そのような取組を行うとともに、恒久的な対策を取るために今回、国会に温泉法の一部改正案が提出をされたということでございますけれども、簡単で結構でございますが、まず大臣に、この法の趣旨、対策の内容、意義についてお願いをいたします。

○国務大臣（鴨下一郎君）　私も現場の方を見てまいりましたけれども、特に今回の改正案は、六月の東京都の渋谷区のいわゆるシエスパでの死者三名、そして負傷者八名という重大な爆発事故、こういうようなものを教訓に踏まえまして行わせていただくものでございます。

一つは、法の目的につきましては、可燃性天然ガスによる災害の防止を加えると、こういうようなことでありますし、二つには、新たに温泉の採取を許可制として安全対策を義務付ける、こういうようなことによりまして本当にあのような悲惨な事故が繰り返されないようにと、こういうような思いでさせていただく次第でございます。

具体的には、一つは、可燃性天然ガスを分離し屋外に排出すること、次に、周辺での火気の使用の禁止、さらには、十分な換気、ガス検知器の設置、こういうようなことを事業者に求めていることでございます。

少しでも早く国民が安心して温泉を利用できるようにするために、今臨時国会において成立を是非お願いを申し上げたいというふうに思います。

○川口順子君　安全、安心という立場から、これは重要な法案であると私も思っておりますし、一日も早い成立が大切であると考えております。

他方で、改正法案の施行日でございますけれども、これは公布後一年以内とされているわけでございます。また、既存の事業者につきましては当該施行日から六か月の経過期間が設けられているということでございまして、ということは、温泉の施設での安全対策の実施がすべて完了するまでに最長で一年半掛かり得るということになるわけですけれども、それまでの間も安全の確保というのは重要な課題でございますので、そこをどのようになさるおつもりか、これは局長にお伺いをします。

○政府参考人（櫻井康好君）　この六月十九日に発生をいたしました渋谷区での事故を受けまして、本年の七月の二十四日、法改正を含みます恒久的な対策が実施されるまでの当面の暫定的な対策ということで、それを事業者に要請するように都道府県知事に対して依頼をしたところでございます。これは法的な根拠はございませんけれども、あくまで事業者に対する要請というレベルのものでございます。

で、都道府県が暫定対策を要請をいたしました対象、これは全国で四百九十二件ございます。これは可燃性の天然ガスが湧出をしておる、なおかつ、そういった施設が屋内にあるといったものでございまして、九月末の時点でこの四百九十二件のうち対策が完了していないものが三百三十三件ということでございます。環境省といたしましては、できるだけ早くこの暫定対策が実施されるように都道府県を通じて事業者に促すとともに、随時その実施状況についても把握をしてまいりたいというふうに考えております。

また、こうした取組を含めまして、法が施行されるまでの間におきましても新法の趣旨を十分事業者に周知して安全対策の意識を高めるということなど、温泉に関する安全、安心の確保に努めてまいりたいというふうに考えております。

○川口順子君　今、四百九十二とおっしゃいましたけれども、これは法改正によって安全対策を講ずることが必要とされる温泉と同じであると考えてよろしいんでしょうか。講ずる必要がある温泉というのはもっとあるのか、全体の中でどれぐらいなのかよく分かりませんが、教えていただきたいと思います。

○政府参考人（櫻井康好君）　暫定対策におきましては、現在、国内で利用されております源泉が約二万ということでございますけれども、都道府県におきまして可燃性の天然ガスが発生しないような地域、これを除きまして対象地域内の源泉を調査をいたしました。その中で、先ほど申しました四百九十二というのは、そういった施設が屋内あるいは地下にあるというようなもののうち、可燃性の天然ガスが検出があったものが四百九十二と。

これはこの法が施行された段階においても当然安全対策を講じていただくわけですが、この暫定対策におきましては、その施設が屋外にあるもの、これは比較的そういった滞留をするようなことはないだろうということでその暫定対策の対象にはしておりませんが、法が施行されますと、施設が屋外にある場合にも火気の使用禁止とかそういったことは安全対策としての、あるいは火気の使用禁止、あるいは温泉水から可燃性天然ガスの分離といったことは実施をしていただく必要があります。そういったものはこの法の対象になってまいります。

そういう意味で、屋内にある四百九十二及びそういう屋外にあるものを含めますと、これは推計でございますが、全国で約その源泉の一割程度がそういった対策の対象になってくるのかなというふうに考えておるところでございます。

○川口順子君　一割が安全対策を講ずる必要があるということだというお話でございましたけれども、やっぱりこれなかなか、安全対策を行うということは大事だということはもちろん温泉の皆さんはお分かりでいらっしゃるんですが、同時に温泉の施設を経営する立場から考えますと、なかなか大事ではあるけれども費用が掛かって大変だということなんだろうと思います。特に最近では、温泉が行く人が少なくなって非常に困っていらっしゃる旅館も多くあるということでございますけれども、この安全対策というのはどの程度費用が掛かって、そしてそれに対する旅館業者等への支援があるのかどうかということを副大臣にお伺いをいたしたいと思います。

○副大臣（桜井郁三君）　採取時の安全対策に要する費用でございますが、建物の構造あるいは場所などにより、大きく異なるところがあろうかと思います。井戸や源泉タンク等の採取設備がすべて屋外にある場合、十数万円から数十万円を見込んでおります。また、採取施設がすべて屋内にある場合、これは二百万から四百万ぐらい掛かるのではないだろうかというように見込んでございます。

こうした安全対策に関する設備投資については国民生活金融公庫による低利融資の制度がございます。その活用を促すことにより、事業者への支援を行ってまいりたいと思っております。

○川口順子君　なかなかいろいろな融資の制度も旅館業者の方には分かりにくい、存在が分かりにくいということもあるかと思いますので、是非そういった措置があるということを徹底をしていただきたいと思います。

それからもう一つ、費用という点で考えますと、これは国、地方公共団体が連携して、例えば入湯税による収入を活用するということもあり得るのではないかなという気が私はいたしております。

前に環境大臣をしておりましたときに洞爺温泉に行きまして、そこは温泉は集中管理をしていたわけでございまして、そういう集中管理の施設とか、個別個別の旅館の事業者に入湯税を使えるような何らかの仕組みを考えるとか、そういうことが可能だといいなと私は思っております。

これは、入湯税の使途というのを調べてみますと、観光の振興とか環境衛生施設とか、そういったものに使われているわけでございまして、消防施設というのも入っておりますけれども、今日は担当をお呼びしておりませんので質問にはいたしませんけれども、そういった入湯税の活用ということもひとつ旅館業者あるいは温泉地の支援という意味で考えてもいいんじゃないかなという気がしますけれども、もし何かコメントがあれば言っていただけますか。なければ。

○政府参考人（櫻井康好君）　御指摘のように、入湯税というものが市町村税として徴収をされておるところでございますけれども、この入湯税の収入額、十七年度の手元にある数字で見ますと、全国で一回当たり標準的な税額として百五十円を徴収し、全国の収入額が二百四十三億というふうに聞いております。観光の振興ですとか、あるいは環境衛生施設、あるいは観光の施設費、あるいは消防施設等にその入湯税が使われているということでございますけれども、これは市町村の財源ではございますが、そういった観光振興あるいは消防等も含めて使われているところでございます。

今回の安全対策を新たに温泉法で規定するということも踏まえて、これは地方税の担当部局であります総務省の方ともよく相談をしながら、こういった安全対策にも意を払っていただけるようにお願いしてまいりたいというふうに考えております。

○川口順子君　次に、環境と地域の活性化ということについてちょっと質問をさせていただきたいと思っております。大臣にお伺いをいたしたいと思います。

今、温泉ブームというのは引き続き続いていると思います。秘湯巡りについてのテレビの報道も随分ございます。また、ただ他方で、地方の温泉はまだ苦しい経営状況にあるということも事実でございます。

多様化、国民のニーズが多様化をしてくる中で、温泉、魅力ある温泉地づくりというのが同時に地域の活性化にも役立つということであってほしいというふうに思うわけですけれども、とりわけ湯治というのは日本の伝統でもございまして、それを始めとした温泉の伝統的な利用形態、また温泉地の情緒ある町並み、小説にもなっておりますけれども、そういったものは日本を特徴付ける一つの文化的な資源であると私は思っております。

以前、環境大臣を務めさせていただきましたときに、かおり風景百選というのを選びまして、その一つに草津温泉の湯畑といったものも入れさせていただいたわけですけれども、温泉の個性的な魅力というのを大事にしていくべきではないかと私は考えております。

地域、先ほど言いましたように、地域の活性化と環境という切り口から、温泉についても、また環境対策全般につきましても施策を進めるということが重要ではないかというふうに私は思っておりますけれども、大臣におかれましては、魅力ある温泉地をつくり、そしてはぐくんでいくということの施策をどのように進めていかれようとなさっていらっしゃるか、御所見をお伺いいたしたいと思います。

○国務大臣（鴨下一郎君）　今先生お話しになったように、日本の温泉というのは極めて特徴的なところもあって、例えば伝統とか文化、こういうようなものの拠点にもなっているわけでありまして、そういう意味でいうと、環境省としても、これ魅力ある温泉地づくり、こういうようなものを進めると、こういうようなことについては我々も肯定的に特に推進していこうと、こういうふうに考えているわけでありますが、ただ、やはり一番の主体はそれぞれの温泉地、それぞれが創意工夫をしていただく、こういうようなことなんだろうというふうに思います。

ただ、これは中央環境審議会の答申の中にもございますけれども、魅力ある温泉地づくりの方向性と、こういうようなことでいただいておりますが、その中で、健康づくりの場としての体制、今お話しになったように、例えば湯治だとかというような伝統的なこともありますけれども、療養施設だとか福祉施設、こういうようなものとの連携だとか、それから健康づくりのためのウオーキングコースだとか森林浴だとか、こういうようなものとのセットだとか、あるいは食と健康を組み合わせたような温泉地の特色づくり、こういうようなこととか、それから、加えまして、先ほどのお話にありましたように、町並みの部分でいいますと、構造物や街路、こういうようなものの伝統的な景観を生かした町並みの創出、つくり出すと、こういうようなこととか、自然・文化資源を保全しつつ活用する体験活動の推進、こういうようなものとか、あるいは快適な環境の創出というようなことで、バリアフリー化とか、それから足湯など、ちょっと楽しめると、こういうようなものも必要だろうと思っておりますし、加えて、残念ながら、本当にいい温泉なんですけれども皆さん御存じないというようなこともございますので、各種メディアや、それからそれを盛り上げるようなイベント、こういうようなもの、あるいは、これはホームページ等の情報発信、こういうようなことを総合的にやりまして、環境省としても、地域の温泉地の活性化と、こういうようなものについては全面的に支援をしてまいりたいと、こういうふうに考えております。

○川口順子君　ありがとうございました。

今おっしゃったことに加えまして、ようこそ日本では、外国人の観光客を増やそうということで今政府としてはやっていらっしゃるわけで、中国や東南アジアの国々の方々は日本の温泉というのを非常に興味津々で楽しみにしていらっしゃるということがありますので、温泉の入り方などはいろいろ違うのかもしれませんが、外国人も楽しめるような温泉づくりをお願いをしたいというふうに思います。

先ほどツルネンマルテイ議員からお話がございましたけれども、温泉の温暖化との関係についてちょっとお伺いをしたいと思いますけれども、まず、安全対策の対象になっている可燃性天然ガスというものは、これはメタンガスという理解でよろしいわけですね。

○政府参考人（櫻井康好君）　温泉湧出に伴いまして発生をいたしますガス、これは、特に今回の対策の対象にしておりますのはメタンガスということでございます。あわせて、二酸化炭素あるいは窒素も地中からは出てくることはございます。その割合は様々でございますけれども、いずれにいたしましても、今回の対策の可燃性の天然ガスとして考えておるものはメタンガスということでございます。

○川口順子君　このメタンガスというのは二酸化炭素に比べると温暖化効果が約二十一倍という途方もない、大変に大きな効果を持っているわけでして、今度の対策では、基本的に屋外に排出をするという考え方で行われているわけですけれども、是非、これはツルネン議員と私も全く同じ発想を持っていまして、このメタンガスを排出をしてしまうのではなくて、有効利用、有効活用をしていくという方向で、そして可能ならばこれを義務付けるという方向で考えていただきたいと思います。

小さな、小規模のところについては難しいこともある、また需要がたくさんない可能性もあるというふうにお話ございましたけれども、例えば私の知っている、ある長野県の軽井沢の温泉ですけれども、これはメタンガスではありませんが、地域内、その敷地内にあるすべての資源、例えば温泉ですから温泉のお湯も使って無駄にしないという考え方で、発想で経営を行っている。目標は外から石油といいますか灯油を買わないということだそうでございまして、それを今のところ確保できているというふうにも聞いております。

そういう発想の温泉もたくさんある、たくさんではないかもしれませんが、あるわけでございますから、技術面、いろいろ問題がまだ残っているのかもしれませんが、そういう小規模なところでもメタンガスの有効利用、有効活用ができるような方向で考えていただきたいと思いますが、これはよろしければ政務官からお伺いをしたいと思います。

○大臣政務官（並木正芳君）　先生の質問のとおり、大変メタンというのは温室効果が高いということから、できるだけこれを有効に利用して大気へ放出しないと、そういうことは地球温暖化上大変望ましいと、このように認識しております。

しかし、今先生の御質問にもありましたとおり、小規模の事業者といいますか、利用できるほどメタンが発生しない場合とか、あるいは逆に発生したものを使い切れないと、こういうようなこともありますので、その事業のケース・バイ・ケースといいますか、そういうものに合ったように、一律に扱うのではなくて、技術ガイドラインの策定とか、あるいは助成制度、これはＮＥＤＯ等は五億円が上限ということになっていますけど、実際に二千万円ぐらいでも三分の一の補助を受けたと、そんな事業もあります。あるいは、代替エネルギーとか省エネ、こういった点で政府系金融機関の融資制度とかも、こういうものもございますので、よく事業者に説明をして、こういうものを活用していただくように自主的な取組を促していきたいと、そのように考えております。

○川口順子君　……。

次に、ちょっと違った方向から御質問をさせていただきたいと思いますが、この温泉法の改正案につきまして、都道府県知事によります温泉の掘削、採取の許可の基準といたしまして、掘削のための設備や採取の方法などが可燃性天然ガスによる災害の防止に関する技術基準に適合しているということを追加をし、そして基準に適合していない場合、知事は許可の取消し又は災害防止措置の命令、これができることになっております。すなわち、許可の適否を通じてその具体的な制度の運用を地方自治体にゆだねているという構造になっているわけでございます。

国が制定した制度と地方自治体における運用が適切に機能しているかどうかということについて注意が必要であるというふうに思います。

地方自治体における運用が適切に機能しているかということを考える例といたしまして、廃棄物処理施設の設置の許可がございます。

私は、以前、環境大臣を務めさせていただいた折に、千葉県の産廃の不法投棄の現場を見せていただきました。その近くに最終処分場が予定をされているということでございました。そのとき思いましたのは、廃棄物の処分場につきましても地方が運用しやすい基準、これを国が示すということがなければ重大な問題が生ずるということがあるということを実感をいたしたわけでございます。温泉の安全基準ということを考える場合に参考になるかと思いますので、少しそのことについて触れさせていただきたいと思います。

……。

それで、質問に入りますけれども、これは廃棄物・リサイクル対策部長にお願いをいたしますけれども、今後、産業廃棄物の処理施設、これを整備するに際しまして、紛争等による無駄なコストを削減をするためには、都道府県知事が許可に際して適切な判断を下せるように国において明確な基準を策定すべきであるというふうに考えますけれども、どう思われるか、お答えをお聞きしたいと思います。

○政府参考人〔環境省大臣官房廃棄物・リサイクル対策部長〕（由田秀人君）　……。

このような都道府県知事によります個々の施設ごとの判断におきましては、都道府県知事が判断する場合の考え方ができるだけ明確になっていることが望ましいことは御指摘のとおりであります。国の制度の運用でもありますので、今後、環境省としまして、判断の考え方の明確化に向けてどのような対応が可能か検討してまいりたいというふうに考えております。また、国の制度の下で知事が地域の実情を酌み取ることができる仕組みとなっておりますので、知事の裁量について、自らの方針を明らかにすることも円滑な許可、不許可の判断に当たっては有益ではないかというふうに考えております。

○川口順子君　……。

これは環境行政にかかわらず、すべからく日本の行政について言えることでもございますけれども、中央から地方へという権限の移譲が行われている中で、それから、国の事務が県で実際に運用という形で行われているということが多い中で、国がどのような基準を策定をするか、そして国の策定したその基準を地方がどう判断をしていくかという大きな問題が問われているというふうに私は思っております。これは、今産廃の例で申し上げましたけれども、改正をされた温泉法、これも安全にかかわる重要な法案でございますので、これを今後施行していく上でも大きな課題であるというふうに私は考えております。

　そこで、大臣にお伺いをいたしたいと思いますけれども、環境行政というのは、環境に県境はない、環境に国境はないということでございますので、日本全体から考えても、全国的な、あるいは広域的な発想を持って課題に対応していかなければいけないということであると思います。ただ、その中で、地域はやっぱり独自の事情があり、独自の条件があるということでございまして、その地域の独自性、これを生かしていくために、国は基準を策定するに当たって地域の独自性との間でどのようにバランスを取っていくのか、大きな課題であるというふうに思います。

　是非、どのような考え方に基づいてそのバランスを取っていくというふうにお考えなのか、大きなところでお話を伺いたいと思います。

○国務大臣（鴨下一郎君）　むしろ、川口先生、もう環境大臣までお務めでありますから、私の方が教えていただきたいような話でありますけれども、今先生がおっしゃったように、ある意味で産業廃棄物行政、これに代表されるように、これはそれぞれ廃棄物は全国的にも移動しますし、さりとて言わば地域的な問題でもあるという、こういうような両面を持っているわけでありまして、その中で我々、国としてやるべき規制と、それから県あるいは自治体がそれぞれ独自の言わば立場といいますか、そういうものを持ちつつ、このバランスをどう取っていくかというのはなかなか簡単のようであって難しい問題であります。

　ただ、それはもう地域の住民のためになり、なおかつ様々なところで、ある意味では廃棄物が移動しない、こういうようなことも含めたトータルのことを考えなければいけないんだろうというふうに思っておりまして、国と地方が相互補完をしつつ進めていくと、こういうようなことが肝要なんだろうと、こういうふうに考えているわけでありまして、温泉法のこともございます、一律にがちっとしたものをつくってしまえば、今度は地域の独自性それから各施設の様々な特色、こういうようなものをある意味で損なってしまうことにもなりかねませんので、こういうようなことのバランスの中で地域の活性化、あるいは廃棄物に関して言えば地域住民のためになる、こういうようなことで国と地方、あるいは国と県、こういうようなことのバランスにつきましては、もうこれは常に行きつ戻りつ、あるいは議論をしながら、情報交換をしながら最もふさわしいものは何かというのはその時々で適宜適切に行っていくと、こういうようなことなんだろうというふうに思っておりまして、先輩である川口先生からの御質問でありますけれども、そのことを十分に考えつつ、私の任期においてはそういうような心構えでやらせていただきたいというふうに思います。

○川口順子君　是非、鴨下大臣のリーダーシップを期待させていただきまして、特に、その基準の明確化というのは具体的な日々の行政にかかわってくることですので、その点についてのリーダーシップを期待いたしまして、私、ちょっと時間を余らせておりますけれども、質問を終わらせていただきます。

……。

○加藤修一君〔公明党〕　……。

まず、この温泉法の改正の関係でございますけれども、温泉の採取時の技術基準の策定時期あるいは具体的な内容、さらに、住宅の密集地においてはやはりもっと厳しい技術基準の適用が必要だと思っております。実はこの事件が起こったときに、いち早く我が党の代表であります太田昭宏それから東京都の本部代表をしておりますまま山口那津男議員が現地に参りまして、近隣住民から様々な意見を伺っていると。近隣住民へ十分な説明もないまま繁華街に建設された同施設に関しましては、狭い土地に温泉くみ上げ設備も密閉された造りになっていると。かねてから周辺住民からは事故を懸念する声が上がっていたということでございました。緊急の申入れを前総理の安倍晋三氏に申入れいたしまして、そういった意味では技術基準の内容というのがどういうふうになっているかというのは極めて重要でございます。

この近隣住民の意見を伺うと、あるいは人口密集地における等を含めてどのように技術基準の方に反映されることになるのか、その辺について御見解を示していただきたいと思います。

○政府参考人（櫻井康好君）　まず、技術基準の策定時期でございますけれども、温泉の安全対策に関します技術基準につきましては今年度内に策定をして事業者等に周知をしたいと考えているところでございます。

この技術基準の具体的な内容は、住宅密集地での取扱いを含め今後検討することとしておりますけれども、可燃性天然ガスを温泉から分離させる方法、あるいは換気の方法、あるいはガス検知器の種類や設置方法などについて定めることとなろうかと思います。

その際、住宅密集地での温泉開発ということでございますけれども、これは環境省に設置しております有識者会議におきましても、この中間報告で、温泉井戸を住宅等から一定距離以上離すということの必要性が指摘されていることも踏まえまして、今後、具体的な検討を進めてまいりたいというふうに思っております。

なお、先ほどツルネン委員に大臣の方からも答弁をさせていただいたところでございますけれども、周辺住民に対する説明ということは、これは地域で事業を営む事業者には説明する一般的な責任があるというふうに考えておりますけれども、一方、こういった安全対策につきましては、客観的な基準に基づいて判断することが適当であろうということから、周辺住民の意思によって許可の可否を決めるということは適当ではないのではないかというふうに考えているところでございます。

○加藤修一君　本件の施行の関係でありますけれども、施行までの暫定対策、これは確実に実施あるいは安全対策の徹底を強く求めておきたいと思っておりますが、これは、温泉の採取に当たりましては都道府県が見ることになると、チェックといいますか、見ることになると思いますけれども、事安全にかかわることでありますので、そのチェックはどこが行うのか、また、許可を与えた施設を定期的に行政機関が点検すべきであると、このように考えておりますけれども、この辺についてはどのようにお考えですか。

○政府参考人（櫻井康好君）　温泉の採取の許可に関しまして、これは許可権者は都道府県知事ということでございますが、都道府県知事のしかるべき部局において書面の審査を行うということは当然でございます。なお、必要な場合には工事完了後に実地での検査を行うという許可条件を付しまして、検査の結果、基準に適合していなかった場合には許可の取消しや措置命令を行うことにより、施設の構造などが技術基準に適合するということを確認することが重要であろうというふうに考えているところでございます。

○加藤修一君　定期的に点検するということについてはどう思われますか。

○政府参考人（櫻井康好君）　定期的な点検ということでございますが、施設の状況あるいは都道府県の人的体制によって異なる場合がございますけれども、そういった意味では一義的には都道府県の判断ということにはなろうかと思いますが、そういった定期的に点検をするということも含めて、今後、都道府県に対する指導、支援をしてまいりたいというふうに考えております。

○加藤修一君　安全点検は非常に大切なわけでありますけれども、今回の事故でも運営会社と管理会社の間で責任のなすり合いと言うとあれですけれども、そういうふうに報道がされておりました。

消防法第八条では、一定の基準以上の防火対象物においては、一定の資格を有する防火管理者、これを置くことが義務付けられておるわけでありますけれども、安全対策の徹底と責任の所在を明確にする上からも、例えばでありますけれども、可燃性天然ガス安全管理者、そういったような資格者を置くことも一つだと思いますけれども、兼任でもよろしいとは思いますけれども、研修を含めて防火管理者ということにプラスしてそういう在り方も考えていいんではないかなと、このように思いますけれども、この辺についてどのようにお考えですか。

○政府参考人（櫻井康好君）　御指摘のように、安全対策の担当者をあらかじめ定めていくということは、温泉施設の経営主体あるいは設備の管理委託を受けた者など、複数の事業者間での責任の所在あるいは事業者内部での責任者を明確にすることによりまして、安全対策が確実に行われるようにする上で重要なものと考えております。したがいまして、採取の許可申請に当たりましては、安全対策の担当者を明らかにするということを事業者に義務付ける予定でございます。

なお、安全対策担当者という意味で一定の資格を有する者を求めてはどうかということでございますが、これにつきましては、今回の安全対策は施設の構造に関するものが中心でありまして、運転段階で特別の技能が必要というものではございませんし、また大規模な温泉施設から個人所有の温泉に至るまで事業形態が様々ということでございまして、一律に人的体制の整備を求めるということは困難な場合があるのではないかということから、資格、経験を要求するということまでは考えておりません。

○加藤修一君　今までの質問はどちらかというと温泉施設の関係でありますけれども、可燃性天然ガス対策としてはこれ以外の施設についても考えることができると。

例えば、千葉県とか新潟県の一部の地域では、非常に自然に発生するガス、そういうところが非常に多いというふうに聞いているわけでありますけれども、平成十六年の七月に発生した九十九里のいわし博物館、この爆発事故があったわけでありますけれども、これは自然にわき出た天然ガスが原因であったと聞いているわけでありまして、建物全体に対する可燃性天然ガスへの危険を防止するための措置が必要ではないかと、そう思います。

また、これは土地利用を変えていく、すなわち更地の上に今度、建物を建てていくということにも、そういうことも想定されるわけでありますので、これは建築基準法が関係するかどうか分かりませんが、一つは消防庁にお聞きしたいということと、さらに、国土交通省、こういった面についてはどういう対処をしていかなければいけないか、この辺について御見解を示していただきたいと思います。

○政府参考人（寺村映君）　お答え申し上げます。

可燃性ガスに対する対策といたしましては、消防法令上、一定規模以上の地下街や店舗等の地下施設につきましては、ガス漏れ、火災警報設備の設置対象となっているところでございます。また、本年六月十九日に東京都渋谷区の温泉施設で発生しました爆発火災を受けまして、消防庁では温泉採取設備等の実態調査を行うとともに、有識者などから成ります検討会を開催しまして、火災予防上の観点から安全対策の検討を行っているところでございます。

その中で、過去十年間の可燃性天然ガスによります火災を調査したところ、温泉施設以外の事例といたしまして九例ございましたけれども、これらは自家用の燃料に使用する際の不適切な取扱いが主な出火原因となっておりまして、可燃性天然ガスが湧出する地域におけます対策として、利用者への注意喚起等により、ガスの適切な取扱いを徹底することが重要と考えております。

一方、先ほど御指摘がございました、建築物内にガスが自然滞留したことにより爆発火災が生じた事例も見られますことから、今後更に実態把握に努めまして、関係省庁と連携を図りながら、消防庁といたしましても可燃性天然ガスの安全対策の確保を推進してまいりたいと考えております。

○政府参考人（藤田伊織君）　お答え申し上げます。

国土交通省では、官庁施設を安全に活用していただくという観点から、関係自治体や専門家の皆様方と一緒に勉強をさせていただきまして、今年に「施設整備・管理のための天然ガス対策ガイドブック」というものを策定したところでございます。このガイドブックの内容につきましては、当然ですけれども、関係する施設管理者の皆さんに周知いたしておりますとともに、安全の確保のための参考にしていただくため、どなたでも見ていただけるようにインターネットによる公表を行ったところでございます。

今後も関係機関と連携を取りまして、広く皆様方へのこの技術的情報の提供に努めてまいりたいと思っております。

以上でございます。

○加藤修一君　国土交通省の今答弁でございますが、消防法の関係はどっちかというと建物ができた後の関係で、それでガスが発生したことについて検知をするということだと思うんですね。今、国土交通省の関係については建物建築の計画段階からやっていくという話にかかわってくる話だと思います。

それで、そのガイドブックの関係については、それは公共施設に限定してガイドブックを作っているわけでありますけれども、民間企業に対しても、民間の施設に対してもどういう形でそれが更にアプライできるかどうか、そういった面についても考えていかねばいけないというふうに思っておりますけれども、その辺についてどうでしょうか。

○政府参考人（藤田伊織君）　この技術的内容は、先生御指摘のとおり、整備の段階だけでなくて管理の段階でも活用していただけるものということでありますが、その技術的内容につきましては、これはインターネットで公表するというような形で、当然ですけれども、その地域の皆様方、それから関係する皆様方に技術的知見の活用をしていただくという段階でのガイドブックとして作成したものでありまして、今後のことにつきましてはよく関係機関と連携して検討するなりをお願いしていきたいと思っております。

以上でございます。

○加藤修一君　管理の段階も大事なんですけれども、建物を造る過程ですよね、過程におけるガスに対する対応策をどう考えるかというのが大事だというふうに私は申し上げているわけなんですけれども。

それと、これは周知徹底をしっかりと図ることが極めて重要であると思っていますけれども、これについても答弁いただきたいと思います。

○政府参考人（藤田伊織君）　設計する段階でやはり地下に天然ガスが滞留しないような検討などをしていただけるようにガイドブックとしては作っております。

それから、この周知徹底につきましては、インターネットで公表ということで、今の、現時点でもどなたでも見ていただけますし、それからその内容も十分活用していただけるものと思っておりますけれども、これについての建築基準関係の取扱いについては今後の検討ということで、また関係機関と連携してまいりたいと思っております。

以上でございます。

○加藤修一君　よろしくお願いいたします。

次に、環境省にお願いでありますけれども、温泉行政の諸課題に関する懇談会、これ、ここの中で様々な検討がされているわけでありますけれども、そのアウトプットによりますと、源泉総数と総湧出量が増加する中にありまして、自噴、自噴の湧出量が減少傾向にあると。先ほど来、ほかの委員からもこの点について話がありましたけれども、温泉資源の枯渇現象が拡大するおそれがある、こういう指摘がその懇談会でもなされております。温泉枯渇防止のために法改正をすべきだと、こういう県も存在しているわけでありまして、そういった意味では極めて深刻な状態でないかなと、このように考えております。

それで、この温泉の安全対策、これはこれで非常に重要でありますけれども、この温泉の資源をいかに守るかということも極めて重要なテーマであると思っております。防止するために、温泉の賦存量や水位などのデータの収集、あるいは大深度の掘削泉とそれから温泉源への影響についての調査研究、そういった科学的な知見をより一層これは充実させることも大事でありますし、あわせて、掘削許可等の科学的、具体的な基準の明確化、これを図るべきであると。しかし、その完全な科学的根拠を示すことには限界があると思われるわけでありますけれども、一定の範囲で予防的な対応を可能とするような内容を盛り込んだ言わば温泉資源アセスメントと、そういったものを考えていく必要があるんではないかなと、このように思います。

北海道とかそのほかの県でも、例えば北海道の阿寒湖温泉等は貯留層になっているということらしいんですね。ですから、貯留層モデルを構築してシミュレーションをやって、将来予測をやって、この程度が限界だと、そんなふうに予測をしているようでありますし、将来、六十年後には温泉がこのままだと枯渇する可能性もあると、そういうアウトプットを出して、警告を出しているというような状況でございます。

そういった意味では、そういうことができるような先ほど申し上げました温泉資源アセスメント、そういった面についても十分検討に値するんではないかなと、このように考えておりますけれども、どうでしょうか。

○政府参考人（櫻井康好君）　御指摘のように、源泉の数が非常に増加をしている中で、自噴の湧出量が減少傾向を示しておるとか、あるいはそういった拡大している温泉利用が資源枯渇のおそれを増大させているのではないかという御指摘があるところは、これは審議会などでも議論をされてきたところでございます。

ただ、いずれにいたしましても、現行の温泉法では温泉の掘削やポンプの設置につきまして、他の温泉の湧出量あるいは温度、成分に影響を及ぼすという場合には不許可とすることができるということでございまして、都道府県が事前の影響予測を的確にできるようにするということがこの許可制度の適切な運用につながり、ひいては温泉資源の保護につながるということだろうと思います。

現在、環境省では、事前影響調査手法の在り方を含めまして、都道府県が許可の判断をするに当たっての参考となりますガイドライン作りを行っているところでございますが、いずれにしましても、温泉資源の形成あるいはそういった温泉水の湧出のメカニズムというものの科学的な知見というのは、これはまだまだ不十分でございます。そういった科学的知見の収集に努めると同時に、ガイドラインなどでそういった成果を生かしながら、温泉資源の保護ということを推進してまいりたいというふうに考えております。

○加藤修一君　この問題は先ほど来からもほかの委員から何回か出ている問題で、温泉行政を円滑にしていく、あるいは温泉を守っていく上では極めて重要であると思っておりまして、環境大臣にこの辺についてもちょっと御見解をお聞きしたいと思っておりますけれども、質問通告していたと思っておりますけれども、どうでしょうか。

○国務大臣（鴨下一郎君）　今お話がありましたように、私もこれ、どんどん温泉を掘削して採取していって資源は枯渇しないんだろうかというような先生の疑問といいますか、それと私も一にするところがございます。

そういう意味で、これは今局長からもお話し申し上げましたけれども、特に事前の影響評価、こういうようなものをできるだけ詳細にしまして、まだ十分に科学的な知見が積み上がっていない、こういうようなこともあるわけでありますけれども、それにしても、今お話しになったような懸念、こういうようなことについて、例えばこれから都道府県が影響予測、こういうことができるような、ある意味でガイドライン作り、こういうようなものを今行っているところでありますけれども。

その中には、具体的には、例えば温泉保護区域を設定して、過去に枯渇現象が発生したり地域の温泉利用量が限界に達しているような、こういうようなことについては温泉の保護区域と、こういうようなものを指定しまして、新規の温泉利用を原則的に行わないようにしようとか、それから既存の源泉からの距離規制、こういうようなものを設ける。

あるいは、事前の影響調査の実施につきましては、これはそういう許可申請においては影響調査書を添付させるというようなことでありますけれども、この影響調査はなかなか、言うはやすく現実的には科学的に知見を積み上げるというのは難しい部分ありますけれども、例えば試験的にポンプで温泉をくみ上げて、周辺の既存源泉の水位あるいは温度が様々なくみ上げによりまして影響があるのかどうかと、こういうようなことも調査すべきと、こういうようなこともガイドラインの中では書かせていただいております。

また、その後に、これはかなり重要な話だと思いますが、事後のモニタリング、これが必要だろうというふうに思っておりまして、温泉利用者に水位、温度等を定期的にモニタリングをしていただきまして都道府県に報告をしてもらうと。それから、加えまして、水質悪化等の周辺環境への影響や、有毒ガスが噴出等のおそれのある、こういうようなことについてもその防止対策を許可条件にすべしと、こういう言わばガイドラインを今議論をしているところでありますけれども、それにのっとって温泉の保護あるいは適切な利用、こういうようなことをしていただきたいと、こういうふうに今考えているところであります。

○加藤修一君　丁寧な御説明、ありがとうございます。心意気が伝わってくるように思いましたので、よろしくお願いいいたします。

それで、言うはやすし、行うは難しという話もございました。また、知見を積み重ねていくのは極めて難しいという、私も全くそのとおりでございまして、ですから、そういった意味では地方だけでやるというのはなかなか難しいところもございます。

そういった意味では、情報を共有する、あるいは様々な方法についても共有するということも含めて、これは環境省が少し音頭を更に取って、地方に対する支援も含めて考えていくべきではないかなと、このように思いますけれども、どうでしょうか。

○政府参考人（櫻井康好君）　先ほど答弁申し上げましたように、ガイドライン作りというのを今やっておるところでございます。大臣から詳しく御説明をさせていただいたところでございますが、こういったガイドライン作りの中で、具体的に都道府県がどういった手法をもって調査をする、あるいは判断をするかということをできるだけ具体的に示すことができればというふうに考えているところでございます。

したがいまして、そういった、国からは技術的な助言と申しましょうか、各都道府県が実効ある対策ができるようにそのガイドライン作り等々の支援をしてまいりたいというふうに考えております。

○加藤修一君　それでは次に、温泉付きマンション等の、いわゆる可燃性天然ガス対策とレジオネラ病の防止対策の関係でありますが、先ほどもレジオネラ症の関係について話がございました。最近は、温泉付きマンションや温泉付き住宅団地が増えていると。温泉の採取に伴う可燃性天然ガスに係る安全対策、こうした温泉付きマンションなどにも適用されるのかどうか、また、ガスセパレーターやガス検知器などの安全対策が施されているか、そういった面についての確認をしたいと思います。

○政府参考人（櫻井康好君）　今回、改正をしようとする可燃性天然ガスに係る安全対策でございますけれども、温泉付きのマンション、あるいは場合によっては個人で利用する温泉というのもあろうかと思います。そういった利用形態につきましても、可燃性天然ガスによる災害というのは不特定多数の人に被害が及ぶ可能性がございますので、その防止を図る必要性というのは公共の浴用や飲用に供する場合と個人で利用する場合とで異なるものではございません。

したがいまして、本改正案では、温泉付きマンションや個人住宅の場合であっても、採取の許可制度の対象として、採取を行う者の義務として安全基準に適合することを求めるということとしているところでございます。

○加藤修一君　今回の爆発の関係が起こって、いろいろ調査していく中で出てきた話でありますけれども、東京都足立区の温泉付きマンションで国の指針の八千九百倍ものレジオネラ菌が検出されたと、そういう報道が実はあったわけでありますけれども、この関係についてお聞きしたいわけでありますけれども、この温泉貯湯槽及び給湯の末端、ここから配湯されて末端に届くわけでありますけれども、調査したところによりますと、大量のレジオネラ菌が検出されたということでございますが、この温泉付きマンションや住宅団地は、各家庭の浴室、そういう位置付けでありますので、公衆浴場法や温泉法の適用外であると、現段階で適用できる法律はないと、こんなふうに聞いているわけでありますけれども、これは被害者が相当出た場合については大変な状態になっていた可能性があるわけでありまして、こういう被害が想定しないように最初の段階で未然防止という、そういう意味でありますけれども、衛生管理の観点からしっかりと対応していかなければいけない。そういった意味では、法律の改正とかあるいは政省令の対応とか、場合によっては新しい法律が作る必要があるのかどうなのか、そういったことについてもしっかりと対応していかなければいけないなというふうに思います。

この温泉付きマンションは首都圏で五千五百五十七戸、近畿圏では二千九百三十八戸と、極めて多いわけでありますけれども、この辺については厚生労働省にお尋ねしたいと思います。

マンションの管理についてはマンション管理法、ちょっと視点が違いますけれども、あるいは温泉は温泉法があって、こういった面についての管理が、ちょっと外れておりますけれども、いずれにいたしましても衛生管理は厚生労働省でありますから、こういった点について今後どういう具体的な対応をしていくかということについてお聞きしたいと思います。

〇政府参考人（宮坂亘君）　大変御質問多岐にわたりますので、順番に御説明申し上げたいと思います。

まず、委員御指摘のレジオネラ属菌でございますが、これは土の中とか河川など自然界に生息する細菌でございまして、これに汚染をされました細かい水滴、エアロゾルと称しますが、エアロゾルを吸い込むことによりましてレジオネラ症というものを発症いたします。発症いたしますと、レジオネラ肺炎とポンティアック熱という二種類の症状がございますが、レジオネラ肺炎というのは、お子様とか高齢者など抵抗力の弱い方に多く発症いたしまして、一週間以内に死亡する劇症型から抗生物質により治癒するものまで種々の型がございます。それから、ポンティアック熱というのはインフルエンザに似た症状で、自然治癒することが多うございます。

この感染経路でございますが、今委員御指摘のように、実は空調設備とか加湿器とか入浴設備による感染例が、いわゆるじめじめしたところにアミーバー状の中、いわゆるぬめりでございます、あの中にアミーバーとして存在をするわけでございますが、こういったことから、従来から、今御指摘ございましたけれども、旅館とか、それから公衆浴場等、不特定多数の方が利用される施設につきましては公衆浴場法等に基づきまして規制を掛けているところでございます。それから、特定の建築物につきましても、一定の衛生管理基準を設定をいたしまして、そして規制を掛けているところでございます。

御指摘のこれらの規制対象とならない施設、具体的には御指摘にございました温泉付きのマンションというのは、現在では法的な規制というものの対象にはなってございません。我々といたしましては、このレジオネラ症に係ります知識の普及とか、それから感染防止対策ということにつきましてPRをしているところでございまして、また今回の事案というものも踏まえまして、マンションの関係を管理なさっておられます関係省庁に対しましても再度通知を申し上げまして、その指導の徹底というのをお願いをしたところでございます。

それで、これにつきまして法的規制をすべきではないかという御議論だというふうに思いますが、確かに今回のような事案というのが発生すること自体、非常に大きな問題であるというふうに考えております。ただ、今御指摘のように、特定の人が利用するということを前提といたしましたマンションとか一般住宅におきます入浴設備の衛生管理は、まず自らがきちっと行っていただくということが基本ではないかというふうに考えておりまして、そういう意味での周知とかPRというのを徹底をしたいというふうに考えております。現時点では、法的規制ということまで行うということにつきましては慎重に対応する必要があるのではないかというふうに考えております。

以上であります。

○加藤修一君　……。

次に、もう時間がなくなってまいりましたので、環境省にお願いでありますけれども、先ほども温泉と観光の関係のお話もございました。温泉法には国民保養温泉地の指定ということがございますけれども、こういった面についてのＰＲも当然必要でありますが、やはりインフラ整備にも力を入れていただきたいなと、このように考えておりますが、環境省の御見解をお伺いしたいと思います。

○政府参考人（櫻井康好君）　国民保養温泉地についてでございますが、現行の温泉法第二十九条に基づきまして、適切な温泉利用のモデルとなる地域を現在、全国で九十一か所指定をしておるところでございます。このうち、国立・国定公園内に位置するものにつきましては、自然公園の整備事業といたしまして、遊歩道あるいは休憩所などのインフラ整備を進めているところでございます。

今後は、こうした整備を引き続き進めるほか、国民保養地、温泉地のＰＲなど活性化方策についても検討してまいりたいというふうに考えております。

○加藤修一君　それでは、国土交通省にお伺いします。

今年の二月には地域力発掘支援新戦略、これが閣議に報告されておりますけれども、閣僚会議ですね、地域力に着目しているわけであります。あるいは、国土交通省では所管の法として観光立国推進基本法がありまして、六月には国会に観光立国推進基本法というのが出されていると。さらに、最近は広域的地域活性化基盤整備法という法律ができたわけでありますけれども、やはりこういった中で、温泉の活性化についてどういうふうにアプローチするかということについてはどうお考えかということなんですけれども、それが第一点と。その場合に、やはり環境省とも連携することが考えられるんではないかなと、このように考えておりますけれども、どのような御見解をお持ちでしょうか。

○政府参考人（西脇隆俊君）　お答え申し上げます。

今先生御指摘の地域自立・活性化の法律、それに基づきます交付金につきましては、制度の趣旨といたしましては、民間と連携した地域の発意に基づきまして、広域的な人や物の動きを活発にすることを通じて地域の活性化を図るということで、その目的に合致する都道府県に計画を作成いただきまして、それに基づいて大臣が交付金を交付するということでございます。

そういう意味から、この交付金の趣旨から考えまして、地域の活性化ということでございますので、当然ながら温泉地の活性化、それを通じた観光振興というものもこの交付金の趣旨に十分合致すると思っております。実際、今年度交付した中にも正にそういう趣旨の、温泉地の活性化というような内容を含んだ計画もございます。

それから二点目の、環境省との施策の連携についてでございますけれども、私ども、法律に基づく趣旨に合致する必要があるということでございますので、完全に一致することではないんですけれども、今、地域活性化というのが非常に重要な課題の中でございますので、各省庁の施策を一体的に活用するということは非常に重要でございますので、私どもの交付金も環境省の施策と密接に連携して、温泉地の活性化のために十分活用いただけるんじゃないかというふうに思っております。

○加藤修一君　中小企業庁には中小企業地域資源活性プログラムというのがありますが、全体としてパッケージにして提供できるようにしていただきたいと思いますけれども、この辺についてどうでしょうか。

○政府参考人（長尾尚人君）　地域経済の活性化のためには、産地の技術とか農林水産品とか観光資源などの地域資源を活用した対策と中小企業の取組というのが非常に重要であると認識しております。そういった観点から、先国会で制定いただきました中小企業地域資源活用促進法に基づきまして総合的な支援策を講じておるところでございます。

委員御指摘の温泉につきましても、地域の強みになる重要な資源だというふうに認識しております。八月十一日に関係六省庁と都道府県から出されました基本構想を認定いたしたところでございますけれども、全国で八千三百五十四の資源が出されたわけでございますけれども、その中でも四百一の温泉が登録されたところでございます。

こうした地域資源を活用した中小企業の具体的な取組に対して、既に関係六省庁とも一緒に百六十三件の事業計画を認定したところでございます。この百六十三件の中にも温泉のプロジェクト幾つかございまして、例えば温泉についての専門的な知識を持った人を中核として、温泉と食事や運動を融合させた健康促進サービスの開発といったものとか、温泉の効能と寺院巡りを組み合わせた心のいやしを重点としたツアーの開発、そういったような、地域で知恵を絞ったようなそういった多様な取組が挙がってまいっております。

私どもといたしましては、今後とも関係省庁と連携しながら、こういった温泉資源を活用した地域資源の活用というものについて鋭意取り組んでまいりたいと思っております。

……。

○市田忠義君〔日本共産党〕　……。

まず、可燃性天然ガスの安全対策が重要になっている大深度掘削問題についてお聞きしたいと思います。

大深度掘削による動力湧出が増えて、大変流動性の低い化石水をくみ上げている場合が多いわけですけれども、そのくみ上げによる温泉資源や周辺地盤などへの影響、これが大変懸念されています。しかし、大深度の地質と地下水に関するデータというのはほとんどよく分からないというのが実態であります。

今後、科学的・技術的データの集積、分析が課題となっていまして、これは中環審の答申でもそういうことが指摘されていますが、大深度掘削による温泉資源などへの影響について本格的な調査検討を進めるべきだというふうに考えますが、まず大臣の基本的認識をお伺いしたいと思います。
○国務大臣（鴨下一郎君）　大深度掘削泉につきましては、これは、地下水の流れが遅く、雨水などからの補給も少ない、あるいはくみ上げ量によっては枯渇のおそれがあると、こういうような意見もあるわけであります。また、利用の歴史も浅く、深い地下のことでもありますから、資源の状況など不明な点も多いと、こういうようなことであります。ですから、そういう意味では、先生御懸念のように、私も同様にこれをある意味で、今のような状況でどんどんくみ上げていけば枯渇してしまう、あるいは様々な自然環境にも影響が我々が予期せぬところで起こる可能性もあると、こういうようなことについてはまさしくそのとおりだというふうに思います。
ですから、これ、大深度掘削泉による温泉資源への影響、こういうようなことについては今調査研究を積極的にやっていきたいと、こういうふうに考えておりまして、二十年度予算の概算要求でもそれについての項目を立てさせていただいておりますので、引き続きしっかりとやってまいりたいというふうに思います。
○市田忠義君　法の成立後に制定される技術基準の中に、温泉掘削中のガス濃度あるいは物質成分分析、地質資料などの記録を掘削データ報告書として施行者に提出を義務付ける必要が私はあるんじゃないかと思うんですが、環境省、いかがでしょう。
○政府参考人（櫻井康好君）　温泉の掘削に当たりましては、許可事項として湧出量等につきましての許可をいたしますけれども、一般的にどういったものを温泉としてくみ上げているかということを法施行者との間で情報を共有するという点につきましては、現在の法施行者でありますます都道府県において様々な情報を把握しているところでございますので、温泉事業者とそういった、直接には法施行者と、法施行者である都道府県知事との間で情報の共有が進むようにしてまいりたいというふうに考えております。

○市田忠義君　是非、省令で技術基準などの提出の義務付けを盛り込むような検討をお願いしたいということを申し上げておきたいと思います。

神奈川県では、大深度温泉井掘削等許可申請指導基準という長い名前の基準があるわけですけれども、これ二〇〇三年十月に定められて、許可済みの大深度温泉井から一キロメートル以上距離を取るということと、深度二千メートルを限度とするということを指導基準にしています。

私は、可燃性ガスの湧出、温泉枯渇、地盤沈下等への予防原則措置として大深度掘削の下限深度を設定する必要があると考えますが、この点についての考えはいかがでしょうか。

○政府参考人（櫻井康好君）　下限深度ということでございますが、これはツルネン議員からの御質問にも、ツルネン議員も挙げておられました温泉学会の決議においても触れられているところでございます。

そういった方法について果たして妥当なものかということは、私ども、まだ直ちに判断するだけの材料を持ち合わせておりませんけれども、いずれにいたしましてもそういった大深度掘削についての影響等を今後解明していく中で、そういったことも検討の対象にしてまいりたいというふうに思っております。

○市田忠義君　現に、神奈川県では温泉地学研究所の知見に基づいてそういう指導基準を設けているわけですから、是非そういう方向で国の方でも大深度掘削の下限深度や総量規制、やっぱり設定すべきだということを指摘しておきたいと思います。

先月、環境省が公表されました暫定対策の実施状況の報告結果ですが、九月末時点で対策が完了していない件数は三百三十三件、その状況について神奈川県横浜市で実情を聞いてきました。神奈川県内で四十六件、そのうち二十七件が横浜市内です。その中には数軒の町の銭湯が含まれています。大変今経営が困難な町の銭湯で、多額のお負担ができないところもあります。

先ほども他の委員から質問がありましたが、検知器一機が数十万とか分離装置一機だけでも三百万円程度掛かると。それから、法に基づいてすべての事業者が事故防止対策を実施するためには、とりわけ中小零細業者、何らかの国の支援制度が私は必要だと思うんです。先ほど御答弁では国民金融公庫の融資制度があると。これで十分とお考えなんでしょうか。

○政府参考人（櫻井康好君）　国民生活金融公庫による低利融資の制度でございますが、これは生活衛生改善貸付けということで、常時使用する従業員が二人以下の公衆浴場あるいは旅館業でも適用になると、対象になるということでございますし、融資額が五百五十万円以内と。私ども、今回の対策で温泉施設が屋内にある場合で、換気装置あるいはガス検知器等々の対策を講じてもまあ数百万の範囲でできるのではないか。もちろんこれは個々の事情がございますので、併せていろんなところを改善をするということになればもっと費用が掛かるかもしれませんが、基本的にはその範囲ぐらいで収まるんではないかと思っております。したがいまして、融資額としても五百五十万円以内ということになっております。

また、この貸付けにつきましては保証人、担保が不要というふうに聞いておりますので、こういった国民金融公庫の制度の活用を促しながら、中小零細事業者の対策も進むように努めてまいりたいというふうに考えております。

○市田忠義君　実際の零細の方々にお聞きしますと、国民金融公庫の融資制度だけでは極めて不十分だという声が多くありました。

先ほど川口委員からも質問がありましたが、入湯税ですね、例えば横浜市ですと、〇六年度の入湯税の収入額一億四千六百五十七万円余りなんです。これを事故防止対策に充てるように私はするべきだというふうに思うんですけれども、ほとんどが消防施設等の整備とか観光振興に充てられているわけですけれども、そういう方向性について、大臣は基本的な考え方としてどういう考えをお持ちでしょうか。

〇政府参考人（櫻井康好君）　中小零細事業者の経営状況が厳しいということはお聞きをしておりますけれども、一方で、今回の安全対策は人の生命にかかわるということでございますので、事業者の責任において最低限の対策を取っていただくということは、これは必要であろうというふうに考えております。

先ほど申しましたように、既存の支援制度もございます。環境省におきまして、現在、直接そういった中小の零細事業者に財政的支援を行うということは考えておりませんけれども、公共団体においてそういった入湯税収を活用して中小零細事業者に対する支援を行うかどうかというのは、これはまた地方、それぞれの公共団体でお考えになることだろうかと思います。

国といたしましては、今後その技術基準を定めるに当たって、安全確保を大前提とした上で必要な安全水準に比べて過剰な負担となることのないようには検討してまいりたいというふうに考えておるところでございます。

〇市田忠義君　入湯税は地方自治体の管理だからそこが考えるべきだと、ちょっと冷たい答弁だったと思うんですけれども。

例えば、公衆浴場の確保のための特別措置に関する法律、これ第六条を見ますと、「国又は地方公共団体は、公衆浴場について、その確保を図るため必要と認める場合には、所要の助成その他必要な措置を講ずるように努めるものとする。」と、「助成等についての配慮」ということで第六条で定められているわけですけれども、そういう活用を図っていくという点についてはどうですか。

○政府参考人（櫻井康好君）　入湯税あるいは公衆浴場法に基づくところの施策という意味では、これはもちろん、今回発生しました、発生しましたといいますか、今回、法改正をしようとしているのは温泉に限ります。当然、公衆浴場には温泉もあればそうでないものもあるわけでございまして、この辺は事業者の間の公平の議論もまた一方ではあろうかと思います。それも含めまして、公衆浴場についてどういった支援をしていくのかということは、これまた各公共団体で十分御審議をされるべきことであろうかというふうに考えております。

○市田忠義君　時間の関係でもう深追いはやめますが。

今年四月にオープンした新横浜駅前の岩盤温泉ホテルを調査してきました。このホテルは、あの渋谷の爆発死傷事故を起こしたシエスパの温泉掘削施工と全く同じ会社が行ったところで、地下に温泉施設があって、その上に十五階もの客室が建っているというところであります。地下の温泉施設の最地下のピット内に千五百メートルの源泉井戸、ガスセパレーター、貯湯槽などが設置されていて、ガス通気管で屋外にメタンガスを放出していると。

こういう源泉などを地下室に設置しているような温泉施設を新規に建設しようとする場合、今度の法改正ではこれは認められますか、認められませんか。

○政府参考人（櫻井康好君）　環境省におきまして設置をいたしました有識者の検討会におきましても、新規の施設につきましては屋外に設けるということを原則とすべきではないかという議論がなされたところでございます。そういった議論を踏まえながら、ただ既存の業者とのバランスと申しますか、安全対策上の、最低限の安全対策を講ずれば安全ではないかという議論もまた一方でこれはございます。そういったことから、検討会の議論も踏まえながら今後十分検討してまいりたいというふうに思っております。
○市田忠義君　ちょっと、これ本当に、余り心のこもらない答弁だなと思うんですけれども。
じゃ、ちょっと大臣の認識聞きたいと思うんですけれども、この温泉ホテルは、横浜市の暫定対策の要請に基づいて検知器の設置、照明器具の防爆化を行っているんですけれども、営業本部長がこう言っているんですね。温泉施設の中で一番危険な施設だと承知しているので、三重、四重の安全監視対策を取っていると。しかし、安全対策が優良と言われているこの温泉ホテルでも、屋内にある通気管の対策はなかなか困難だと。

だから、可燃性天然ガスの災害防止の法規制がもっと早く成立していれば、渋谷区での爆発死傷事故などを防止できたんじゃないかと私は考えるんですが、その辺の大臣の御認識はいかがでしょうか。
○国務大臣（鴨下一郎君）　私も現場を見てまいりましたけれども、確かに先生がおっしゃるように、地下に源泉がありまして、換気塔が、これ今捜査中でありますから、軽々に私が判断を申し上げるわけにはいきませんけれども、様々な多分、換気の問題で不都合が起こったんだろうというふうに思います。ですから、そういう意味でいうと、それと同じような構造があれば何らかの形で同じような事態に、起こる可能性もあるわけですから、できれば、今局長が答弁申し上げましたように、外部に、あるいは屋外にそういう施設があるべきだというふうに思います。ですから、原則的にはそういうようなことでありますけれども、じゃ、既存の施設はどうするのかということについては、十分な言わば安全対策を行っていただきたいと、こういうふうに現時点では申し上げるしかないわけであります。
○市田忠義君　やっぱり温泉活用ばかりに目が奪われて、消費者や周辺住民などへの安全対策や温泉情報の開示は怠ってきたといいますか、事故防止のための制度の不備がやはり事故を発生させてきたわけで、その教訓をきちんと生かしていく必要があると思います。

私、もう一か所、川崎市宮前平地区のスーパー銭湯を調査してきました。この温泉施設はメタンガスを放出する千メートルの源泉を持ち、飲食を提供する食堂、宴会場を併設して、とてもいわゆる一般に言う公衆浴場とは思えない大規模施設と、レジャーセンターと言ってもいいと思いますが、この建設地の周辺というのはマンション、一戸建て住宅、すぐそばには小学校、保育園があります。この建設で、計画変更を求める三万人を超える請願書が川崎市議会で全会一致で採択されています。周辺の小中学校、四つのＰＴＡも大変心配をされています。

今年九月の中間報告で住宅等からの隔離距離の設定が示されていますけれども、こういう住宅地のど真ん中にある大規模なスーパー銭湯が果たして安全と言えるのかと、ちょっと時間余りありませんので、簡潔に、環境省、いかがでしょう。

○政府参考人（櫻井康好君）　御指摘のように、検討会の中間報告では住宅からの離隔距離等についての検討も検討課題として掲げられております。今後、安全基準を定めるに当たって、こういったことも十分検討の課題として検討してまいりたいというふうに考えております。

○市田忠義君　この建設地は、第一種中高層住宅専用地域なんです。集客性の高い店舗等の建設は制限されているという、そういう場所なんですけれども、まあ公衆浴場とは名ばかりの大規模な商業施設、駐車場だけでも百七十台止められる、一日八百台から一千台、休日は二千人の人が恐らく利用するだろうと言われている、こういうスーパー銭湯などは、公衆浴場法で地域住民の健康、衛生保持のために不可欠な施設とは私はとても言えないと思うんです。

それで、この公衆浴場の範囲を超えた大深度掘削のスーパー銭湯などは、こういう住宅専用地域では私は抑制すべきだと思うんですが、国交省、いかがでしょう。

○政府参考人（小川富由君）　お答えいたします。

いわゆる、スーパー銭湯と言われる建築物は、一般に銭湯としての機能のほかに、店舗あるいは飲食店等、様々な用途のものが併設をされていると。利用者の方々は、比較的長時間滞在して複数の施設を利用することが多いと。また、入浴目的以外の利用者も来訪する建築物であるというふうに考えております。

建築基準法におきましては、第一種中高層住居専用地域、こういったところにおきましては、公衆浴場は建築することは可能でございますが、店舗や飲食店につきましては、そういった部分の床面積が五百平方メートル以下であること、そういった部分が二階以下にあることといった一定の条件の下に限って建築できるということになっております。この基準に基づきまして、個別具体の事案につきましては適切にその立地の可否を判断されているものと考えております。

○市田忠義君　五百平米以上か以下か、よく調査なさっていただきたいと思います。

次に、温泉台帳の問題について一言聞きたいと思うんですけれども、温泉台帳は源泉の正に登記簿謄本と言われるもので、温泉の過去帳の意味もあると思うんですけれども、これは一九四八年の温泉法制定当初から、将来の温泉権設定に備えて温泉台帳を整備すると、国からそういう通知が出されているわけですけれども、残念ながら、法制定から六十年たった現在、各都道府県によっては温泉台帳の整備、一元化が全く放置されています。

私は、温泉の枯渇化、安全対策への監視、実効ある温泉行政、これを進めていくために全国的な温泉台帳の整備と一元化を図る時期に来ていると思うんですが、この機会に改めて整備促進の指示を出すべきではないかと思うんですが、大臣の決意、いかがでしょう。

○政府参考人（櫻井康好君）　温泉台帳についてでございますが、これは御指摘のように、温泉資源の状況を適切に把握するために昭和二十三年から都道府県において整備をされてきておるものでございます。源泉ごとに、所有者、湧出量、成分分析結果等のデータをまとめた貴重な資料であるというふうに認識をしております。

温泉台帳は都道府県における温泉の掘削や利用許可の際の基礎資料として活用をしてまいりましたし、今後ともそういった活用がされるべきものでございまして、都道府県において引き続き整備されることが望ましいというふうに考えておるところでございます。

○市田忠義君　時間が来たので、もう一言で終わりますけれども。

先ほどツルネン議員からも指摘がありましたが、ガス安全情報を消費者により分かりやすく開示すると、この必要性の指摘がありましたが、その答弁の中で、たしか私の聞き間違いでなければ、それは業者の自主性に任せるかのような答弁でした。やはり、消費者の立場に立って、あるいは周辺住民の安全確保をしていくためにも、可燃性天然ガス、硫化水素、炭酸ガスなどの人体に及ぼすガスの、温泉浴場情報のガス情報も併せて掲示するということをやはり義務付けるという方向での検討を是非お願いして、質問を終わります。

○……。

○川田龍平君〔無所属〕　……。

温泉法改正について既に多くの方からの質問があり、それぞれの視点からの質疑がありました。また、温泉法は今年四月に改正されたばかりです。問題が起こってからの対処ではなく、温泉について環境省としての積極的な姿勢を問いたいと思います。

私は、温泉を地熱利用という、もう少し総体的な観点からとらえたいと思います。温泉は観光資源であるとともに健康資源であり、さらにエネルギー資源、環境資源です。まず、資源エネルギー庁に質問です。

　近年、地球温暖化への取組機運が高まり、地域分散型であり、自然エネルギー資源でもある地熱を活用した発電に大きな期待が寄せられています。昨年の五月に出された新エネルギー法、RPS法評価検討小委員会の報告書では、RPS法の設備認定要件を変更することにより、地熱発電の開発を促進すべきという意見があったと書かれています。新エネルギー法の下で地熱発電はどのように位置付けられているでしょうか。地熱発電は新エネルギーに入るのでしょうか、入らないのでしょうか。お聞かせください。
○政府参考人（資源エネルギー庁省エネルギー・新エネルギー部長）（上田隆之君）　RPS法に関するお問い合わせかと思います。
　RPS法、御存じのとおり、電力会社等に毎年、一定量の新エネルギーの利用を義務付けるという法律でございまして、この中におきましては風力、太陽光と並んで地熱というものを新エネルギー等の一つとして位置付けております。

　それで、地熱発電の施設の認定ということに当たりましては、その持続可能性の観点から熱水を著しく減少させない発電ということが要件になっておりますが、おっしゃるように、なかなか地熱発電に対する認識あるいは経済性の問題等々から十分まだ進んでいない状況にあります。

　そういったことを踏まえまして、また審議会の御議論も踏まえまして、今年の五月に、私どもこのRPS法に基づく審査基準、まあ運用要領みたいなものでございます、これを改正いたしまして、従来、バイナリー方式というものが対象になったわけでございますが、これに加えまして、温泉水などの目的に用いられます地熱資源である熱水、この熱水を副次的に用いて利用する発電方式というものもこの地熱発電としてRPS法の対象にしていくということのその要件の緩和を実施さしていただきました。

また、従来から行っています新エネルギー等の補助事業に地熱発電を対象として加えるといった措置を講じておりまして、ＲＰＳ法共々、その地熱発電という新エネルギーの導入を推進してまいりたいと考えております。

○川田龍平君　環境省へ質問です。

一キロワットアワー当たりのＣＯ２発生量を比べると、温泉の熱利用による発電、地熱発電のＣＯ２発生量は十五グラム、石炭火力発電は九百七十五・二グラム、原子力発電は二十四・七グラム、風力発電は二十九・五グラム。つまり、発電から出るＣＯ２を比べると、火力は地熱利用の六十五倍、原子力でも一・六倍、風力は二倍と段違いです。それだけ地球温暖化防止、ＣＯ２削減の側面からいうと地熱は優秀な発電方法です。ところが、一九九六年には百六十億円を超えていた日本の地熱予算は、八年後の二〇〇四年には四十億円と四分の一になってしまっています。

地球温暖化防止を担当する環境省として、地熱発電をどのように位置付けているのでしょうか。

○政府参考人〔環境省地球環境局長〕（南川秀樹君）　まず、温暖化という観点から申しますと、委員御指摘のとおり、石炭火力、石油火力、ＬＮＧ等に比べまして数十分の一しかＣＯ２が出ないという意味があるわけでございます。したがって、地熱発電が仮に設置されまして、その分、石炭火力等が減れば大きな削減になるという意味はございます。

○川田龍平君　昨年の総合資源エネルギー調査会新エネルギー部会ＲＰＳ法評価委員会部会で、地熱発電に関しての積極的位置付けの発言、開発問題が提起がされています。私はこの地熱発電の分野はとても大きな可能性があるということだけ表明しておきます。

ここに、十一月十五日、つい最近ですが、鹿児島県の環境審議会が、新エネルギー・産業技術総合開発機構、NEDOから申請されていた新日本科学、九電工、西日本技術開発三社による指宿市での地熱開発促進調査を容認したとの報道があります。また、青森県青森市下湯地区でも同じような計画があるとの報道です。

こうした事業は新エネルギー開発の中ではどのような位置付けになっているのでしょうか。これは経済産業省、お願いいたします。

○政府参考人（上田隆之君）　地熱発電というのは大変重要なことでございます。委員御指摘のとおり、昨年の三月にまとめましたRPS法に関する報告書の中でも、今後の開発拡大が見込まれる地熱発電として、温泉水を活用するなどしながら、その低温領域での発電ということを考えてはどうかということで、こういった発電というのはコストを要する掘削が基本的に不要であること、既に湧出している温泉水を利用するものであるから関係者の理解を得やすいと、そういうことからこの普及が期待されているところでございます。

先ほど申し上げましたように、RPS法に基づく認定要件等少し緩和さしていただいておりまして、こういった観点から、なかなかその関係者の理解が得るのが難しい場面もあるわけでございますが、積極的に対応してまいりたいと考えております。

○川田龍平君　地熱発電を新エネルギーとして有効性を認める立場の答弁をいただいて、進めていこうという立場であるかと思います。

ところで、この鹿児島県の環境審議会の結論は、温泉への影響があったら中止との条件が付いているようです。というのも、指宿市の地元の住民や温泉事業者らが強く反対しているからです。このようなケースについて、温泉法を所管する環境省、温泉保護の立場でどのような見解をお持ちでしょうか。

○政府参考人（櫻井康好君）　地熱発電に伴う温泉掘削の問題でございます。

資源保護の観点から地元からの反対などがあった場合ということではございますが、既存の温泉への影響、あるいはその湧出量、成分等への影響を理由に温泉の許可をしないということは現行法上でもできるわけでございますけれども、一般論といたしましては、目に見えない地中の温泉ということでございますので、その影響があるかないかということを客観的に立証できるデータを得ることが容易ではないというようなこと、あるいは有識者の意見、既存源泉からの距離、あるいは過去の経験則などを基に影響を判断するということになる場合も多いというふうに考えております。

また、事前には影響を完全には把握できないということから、事後のモニタリングを条件として許可する場合もあるというのが一般的な扱いではなかろうかというふうに考えております。

○川田龍平君　この地熱発電をめぐる新エネルギー開発の側と温泉業界側の対立が全国各地で起きているようです。「温泉」という業界誌の今年の二月号には、日本温泉協会学術部員の甘露寺泰雄さんによるバイナリー発電実施に対する意見という反対論が示されています。

環境省は、地球温暖化防止のために自然エネルギーを積極的に推進する立場でもあり、温泉を保護する立場でもあります。この温熱と温泉の対立は日本の経済と環境の対立の縮図ではないでしょうか。これから日本が豊かな環境経済を創出し、自然の恵みあふれる暮らしを享受するためにも、この対立を放置していてはいけないと思います。

環境大臣は、この問題を大局的な立場でどのように受け止め、対立の解消を具体的に目指そうとしているのか、お伺いいたします。

○国務大臣（鴨下一郎君）　確かに、地熱の利用というのは地球温暖化防止には極めて有効な手段の一つであるわけでありますけれども、今お話しになったように、例えば温泉のくみ上げによっての資源の枯渇、こういうことを片や温泉を利用している方々は考えているわけですし、それからもう一つは、ある意味で地熱利用の適地というのは自然環境に恵まれているところでありますから、そこにそれなりの施設を造るということについてのいろんな抵抗感、こういうようなことも片やあると。こういうようなことの中で、私は、適切に利用ができればこれはこんなにいいことはないわけですけれども、そこのバランスを取るというのは極めて今のところ難しい部分もあるなというふうに思っています。

先生は今バイナリー発電についてのお話もありましたけれども、これについても、それぞれこれくみ上げて、その温泉の熱を利用してというようなことで、しかもある程度の発電量を常に要求されると、こういうようなことになると、そうすると今度は温泉の資源との間で競合するなと。こういうようなこともありますから、地熱発電そのものは私は可能性としては非常に日本特有の、あるいは言わば地産地消の発電になる可能性があるので、技術としては追求するべきだというふうに思いますが、残念ながら今のところはまだ現実の乗り越えないといけないハードルが幾つかあると、こういう認識であります。

○川田龍平君　そうした対立の融和の必要があるとの認識であるということでお答えいただけたというふうに理解したいと思います。

この対立の解消のために、特に温泉事業者の不安を解消するためには、双方で議論の前提となる科学的・技術的データが必要であると考えます。例えば、このシエスパの事件をきっかけに、数ある温泉関係団体の一つである温泉学会が、温泉の水収支や大深度掘削に対して決議を上げました。この決議は、言わば温泉関係者の抱いている不安の表れです。

先ほど加藤委員からの質問に、この環境資源の枯渇、保護について、大臣からも、ガイドラインの準備、知見の積み上げは難しいことであったり、既存の源泉の水位を調査すべきという意見もありました。また、事後のモニタリングについて局長からもあったとおり、都道府県への技術的な助言、財源の支援をしていきたいという発言もありました。

そういった答弁をいただいたんですが、今後の調査は、可燃性ガスの湧出、温泉枯渇、地盤沈下などへの予防原則措置として地下水脈の広域かつ包括的な範囲で大深度掘削の下限深度の設定、それからストナー位置というものや揚水機の口径、一日の揚水量の規制、最大揚水量、温泉動向など、地方自治体、都道府県、環境省への報告義務と、地域と地質の水収支バランスの確立、また環境省による基礎データ集約と研究機関への温泉帯の研究推進と助成制度の確立、また、地熱発電など大深度掘削による弊害の指摘にこたえられる科学的なデータとなり得るのか、そういったこれからの調査のことについて質問したいと思います。

○政府参考人（櫻井康好君）　温泉学会の決議におきまして、地下水脈の広域かつ包括的な範囲での大深度掘削の下限深度を設定するなど、地域や地層から見た水収支バランスを図るというような決議項目が掲げられております。この温泉学会の決議自体は、天然ガスの安全対策あるいは温泉資源の保護について、専門的な観点から貴重な御意見というふうに考えておるところでございます。

大深度掘削に関しましては、地下水の流れが遅い、あるいは雨水などからの補給も少ないということで、大深度掘削泉に特有の枯渇のおそれというのも指摘をされているところでございますし、温泉学会の決議にありますような掘削深度の下限の設定という、まあこの具体的な手段の是非はともかく、まずは大深度掘削泉の資源への影響に着目いたしました調査研究を推進していくべきであろうというふうに考えているところでございます。

そういった点において、この温泉学会の決議を受けて、大深度掘削泉の調査研究を進めてまいりたいというふうに考えております。

○川田龍平君　この地熱と温泉の不要な対立を融和させるために、経済産業省と環境省の下にそれぞれ特命の担当者を設置して具体的に話を進めていくのがよいと考えますが、この点についてはいかがでしょうか。

○政府参考人（櫻井康好君）　地熱発電と温泉掘削の関係という意味では、鹿児島の指宿の事例を始め、全国でそういった議論がなされておるということでございます。私どももそういった情報については各県から聞いたりしておるところでございますが、ただし、その個別の判断になりますと、これはやはり許可権者である県の御判断、あるいは地域の事情をよく御承知の県での議論というのを踏まえなければなりません。

一般的な温泉の資源保護ないしは大深度掘削泉の問題点等々、それから地熱発電を温暖化対策上推進するという観点から、経済産業省と、言わば国レベルで相談をするということは、これは必要なことだろうとは思いますが、なかなか個別の判断についてはやはり地方でしていただくということになろうかと思います。

○川田龍平君　その点について大臣からも一言いただきたいと思います。そういった経済産業省と環境省が是非こうした国のレベルで、こうした地熱発電について積極的に地球温暖化防止の観点からも積極的に進めるということについて一言いただきたいと思います。

○国務大臣（鴨下一郎君）　先ほど先生からもバランスを取れと、こういうような話でありますから、常に我々は、環境省と経済産業省というのはいろんな意味で連携を取って、地球温暖化あるいは経済、こういうようなものの両立、こういうことで相互に意見交換あるいは協議をさせていただいておりますので、そういう分野の一つとして先生御指摘のことも検討させていただきたいと思います。

第三次改正案の質疑は、以上をもって終局し、討論に入ったが、意見がないことから、直ちに採決に入り、全会一致をもって原案のとおり可決された。

つぎに、轟木利治委員は、民主党・新緑風会・日本、自由民主党・無所属の会、公明党および日本共産党の各派並びに各派に属しない議員川田龍平議員の共同提案による附帯決議案を提出し、案文を朗読した。

温泉法の一部を改正する法律案に対する附帯決議（案）

政府は、本法の施行に当たり、次の事項について適切な措置を講ずべきである。

一、温泉の掘削・採取に伴う災害の防止に関する技術基準及び災害防止措置が必要ない旨の確認基準については、都道府県の取組状況も踏まえ、災害防止措置の実施が確実に行われるよう的確な基準を速やかに策定すること。

二、暫定対策が完了していない施設が相当数あることから、事業者による災害防止措置の円滑かつ確実な実施を図るため、可燃性天然ガスの危険性や取扱いについて周知徹底するとともに、事業者の費用負担を軽減するために必要な支援策を検討すること。

三、温泉に対する国民の信頼を確保するため、消防を始めとする関係省庁間及び都道府県との緊密な連携に努めるとともに、可燃性天然ガスに対する安全対策の取組状況についての事業者による国民への情報提供の促進を図ること。また、硫化水素ガスなどの安全対策についても万全を期すること。

四、近年、国民のニーズの変化を受け、特に都市部において多くの大深度掘削泉の開発が行われていることにかんがみ、大深度掘削に伴う可燃性天然ガスによる災害の発生、温泉資源や周辺地盤への影響等について、速やかに調査・研究を行い、その結果を公表すること。

五、温泉に付随する可燃性天然ガスの大部分を占めるメタンは、二酸化炭素よりはるかに温室効果が大きいことから、地球温暖化防止及び資源の有効利用のため、分離したメタンの利活用を推進すること。

右決議する。

右の附帯決議案は、投票の結果、全会一致をもって本委員会の決議とすることに決定された。

7　第一六八回国会参議院本会議（平成一九〔二〇〇七〕年一一月二六日）

平成一九（二〇〇七）年一一月二六日に開かれた参議院本会議において、参議院環境委員会における第三次改正案の審議の経過と結果が松山政司委員長から説明された。

本法律〔第三次改正〕案は、温泉の採取等に伴い発生する可燃性天然ガスによる災害を防止するため、法目的に可燃性天然ガスによる災害の防止を加えるとともに、温泉の掘削に係る許可基準の見直し、温泉の採取に係る許可制度の創設等の措置を講じようとするものであります。

委員会におきましては、災害の防止に関する技術基準の内容及び策定時期、大深度掘削に伴うメタンの噴出や温泉資源への影響、分離したメタンの有効利用の促進等について質疑が行われましたが、その詳細は会議録によって御承知願います。

質疑を終了し、採決の結果、第三次改正案は全会一致をもって原案のとおりに可決された。

つぎに、第三次改正案に対する附帯決議案が採決に付され、同附帯決議案は全会一致をもって可決された。

以上のとおり、温泉法第三次改正案は、原案のとおり成立した。そして、同法は平成一九（二〇〇七）年一一月三〇日に公布された後、同法附則一条（一号を除く）の規定に基づいて制定された「温泉法の一部を改正する法律の施行期日を定める政令」（平成二〇年五月二一日政令一八三号）により、同法は施行期日は平成二〇（二〇〇八）年一〇月二〇日に施行され、同法附則一条二号に掲げる規定は同年八月一日に施行された。

（付録）

温泉法（昭和二十三年七月十日法律第百二十五号）

最終改正　平成一九年一一月三〇日法律第一二一号

第一章　総則

（目的）

第一条　この法律は、温泉を保護し、温泉の採取等に伴い発生する可燃性天然ガスによる災害を防止し、及び温泉の利用の適正を図り、もつて公共の福祉の増進に寄与することを目的とする。

（定義）

第二条　この法律で「温泉」とは、地中からゆう出する温水、鉱水及び水蒸気その他のガス（炭化水素を主成分とする天然ガスを除く。）で、別表に掲げる温度又は物質を有するものをいう。

2　この法律で「温泉源」とは、未だ採取されない温泉をいう。

第二章　温泉の保護等

（土地の掘削の許可）

第三条　温泉をゆう出させる目的で土地を掘削しようとする者は、環境省令で定めるところにより、都道府県知事に申請してその許可を受けなければならない。

2　前項の許可を受けようとする者は、掘削に必要な土地を掘削のために使用する権利を有する者でなければならない。

3　都道府県知事は、温泉を工業用に利用する目的で第一項の申請をした者に対して同項の許可をしようとするときは、あらかじめ経済産業局長に協議しなければならない。

（許可の基準）

第四条　都道府県知事は、前条第一項の許可の申請があつたときは、当該申請が次の各号のいずれかに該当する場合を除き、同項の許可をしなければならない。

一　当該申請に係る掘削が温泉のゆう出量、温度又は成分に影響を及ぼすと認めるとき。

二　当該申請に係る掘削のための施設の位置、構造及び設備並びに当該掘削の方法が掘削に伴い発生する可燃性天然ガスによる災害の防止に関する環境省令で定める技術上の基準に適合しないものであると認めるとき。
三　前二号に掲げるもののほか、当該申請に係る掘削が公益を害するおそれがあると認めるとき。
四　申請者がこの法律の規定により罰金以上の刑に処せられ、その執行を終わり、又はその執行を受けることがなくなつた日から二年を経過しない者であるとき。
五　申請者が第九条第一項（第三号及び第四号に係る部分に限る。）の規定により前条第一項の許可を取り消され、その取消しの日から二年を経過しない者であるとき。
六　申請者が法人である場合において、その役員が前二号のいずれかに該当する者であるとき。

2　都道府県知事は、前条第一項の許可をしないときは、遅滞なく、その旨及びその理由を申請者に書面により通知しなければならない。

3　前条第一項の許可には、温泉の保護、可燃性天然ガスによる災害の防止その他公益上必要な条件を付し、及びこれを変更することができる。

（許可の有効期間等）

第五条　第三条第一項の許可の有効期間は、当該許可の日から起算して二年とする。

2　都道府県知事は、第三条第一項の許可に係る掘削の工事が災害その他やむを得ない理由により当該許可の有効期間内に完了しないと見込まれるときは、環境省令で定めるところにより、当該許可を受けた者の申請により、一回に限り、二年を限度としてその有効期間を更新することができる。

（土地の掘削の許可を受けた者である法人の合併及び分割）

第六条　第三条第一項の許可を受けた者である法人の合併の場合（同項の許可を受けた者である法人と同項の許可を

受けた者でない法人が合併する場合において、同項の許可を受けた者である法人が存続する場合を除く。）又は分割の場合（当該許可に係る掘削の事業の全部を承継させる場合に限る。）において当該合併又は分割について都道府県知事の承認を受けたときは、合併後存続する法人若しくは合併により設立された法人又は分割により当該事業の全部を承継した法人は、同項の許可を受けた者の地位を承継する。

2　第四条第一項（第四号から第六号までに係る部分に限る。）及び第二項の規定は、前項の承認について準用する。この場合において、同条第一項中「申請者」とあるのは、「合併後存続する法人若しくは合併により設立される法人又は分割により当該許可に係る掘削の事業の全部を承継する法人」と読み替えるものとする。

（土地の掘削の許可を受けた者の相続）

第七条　第三条第一項の許可を受けた者が死亡した場合において、相続人（相続人が二人以上ある場合において、その全員の同意により当該許可に係る掘削の事業を承継すべき相続人を選定したときは、その者。以下この条において同じ。）が当該許可に係る掘削の事業を引き続き行おうとするときは、その相続人は、被相続人の死亡後六十日以内に都道府県知事に申請して、その承認を受けなければならない。

2　相続人が前項の承認の申請をした場合においては、被相続人の死亡の日からその承認を受ける日又は承認をしない旨の通知を受ける日までは、被相続人に対してした第三条第一項の許可は、その相続人に対してしたものとみなす。

3　第四条第一項（第四号及び第五号に係る部分に限る。）及び第二項の規定は、第一項の承認について準用する。

4　第一項の承認を受けた相続人は、被相続人に係る第三条第一項の許可を受けた者の地位を承継する。

（掘削のための施設等の変更）

第七条の二　第三条第一項の許可を受けた者は、掘削のための施設の位置、構造若しくは設備又は掘削の方法について環境省令で定める可燃性天然ガスによる災害の防止上重要な変更をしようとするときは、環境省令で定めるところにより、都道府県知事に申請してその許可を受けなければならない。

2　第四条第一項（第二号に係る部分に限る。）、第二項及び第三項の規定は、前項の許可について準用する。この場合において、同条第三項中「温泉の保護、可燃性天然ガスによる災害の防止その他公益上」とあるのは、「可燃性天然ガスによる災害の防止上」と読み替えるものとする。

（工事の完了又は廃止の届出等）

第八条　第三条第一項の許可を受けた者は、当該許可に係る掘削の工事を完了し、又は廃止したときは、遅滞なく、環境省令で定めるところにより、その旨を都道府県知事に届け出なければならない。

2　前項の規定による届出があつたときは、第三条第一項の許可は、その効力を失う。

3　都道府県知事は、第三条第一項の許可を受けた者が当該許可に係る掘削の工事を完了し、若しくは廃止したとき、又は同項の許可を取り消したときは、当該完了し、若しくは廃止した者又は当該許可を取り消された者に対し、当該完了若しくは廃止又は取消しの日から二年間は、その者が掘削を行つたことにより生ずる可燃性天然ガスによる災害の防止上必要な措置を講ずべきことを命ずることができる。

（許可の取消し等）

第九条　都道府県知事は、次に掲げる場合には、第三条第一項の許可を取り消すことができる。

一　第三条第一項の許可に係る掘削が第四条第一項第一号から第三号までのいずれかに該当するに至つたとき。

二　第三条第一項の許可を受けた者が第四条第一項第四号又は第六号のいずれかに該当するに至つたとき。

三　第三条第一項の許可を受けた者がこの法律の規定又はこの法律の規定に基づく命令若しくは処分に違反したとき。

四　第三条第一項の許可を受けた者が第四条第三項（第七条の二第二項において準用する場合を含む。）の規定により付された許可の条件に違反したとき。

2　都道府県知事は、前項第一号、第三号又は第四号に掲げる場合には、第三条第一項の許可を受けた者に対して、温泉の保護、可燃性天然ガスによる災害の防止その他公益上必要な措置を講ずべきことを命ずることができる。

（緊急措置命令等）

第九条の二　都道府県知事は、温泉をゆう出させる目的で行う土地の掘削に伴い発生する可燃性天然ガスによる災害の防止上緊急の必要があると認めるときは、当該掘削を行う者に対し、可燃性天然ガスによる災害の防止上必要な措置を講ずべきこと又は掘削を停止すべきことを命ずることができる。

（原状回復命令）

第十条　都道府県知事は、第三条第一項の許可に係る掘削が行われた場合において、当該許可を取り消したとき、又は当該掘削が行われた場所に温泉がゆう出しないときは、その許可を受けた者に対して原状回復を命ずることができる。同項の許可を受けないで温泉をゆう出させる目的で土地を掘削した者に対しても、同様とする。

（増掘又は動力の装置の許可等）

第十一条　温泉のゆう出路を増掘し、又は温泉のゆう出量を増加させるために動力を装置しようとする者は、環境省令で定めるところにより、都道府県知事に申請してその許可を受けなければならない。

2　第四条、第五条、第九条及び前条の規定は前項の増掘の許可について、第六条から第八条までの規定は同項の増掘の許可を受けた者について、第九条の二の規定は温泉のゆう出路の増掘について準用する。この場合において、第四条第一項第一号から第三号まで、第五条第二項、第六条、第七条第一項、第七条の二第一項、第八条第一項及び第三項並びに第九条第一項第一号中「掘削」とあるのは「増掘」と、第九条の二中「掘削を」とあるのは「増掘を」と、前条中「掘削が行われた場合」とあるのは「増掘が行われた場合」と、「当該掘削」とあるのは「当該増掘」と、「温泉をゆう出させる目的で土地を掘削した者」とあるのは「温泉のゆう出路を増掘した者」と読み替えるものとする。

3　第四条（第一項第二号に係る部分を除く。）、第五条、第九条及び前条の規定は第一項の動力の装置の許可について、第六条、第七条並びに第八条第一項及び第二項の規定は第一項の動力の装置の許可を受けた者について準用する。この場合において、第四条第一項第一号及び第三号、第五条第二項、第六条、第七条第一項、第八条第一項並びに第九条第一項第一号中「掘削」とあるのは「動力の装置」と、同号中「から第三号まで」とあるのは「又は第三号」と、前条中「掘削が行われた場合」とあるのは「動力の装置が行われた場合」と、「当該掘削」とあるのは「当該動力の装置」と、「温泉をゆう出させる目的で土地を掘削した者」とあるのは「温泉のゆう出量を増加させるために動力を装置した者」と読み替えるものとする。

（温泉の採取の制限に関する命令）

第十二条　都道府県知事は、温泉源を保護するため必要があると認めるときは、温泉源から温泉を採取する者に対して、温泉の採取の制限を命ずることができる。

2　都道府県知事は、工業用に利用する目的で温泉を採取する者に対して、前項の命令をするときは、あらかじめ経済産業局長に協議しなければならない。

（環境大臣への協議等）
第十三条　都道府県知事は、第三条第一項又は第十一条第一項の規定による処分をする場合において隣接都府県における温泉のゆう出量、温度又は成分に影響を及ぼすおそれがあるときは、あらかじめ環境大臣に協議しなければならない。
2　環境大臣は、前項の規定による協議を受けたときは、関係都府県の利害関係者の意見を聴かなければならない。
（他の目的で土地を掘削した者に対する措置命令）
第十四条　都道府県知事は、温泉をゆう出させる目的以外の目的で土地が掘削されたことにより温泉のゆう出量、温度又は成分に著しい影響が及ぶ場合において公益上必要があると認めるときは、その土地を掘削した者に対してその影響を防止するために必要な措置を講ずべきことを命ずることができる。
2　都道府県知事は、法令の規定に基づく他の行政庁の許可又は認可を受けて土地を掘削した者に対して前項の措置を命じようとするときは、あらかじめ当該行政庁と協議しなければならない。

第三章　温泉の採取に伴う災害の防止

（温泉の採取の許可）
第十四条の二　温泉源からの温泉の採取を業として行おうとする者は、温泉の採取の場所ごとに、環境省令で定めるところにより、都道府県知事に申請してその許可を受けなければならない。ただし、第十四条の五第一項の確認を受けた者が当該確認に係る温泉の採取の場所において採取する場合は、この限りでない。
2　都道府県知事は、前項の許可の申請があつたときは、当該申請が次の各号のいずれかに該当する場合を除き、同項の許可をしなければならない。

一　当該申請に係る温泉の採取のための施設の位置、構造及び設備並びに当該採取の方法が採取に伴い発生する可燃性天然ガスによる災害の防止に関する環境省令で定める技術上の基準に適合しないものであると認めるとき。
二　申請者がこの法律の規定により罰金以上の刑に処せられ、その執行を終わり、又はその執行を受けることがなくなつた日から二年を経過しない者であるとき。
三　申請者が第十四条の九第一項（第三号及び第四号に係る部分に限る。）の規定により前項の許可を取り消され、その取消しの日から二年を経過しない者であるとき。
四　申請者が法人である場合において、その役員が前二号のいずれかに該当する者であるとき。

3　第四条第二項及び第三項の規定は、第一項の許可について準用する。この場合において、同条第三項中「温泉の保護、可燃性天然ガスによる災害の防止その他公益上」とあるのは、「可燃性天然ガスによる災害の防止上」と読み替えるものとする。

（温泉の採取の許可を受けた者である法人の合併及び分割）

第十四条の三　前条第一項の許可を受けた者である法人の合併の場合（同項の許可を受けた者である法人と同項の許可を受けた者でない法人が合併する場合において、同項の許可を受けた者である法人が存続する場合を除く。）又は分割の場合（当該許可に係る温泉の採取の事業の全部を承継させる場合に限る。）において当該合併又は分割について都道府県知事の承認を受けたときは、合併後存続する法人若しくは合併により設立された法人又は分割により当該事業の全部を承継した法人は、同項の許可を受けた者の地位を承継する。

2　第四条第二項及び前条第二項（第二号から第四号までに係る部分に限る。）の規定は、前項の承認について準用する。この場合において、同条第二項中「申請者」とあるのは、「合併後存続する法人若しくは合併により設立される法人又は分割により当該許可に係る温泉の採取の事業の全部を承継する法人」と読み替えるものとする。

（温泉の採取の許可を受けた者の相続）

第十四条の四　第十四条の二第一項の許可を受けた者が死亡した場合において、相続人（相続人が二人以上ある場合において、その全員の同意により当該許可に係る温泉の採取の事業を承継すべき相続人を選定したときは、その者。以下この条において同じ。）が当該許可に係る温泉の採取を業として引き続き行おうとするときは、その相続人は、被相続人の死亡後六十日以内に都道府県知事に申請して、その承認を受けなければならない。

2　相続人が前項の承認の申請をした場合においては、被相続人の死亡の日からその承認を受ける日又は承認をしない旨の通知を受ける日までは、被相続人に対してした第十四条の二第一項の許可は、その相続人に対してしたものとみなす。

3　第四条第二項及び第十四条の二第二項（第二号及び第三号に係る部分に限る。）の規定は、第一項の承認について準用する。

4　第一項の承認を受けた相続人は、被相続人に係る第十四条の二第一項の許可を受けた者の地位を承継する。

（可燃性天然ガスの濃度についての確認）

第十四条の五　温泉源からの温泉の採取を業として行おうとする者は、温泉の採取の場所における可燃性天然ガスの濃度が可燃性天然ガスによる災害の防止のための措置を必要としないものとして環境省令で定める基準を超えないことについて、環境省令で定めるところにより、都道府県知事の確認を受けることができる。

2　第四条第二項の規定は、前項の確認について準用する。

3　都道府県知事は、次に掲げる場合には、第一項の確認を取り消さなければならない。

一　第一項の確認を受けた者が不正の手段によりその確認を受けたとき。
二　第一項の確認に係る温泉の採取の場所における可燃性天然ガスの濃度が同項の環境省令で定める基準を超えるに至つたと認めるとき。

（確認を受けた者の地位の承継）
第十四条の六　前条第一項の確認を受けた者が当該確認に係る温泉の採取の事業の全部を譲渡し、又は同項の確認を受けた者について相続、合併（同項の確認を受けた者である法人と同項の確認を受けた者でない法人の合併であつて、同項の確認を受けた者である法人が存続するものを除く。）若しくは分割（当該確認に係る温泉の採取の事業の全部を承継させるものに限る。）があつたときは、当該事業の全部を譲り受けた者又は相続人（相続人が二人以上ある場合において、その全員の同意により当該確認に係る温泉の採取の事業を承継すべき相続人を選定したときは、その者）、合併後存続する法人若しくは合併により設立された法人若しくは分割により当該事業の全部を承継した法人は、同項の確認を受けた者の地位を承継する。
2　前項の規定により前条第一項の確認を受けた者の地位を承継した者は、遅滞なく、その事実を証する書面を添えて、その旨を都道府県知事に届け出なければならない。

（温泉の採取のための施設等の変更）
第十四条の七　第十四条の二第一項の許可を受けた者は、温泉の採取のための施設の位置、構造若しくは設備又は採取の方法について環境省令で定める可燃性天然ガスによる災害の防止上重要な変更をしようとするときは、環境省令で定めるところにより、都道府県知事に申請してその許可を受けなければならない。
2　第十四条の二第二項（第一号に係る部分に限る。）並びに同条第三項において準用する第四条第二項及び第三項の規定は、前項の許可について準用する。

（温泉の採取の事業の廃止の届出等）

第十四条の八　第十四条の二第一項の許可又は第十四条の五第一項の確認を受けた者は、当該許可又は確認に係る温泉の採取の事業を廃止したときは、遅滞なく、環境省令で定めるところにより、その旨を都道府県知事に届け出なければならない。

2　前項の規定による届出があつたときは、第十四条の二第一項の許可又は第十四条の五第一項の確認は、その効力を失う。

3　都道府県知事は、第十四条の二第一項の許可若しくは第十四条の五第一項の確認を受けた者が当該許可若しくは確認に係る温泉の採取の事業を廃止したとき、又は第十四条の二第一項の許可を取り消したときは、当該廃止した者又は当該許可を取り消された者に対し、当該廃止又は取消しの日から二年間は、その者が温泉の採取を行つたことにより生ずる可燃性天然ガスによる災害の防止上必要な措置を講ずべきことを命ずることができる。

（許可の取消し等）

第十四条の九　都道府県知事は、次に掲げる場合には、第十四条の二第一項の許可を取り消すことができる。

一　第十四条の二第一項の許可に係る温泉の採取が同条第二項第一号に該当するに至つたとき。

二　第十四条の二第一項の許可を受けた者が同条第二項第二号又は第四号のいずれかに該当するに至つたとき。

三　第十四条の二第一項の許可を受けた者がこの法律の規定又はこの法律の規定に基づく命令若しくは処分に違反したとき。

四　第十四条の二第一項の許可を受けた者が同条第三項において準用する第四条第三項（第十四条の七第二項にお

いて準用する場合を含む。）の規定により付された許可の条件に違反したとき。

2　都道府県知事は、前項第一号、第三号又は第四号に掲げる場合には、第十四条の二第一項の許可を受けた者に対して、可燃性天然ガスによる災害の防止上必要な措置を講ずべきことを命ずることができる。

（緊急措置命令等）

第十四条の十　都道府県知事は、温泉の採取に伴い発生する可燃性天然ガスによる災害の防止上緊急の必要があると認めるときは、当該採取を行う者に対し、可燃性天然ガスによる災害の防止上必要な措置を講ずべきこと又は温泉の採取を停止すべきことを命ずることができる。

第四章　温泉の利用

（温泉の利用の許可）

第十五条　温泉を公共の浴用又は飲用に供しようとする者は、環境省令で定めるところにより、都道府県知事に申請してその許可を受けなければならない。

2　次の各号のいずれかに該当する者は、前項の許可を受けることができない。

一　この法律の規定により罰金以上の刑に処せられ、その執行を終わり、又はその執行を受けることがなくなつた日から二年を経過しない者

二　第三十一条第一項（第三号及び第四号に係る部分に限る。）の規定により前項の許可を取り消され、その取消しの日から二年を経過しない者

三　法人であつて、その役員のうちに前二号のいずれかに該当する者があるもの

3　都道府県知事は、温泉の成分が衛生上有害であると認めるときは、第一項の許可をしないことができる。

4　第四条第二項及び第三項の規定は、第一項の許可について準用する。この場合において、同条第三項中「温泉の保護、可燃性天然ガスによる災害の防止その他公益上」とあるのは、「公衆衛生上」と読み替えるものとする。

（温泉の利用の許可を受けた者である法人の合併及び分割）

第十六条　前条第一項の許可を受けた者である法人の合併の場合（同項の許可を受けた者である法人と同項の許可を受けた者でない法人が合併する場合において、同項の許可を受けた者である法人が存続する場合を除く。）又は分割の場合（当該許可に係る温泉を公共の浴用又は飲用に供する事業の全部を承継させる場合に限る。）において当該合併又は分割について都道府県知事の承認を受けたときは、合併後存続する法人若しくは合併により設立された法人又は分割により当該事業の全部を承継した法人は、同項の許可を受けた者の地位を承継する。

2　第四条第二項及び前条第二項の規定は、前項の承認について準用する。この場合において、同条第二項中「次の各号のいずれかに該当する者」とあるのは、「合併後存続する法人若しくは合併により設立される法人又は分割により温泉を公共の浴用又は飲用に供する事業の全部を承継する法人が次の各号のいずれかに該当する場合」と読み替えるものとする。

（温泉の利用の許可を受けた者の相続）

第十七条　第十五条第一項の許可を受けた者が死亡した場合において、相続人（相続人が二人以上ある場合において、その全員の同意により当該許可に係る温泉を公共の浴用又は飲用に供する事業を承継すべき相続人を選定したときは、その者。以下この条において同じ。）が当該許可に係る温泉を公共の浴用又は飲用に供する事業を引き続き行おうとするときは、その相続人は、被相続人の死亡後六十日以内に都道府県知事に申請して、その承認を受けなければならない。

２　相続人が前項の承認の申請をした場合においては、被相続人の死亡の日からその承認を受ける日又は承認をしない旨の通知を受ける日までは、被相続人に対してした第十五条第一項の許可は、その相続人に対してしたものとみなす。

３　第四条第二項及び第十五条第二項（第三号に係る部分を除く。）の規定は、第一項の承認について準用する。

４　第一項の承認を受けた相続人は、被相続人に係る第十五条第一項の許可を受けた者の地位を承継する。

（温泉の成分等の掲示）

第十八条　温泉を公共の浴用又は飲用に供する者は、施設内の見やすい場所に、環境省令で定めるところにより、次に掲げる事項を掲示しなければならない。

一　温泉の成分

二　禁忌症

三　入浴又は飲用上の注意

四　前三号に掲げるもののほか、入浴又は飲用上必要な情報として環境省令で定めるもの

２　前項の規定による掲示は、次条第一項の登録を受けた者（以下「登録分析機関」という。）の行う温泉成分分析（当該掲示のために行う温泉の成分についての分析及び検査をいう。以下同じ。）の結果に基づいてしなければならない。

３　温泉を公共の浴用又は飲用に供する者は、政令で定める期間ごとに前項の温泉成分分析を受け、その結果についての通知を受けた日から起算して三十日以内に、当該結果に基づき、第一項の規定による掲示の内容を変更しなければならない。

４　温泉を公共の浴用又は飲用に供する者は、第一項の規定による掲示をし、又はその内容を変更しようとするとき

は、環境省令で定めるところにより、あらかじめ、その内容を都道府県知事に届け出なければならない。

5　都道府県知事は、第一項の施設において入浴する者又は同項の温泉を飲料として摂取する者の健康を保護するために必要があると認めるときは、前項の規定による届出に係る掲示の内容を変更すべきことを命ずることができる。

（温泉成分分析を行う者の登録）

第十九条　温泉成分分析を行おうとする者は、その温泉成分分析を行う施設（以下「分析施設」という。）について、当該分析施設の所在地の属する都道府県の知事の登録を受けなければならない。

2　前項の登録を受けようとする者は、次に掲げる事項を記載した申請書を都道府県知事に提出しなければならない。

一　氏名又は名称及び住所並びに法人にあつては、その代表者の氏名

二　分析施設の名称及び所在地

三　温泉成分分析に使用する器具、機械又は装置の名称及び性能

四　その他環境省令で定める事項

3　都道府県知事は、第一項の登録の申請が次の各号のいずれにも適合していると認めるときは、前項第一号及び第二号に掲げる事項並びに登録の年月日及び登録番号を登録分析機関登録簿に登録しなければならない。

一　前項第三号に掲げる事項が、温泉成分分析を適正に実施するに足りるものとして環境省令で定める基準に適合するものであること。

二　当該申請をした者が、温泉成分分析を適正かつ確実に実施するのに十分な経理的基礎を有するものであること。

4　次の各号のいずれかに該当する者は、第一項の登録を受けることができない。

一　この法律の規定により罰金以上の刑に処せられ、その執行を終わり、又はその執行を受けることがなくなつた

日から二年を経過しない者

二　第二十五条（第三号に係る部分を除く。）の規定により登録を取り消され、その取消しの日から二年を経過しない者

三　法人であつて、その役員のうちに前二号のいずれかに該当する者があるもの

5　都道府県知事は、第一項の登録をしたときはその旨を、当該登録を拒否したときはその旨及びその理由を、遅滞なく、申請者に書面により通知しなければならない。

（変更の届出）

第二十条　登録分析機関は、前条第二項各号に掲げる事項に変更（環境省令で定める軽微なものを除く。）があつたときは、遅滞なく、その旨を都道府県知事に届け出なければならない。

（廃止の届出）

第二十一条　登録分析機関は、温泉成分分析の業務を廃止したときは、遅滞なく、その旨を都道府県知事に届け出なければならない。

2　前項の規定による届出があつたときは、当該登録分析機関の登録は、その効力を失う。

（登録の抹消）

第二十二条　都道府県知事は、前条第二項の規定により登録がその効力を失つたとき、又は第二十五条の規定により登録を取り消したときは、当該登録分析機関の登録を抹消しなければならない。

（登録分析機関登録簿の閲覧）

第二十三条　都道府県知事は、登録分析機関登録簿を一般の閲覧に供しなければならない。

（登録分析機関の標識）

第二十四条　登録分析機関は、環境省令で定めるところにより、その事務所及び分析施設ごとに、公衆の見やすい場所に、環境省令で定める様式の標識を掲示しなければならない。

（登録の取消し）

第二十五条　都道府県知事は、登録分析機関が次の各号のいずれかに該当するときは、その登録を取り消すことができる。

一　第十九条第一項及び第二項、第二十条、第二十一条第一項、前条、次条並びに第二十七条の規定並びにこれらの規定に基づく命令の規定に違反したとき。

二　第十九条第三項各号に掲げる要件に適合しなくなつたとき。

三　第十九条第四項第一号又は第三号のいずれかに該当するに至つたとき。

四　不正の手段により第十九条第一項の登録を受けたとき。

（環境省令への委任）

第二十六条　第十九条から前条までに定めるもののほか、登録の手続、登録分析機関登録簿の様式その他登録分析機関の登録に関し必要な事項は、環境省令で定める。

（温泉成分分析の求めに応ずる義務）

第二十七条　登録分析機関は、温泉成分分析の求めがあつた場合には、正当な理由がなければ、これを拒んではならない。

（報告徴収及び立入検査）

第二十八条　都道府県知事は、温泉成分分析の適正な実施を確保するために必要な限度において、温泉成分分析を行う者に対し、その温泉成分分析に関し必要な報告を求め、又はその職員に、その者の事務所若しくは分析施設に立ち入り、温泉成分分析に使用する器具、機械若しくは装置、帳簿、書類その他の物件を検査し、若しくは関係者に質問させることができる。

2　前項の規定により立入検査をする職員は、その身分を示す証明書を携帯し、関係者に提示しなければならない。

3　第一項の規定による立入検査の権限は、犯罪捜査のために認められたものと解釈してはならない。

（地域の指定）

第二十九条　環境大臣は、温泉の公共的利用増進のため、温泉利用施設（温泉を公共の浴用又は飲用に供する施設、温泉を工業用に利用する施設その他温泉を利用する施設をいう。以下同じ。）の整備及び環境の改善に必要な地域を指定することができる。

（改善の指示）

第三十条　環境大臣又は都道府県知事は、前条の規定により指定する地域内において、温泉の公共的利用増進のため特に必要があると認めるときは、環境省令で定めるところにより、温泉利用施設の管理者に対して、温泉利用施設又はその管理方法の改善に関し必要な指示をすることができる。

（許可の取消し等）

第三十一条　都道府県知事は、次に掲げる場合には、第十五条第一項の許可を取り消すことができる。

一　公衆衛生上必要があると認めるとき。

二　第十三条第一項の許可を受けた者が同条第二項第一号又は第三号のいずれかに該当するに至つたとき。

三　第十三条第一項の許可を受けた者がこの法律の規定又はこの法律の規定に基づく命令若しくは処分に違反したとき。

四　第十五条第一項の許可を受けた者が同条第四項において準用する第四条第三項の規定により付された許可の条件に違反したとき。

2　都道府県知事は、前項第一号、第三号又は第四号に掲げる場合には、温泉源から温泉を採取する者又は温泉利用施設の管理者に対して、温泉の利用の制限又は危害予防の措置を講ずべきことを命ずることができる。

第五章　諮問及び聴聞

（審議会その他の合議制の機関への諮問）

第三十二条　都道府県知事は、第三条第一項、第四条第一項（第十一条第二項又は第三項において準用する場合を含む。）、第九条（第十一条第二項又は第三項において準用する場合を含む。）、第十一条第一項又は第十二条第一項の規定による処分をしようとするときは、自然環境保全法（昭和四十七年法律第八十五号）第五十一条の規定により置かれる審議会その他の合議制の機関の意見を聴かなければならない。

（聴聞の特例）

第三十三条　都道府県知事は、第九条第二項（第十一条第二項又は第三項において準用する場合を含む。）、第十二条第一項、第十四条の九第二項又は第三十一条第二項の規定による命令をしようとするときは、行政手続法（平成五年法律第八十八号）第十三条第一項の規定による意見陳述のための手続の区分にかかわらず、聴聞を行わなければならない。

2　第九条（第十一条第二項又は第三項において準用する場合を含む。）、第十二条第一項、第十四条の九又は第三十一条の規定による処分に係る聴聞の期日における審理は、公開により行わなければならない。

第六章　雑則

（報告徴収）

第三十四条　都道府県知事は、この法律の施行に必要な限度において、温泉をゆう出させる目的で土地を掘削する者に対し、土地の掘削の実施状況、可燃性天然ガスの発生の状況その他必要な事項について報告を求め、又は温泉源から温泉を採取する者若しくは温泉利用施設の管理者に対し、温泉の採取の実施状況、温泉のゆう出量、温度、成分又は利用状況、可燃性天然ガスの発生の状況その他必要な事項について報告を求めることができる。

2　経済産業局長は、この法律の施行に必要な限度において、工業用に利用する目的で温泉源から温泉を採取する者又はその利用施設の管理者に対し、温泉のゆう出量、温度、成分、利用状況その他必要な事項について報告を求めることができる。

（立入検査）

第三十五条　都道府県知事は、この法律の施行に必要な限度において、その職員に、温泉をゆう出させる目的で行う土地の掘削の工事の場所、温泉の採取の場所又は温泉利用施設に立ち入り、土地の掘削若しくは温泉の採取の実施状況、温泉のゆう出量、温度、成分若しくは利用状況、可燃性天然ガスの発生の状況若しくは帳簿、書類その他の物件を検査し、又は関係者に質問させることができる。

2　経済産業局長は、この法律の施行に必要な限度において、その職員に、温泉を工業用に利用する施設に立ち入り、温泉のゆう出量、温度、成分若しくは利用状況若しくは帳簿、書類その他の物件を検査し、又は関係者に質問させることができる。

3　第二十八条第二項及び第三項の規定は、前二項の規定による立入検査について準用する。

（鉱山保安法との関係）

第三十五条の二　鉱山保安法（昭和二十四年法律第七十号）第二条第二項の鉱山（可燃性天然ガスの掘採が行われるものに限る。次項において「天然ガス鉱山」という。）における温泉をゆう出させる目的で行う土地の掘削又は温泉のゆう出路の増掘についての第四条第一項第二号及び第十一条第二項の規定の適用については、同号中「当該申請に係る掘削のための施設の位置、構造及び設備並びに当該掘削の方法が掘削に伴い発生する可燃性天然ガスによる災害の防止に関する環境省令で定める技術上の基準に適合しないものである」とあるのは「鉱山保安法（昭和二十四年法律第七十号）第五条の規定に従つた鉱山における人に対する危害の防止のため必要な措置が講じられていない」と、同項中「第四条、」とあるのは「第三十五条の二第一項の規定により読み替えて適用する第四条並びに」と、「から第八条まで」とあるのは「、第七条並びに第八条第一項及び第二項」と、「同項」とあるのは「前項」と、「、第九条の二の規定は温泉のゆう出路の増掘について準用する」とあるのは「準用する」と、「第四条第一項第一号から第三号まで」とあるのは「第四条第一項第一号及び第三号」と、「第七条の二第一項、第八条第一項及び第三項」とあるのは「第八条第一項」と、「第九条の二中「掘削を」とあるのは「増掘を」と、前条」とあるのは「前条」とする。

2　天然ガス鉱山においては、第七条の二、第八条第三項及び第九条の二並びに第三章の規定は、適用しない。

（政令で定める市の長による事務の処理）

第三十六条　第四章、第三十三条第一項（第三十一条第二項の規定による処分に係る部分に限る。）、第三十四条第一項（温泉をゆう出させる目的で土地を掘削する者に対する報告の徴収に係る部分を除く。）又は第三十五条第一項（温泉をゆう出させる目的で行う土地の掘削の工事の場所への立入検査に係る部分を除く。）の規定により都道府県知事の権限に属する事務の一部は、政令で定めるところにより、地域保健法（昭和二十二年法律第百一号）第五条第一項の政令で定める市（次項において「保健所を設置する市」という。）又は特別区の長が行うこととすることができる。

2　保健所を設置する市又は特別区の長は、前項に規定する事務に係る事項で環境省令で定めるものを都道府県知事に通知しなければならない。

（経過措置）

第三十七条　この法律の規定に基づき政令を制定し、又は改廃する場合においては、その政令で、その制定又は改廃に伴い合理的に必要と判断される範囲内において、所要の経過措置（罰則に関する経過措置を含む。）を定めることができる。

第七章　罰則

第三十八条　次の各号のいずれかに該当する者は、一年以下の懲役又は百万円以下の罰金に処する。

一　第三条第一項の規定に違反して、許可を受けないで土地を掘削した者

二　第九条の二（第十一条第二項において準用する場合を含む。）又は第十四条の十の規定による命令に違反した者

三　第十一条第一項の規定に違反して、許可を受けないで温泉のゆう出路を増掘し、又は動力を装置した者

四　第十四条の二第一項の規定に違反して、許可を受けないで温泉の採取を業として行つた者

2　前項の罪を犯した者には、情状により、懲役及び罰金を併科することができる。

第三十九条　次の各号のいずれかに該当する者は、六月以下の懲役又は五十万円以下の罰金に処する。

一　第七条の二第一項（第十一条第二項において準用する場合を含む。）の規定に違反して、許可を受けないで掘削若しくは増掘のための施設の位置、構造若しくは設備又は掘削若しくは増掘の方法について重要な変更をした者
二　第八条第三項（第十一条第二項において準用する場合を含む。）、第九条第二項若しくは第十条（これらの規定第十一条第二項又は第三項において準用する場合を含む。）、第十二条第一項、第十四条の八第三項、第十四条の九第二項又は第三十一条第二項の規定による命令に違反した者
三　不正の手段により第十四条の五第一項の確認を受けた者
四　第十四条の七第一項の規定に違反して、許可を受けないで温泉の採取のための施設の位置、構造若しくは設備又は採取の方法について重要な変更をした者
五　第十五条第一項の規定に違反して、許可を受けないで温泉を公共の浴用又は飲用に供した者
六　第十九条第一項の規定に違反して、登録を受けないで温泉成分分析を行つた者
七　不正の手段により第十九条第一項の登録を受けた者
第四十条　第十八条第五項の規定による命令に違反した者は、五十万円以下の罰金に処する。
第四十一条　次の各号のいずれかに該当する者は、三十万円以下の罰金に処する。
一　第八条第一項（第十一条第二項又は第三項において準用する場合を含む。）、第十四条の八第一項、第十八条第四項又は第二十条の規定による届出をせず、又は虚偽の届出をした者
二　第十八条第一項の規定による掲示をせず、又は虚偽の掲示をした者
三　第十八条第二項の規定に違反した者（前号の規定に該当する者を除く。）
四　第十八条第三項の規定に違反して、温泉成分分析を受けず、又は掲示の内容を変更しなかつた者

五　第二十七条の規定に違反した者
六　第二十八条第一項又は第三十四条の規定による報告をせず、又は虚偽の報告をした者
七　第二十八条第一項又は第三十五条第一項若しくは第二項の規定による立入検査を拒み、妨げ、若しくは忌避し、又は質問に対して陳述をせず、若しくは虚偽の陳述をした者
第四十二条　法人の代表者又は法人若しくは人の代理人、使用人その他の従業者が、その法人又は人の業務に関し、第三十八条から前条までの違反行為をしたときは、行為者を罰するほか、その法人又は人に対しても、各本条の罰金刑を科する。
第四十三条　次の各号のいずれかに該当する者は、十万円以下の過料に処する。
一　第十四条の六第二項又は第二十一条第一項の規定による届出をせず、又は虚偽の届出をした者
二　第二十四条の規定に違反した者

別表
〔昭和二三年七月十日法律第百二十五号と同じであるから、省略〕

附則（平成一九年一一月三〇日法律第一二一号）
（施行期日）
第一条　この法律は、公布の日から起算して一年を超えない範囲内において政令で定める日から施行する。ただし、次の各号に掲げる規定は、当該各号に定める日から施行する。

一　附則第七条の規定　公布の日
二　附則第六条の規定　公布の日から起算して九月を超えない範囲内において政令で定める日
（温泉をゆう出させる目的で行う土地の掘削等に関する経過措置）
第二条　この法律の施行前にこの法律による改正前の温泉法（以下「旧法」という。）第三条第一項又は第十一条第一項の規定によりされた土地の掘削又は温泉のゆう出路の増掘の許可の申請であって、この法律の施行の際、許可又は不許可の処分がされていないものについての許可又は不許可の処分については、なお従前の例による。
第三条　この法律の施行の際現に旧法第三条第一項の許可を受けて土地を掘削している者又は旧法第十一条第一項の許可を受けて温泉のゆう出路を増掘している者（この法律の施行後に前条の規定に基づきなお従前の例により許可を受けた者を含む。次項において「許可掘削者等」という。）については、この法律による改正後の温泉法（以下「新法」という。）第七条の二（新法第十一条第二項において準用する場合を含む。）の規定は、適用しない。
2　許可掘削者等に対する新法第九条（新法第十一条第二項において準用する場合を含む。）の規定の適用については、新法第九条第一項第一号中「第四条第一項第一号から第三号まで」とあるのは、「第四条第一項第一号又は第三号」とする。
第四条　この法律の施行前に旧法第三条第一項の許可に係る掘削若しくは旧法第十一条第一項の許可に係る増掘の工事を完了し、若しくは廃止した者又は旧法第三条第一項若しくは第十一条第一項の許可を取り消された者については、新法第八条第三項（新法第十一条第二項において準用する場合を含む。）の規定は、適用しない。
（温泉の採取に関する経過措置）
第五条　この法律の施行の際現に温泉源からの温泉の採取を業として行っている者は、この法律の施行の日（以下「施行日」という。）から起算して六月間（当該期間内に新法第十四条の二第一項の許可の申請について不許可の処分があったときは、当該処分のあった日までの間）は、同項の規定にかかわらず、引き続き当該温泉の採取を業として行うことができる。その者がその期間内に同項の許可の申請をした場合において、その期間を経過したときは、その申請について許可又は不許可の処分があるまでの間も、同様とする。

第六条　温泉源からの温泉の採取を業として行おうとする者は、施行日前においても、新法第十四条の五第一項及び第二項の規定の例により、都道府県知事の確認を受けることができる。この場合において、当該確認を受けた者は、施行日において同条第一項の規定により都道府県知事の確認を受けたものとみなす。

（政令への委任）

第七条　附則第二条から前条までに規定するもののほか、この法律の施行に関し必要な経過措置は、政令で定める。

（検討）

第八条　政府は、この法律の施行後五年を経過した場合において、新法の施行の状況を勘案し、必要があると認めるときは、新法の規定について検討を加え、その結果に基づいて必要な措置を講ずるものとする。

第二部　『温泉法』の研究

はじめに

温泉法の制定については、かつて、清水澄教授が昭和六（一九三一）年に『鉱泉法の制定を望む』[一]で主張され、また、杉山直治郎氏[二]もしばしば言及されている。『温泉法』の私案も非公式に作成されているが、立法の動きにまではいたらなかった。

戦後、昭和二三（一九四八）年に『温泉法』の制定・施行をみるが、それにもかかわらず、昭和三三（一九五八）年に、川島武宜先生が『近代法の体系と旧慣による温泉権』において『温泉法』の立法を主張された。[三]これについて川島武宜先生は、『温泉法』は「主として温泉の掘さくに対する行政的取締を内容とする温泉法（一九四八年）だけであって、博士が要望されたような温泉に対する権利内容――すなわち、温泉権――を内容とするものではない。」と指摘している。博士とは、清水澄教授のことである。

川島武宜先生は、こうしたことから、社団法人・日本温泉協会の協力を得て、温泉権に関する全国の調査に着手された。また、東京大学在職中に『温泉権研究会』を主宰され、温泉の権利関係についての全国的実態調査をさらに進められたのである。これの集成されたのが、『温泉権の研究』であり、『続温泉権の研究』である。[四]同時に『温泉権判例研究会』を主宰されて温泉権判決の研究を行なったが、これの集成されたものを公刊するまでにはいたらなかった。温泉権の判決にいたっては、一部が集められただけで、判決の全容をタイトル上においても明らかにすることはできず、川島武宜先生のご病気とご逝去によって、研究会そのものも解散したために、とくに、温泉権判決研究の前提である判決の集成は今後に残されたのである。

ところで、これまでの温泉権の研究は、私法学者が『温泉法』との関連においてなされたものはきわめて少なく、実態調査にもとづくものが多く、判決研究も『温泉法』との関連でなされたものは少なかった。これは、さきの川島武宜先生の『温泉法』にたいする認識によるものである。したがって、『温泉法』の立法についての参議院・衆議院の議会議事録についての検討もなく、関係庁の『温泉法』についての通知ならびに解説検討もなかった。

『温泉法』が権利関係の規定を欠いていることは、立法段階において、すでに立法関係者によって指摘されていることでもあるし、関係庁の解説もまた、これを認めている。しかし、そうだからといって、『温泉法』を無視してもよい、というものではない。とくに温泉の保護と掘さくについては、『温泉法』の重要内容であり、かつ、私権にかかわる重要問題でもある。こうしたことから、『温泉法』の立法段階における審議の内容を明らかにし、若干の法改正の変化も明らかにして問題点を指摘し、温泉研究者、実務家の参考に供する次第である。

一　温泉法の立法趣旨

『温泉法』を立法するにあたり、主務官庁である厚生省（当時）は、昭和二三（一九四八）年六月二六日の第二回国会参議院厚生委員会において、つぎのように説明している。

我が國は世界に冠たる温泉國でありまして、古來温泉は國民の保養又は療養に廣く利用されて参つたのでありますが、温泉地の発達に伴い或いは濫掘の結果、水位が下つて湧出量が減退又は枯渇するとか、或いは温泉に関する権利関係が複雑を極め、各種の紛争を起す等、いろいろの問題が出て参つたのであります。これらの問題を処理いたしますため従来都道府縣令を以て温泉に対する取締を行なつて参つたのでありますが、新憲法の施行により昨年末これらの府縣令はその効力を失つたのであります。併しながら温泉は我が國の天然の資源として極めて重要なものでありまして、これは保護すると共にその利用の適正を図り、一面國民の保健と療養に資すると同時に、他面その國際的利用による外資の獲得に役立つてますことは國家再建上喫緊の要務と存じますので、この際従來の都道府縣令の内容とするところを基礎とし、これを若干拡充いたしまして、温泉の保護とその利用の適正化に遺憾なきを期するためこの法律案を提出した次第であります。

『温泉法案』は、今日では信じられないほどのきわめて短時間で立法化され、短い時日で審議された。その理由は、従来、都道府県令をもって「温泉に対する取締を行なって」きたのであるが、「新憲法の施行に」よってその「効力を失った」ために、「温泉地の発展」にともなう「濫掘の結果、水位が下って湧出量」の「減退又は枯渇する」ということが生じたことと、「温泉に関する権利関係が複雑を極め、各種の紛争を起す等」の問題が生じたことをあげている。そうして、『温泉法』は「温泉の保護とその利用の適正化」のための緊急の立法である、と説明している。

また、『温泉法案』第二章の説明において、この法律が「温泉を枯渇させるような採取とか、他の温泉を侵害するような採取の防止するため」のものであることをあげている。これに関して政府委員は、昭和二三（一九四八）年六月二八日の厚生委員会において、

我々は全体として温泉源の枯渇を防ぐために、これらの泉源の保護ということを先ず第一に取上げて規定しなければならないと考えておる次第であります。従いまして、この法律の條項によりまして、公益を害さない場合においてはできるだけ許可して行くけれども、併しその場合におきまし

ては温泉脈全体を大局的見地から見て、温泉源の枯渇ということが公益を害するという見地に立つのでございまして、聊かの私益をも侵してはならないというような、既得権の権利の濫用という面につきましては、我々は十分注意して行かなければならん、かように考えておる次第であります。

と説明している。ここでは用語使用上の混乱――「温泉源」の一般化――はともかくとして、「温泉源の枯渇ということが公益を害するという見地に立つ」と述べている。これだけの説明では、「公益を害する」というのが一般的規定なのか「枯渇」にだけ適用されるものなのか、第四条第一項第二号にいう温泉に「影響を及ぼす」にも該当するものかは説明不足のために明らかではない。温泉の新規掘さく、ならびに濫採によって温泉の「ゆう出量、温度又は成分に影響を及ぼし」、それがために温泉の「枯渇」にもいたり、これによる紛争を防止することが法制定の重要な内容なのである。このことは、温泉権にかかわる問題である。この点について政府委員の説明では、「既得権の権利の濫用」については、「十分注意して行かなければなら」ない、と言うだけである。しかし、これは抽象的・一般的な表現であって、濫掘・濫採による「権利の濫用」の具体的説明がない。「権利の濫用」を濫採に適用するのであるならば、このことばのもつ整合性を論理的にも実態的にも明らかにしなければならないであろう。

法案提出の趣旨によっても明らかなように、『温泉法』は、温泉の濫掘・濫採の防止を目的としたものである。これにたいして、当日の厚生委員会では、温泉の掘さくや権利関係についての質疑応答はなく、温泉の質についての適確な分析をすることが確認されただけである。しかし、そのなかでも、温泉の必要性と温泉の保護は、共通の内容であることがわかる。

昭和二三（一九四八）年六月三〇日の衆議院本会議に提出された『温泉法案』の趣旨説明は、さきの厚生委員会での趣旨説明とは変らない。すなわち、「第一は、温泉源を保護するために、温泉の掘鑿、採取等を防止するため、採取の権利を命ずることができるようにいたしている」とある。つまり、温泉の濫掘・濫採の防止である。

これに関連して、昭和二三（一九四八）年八月二五日の厚生次官通知（各都道府県知事宛）では、つぎのように指示している。

一　本法の目的

本法の目的とするところは、温泉の保護と温泉利用の適正化とによって、公共の福祉の増進を図ることにある。従って、温泉の保護に急なるあまり、徒らに既得権者の擁護に堕し、却って本法の趣旨を没却することのないよう留意すると共に、温泉の利用については、十分科学的基礎に立脚して公衆保健上の指導に遺憾なきを期せられたい。

二　温泉の保護

温泉の掘さく、増掘等の許可については、利害関係の極めて複雑微妙なものがあるので、必ず温泉審議会の意見を聞くこととし、その取扱の慎重を期することとしているが、不許可の処分に際しては、既存の温泉への影響の有無を調査するのみならず、同時に公益を害する虞の有無をも十分検討した上措置をされたい。

(註、以下略す)

『温泉法』の主務官庁が当時、医薬・保健を担当する厚生省であるために、国民の健康とか公共の福祉、公衆保健とかを前面にだして説明している。にもかかわらず、第二項の「温泉の保護」では、「温泉の掘さく、増掘等の許可については、利害関係の極めて複雑微妙なものがあるので、必ず温泉審議会の意見を聞くこと」と指示している。「温泉審議会」は「複雑な」温泉権利関係を考慮して、掘さく・増掘等の許可・不許可を判断しなければならないのである。

これによって明らかなごとく、『温泉法』は、「温泉の保護とその利用の適正化」を前提としているということである。なぜ、温泉を保護しなければならないのか。提案理由では、「温泉地の発達に伴い、あるいは濫掘の結果、水位が下って湧出量が減退または枯渇するとか、あるいは温泉に関する権利関係が複雑を極め、各種の紛争を起す等、いろいろな問題が出て」きたためであると説明している。その背景には、「従来都道府県令をもって温泉に対する取締り」を行なってきたが、「新憲法の施行により、昨年末これらの都道府県令はその効力を失った」ためであるという事情があった。つまり、温泉の濫掘や権利についての地方条例ならびに警察による取締り行政によってコントロールしてきたのが無効となったからにほかならない。そのために濫掘の防止や温泉保護の立法が急務となったのである。

提案理由では、『温泉法』の編成別内容において、まず「総則」では、「法律の目的といたしましては温泉を保護するとともに、その利用の適正をはか」るとし、このことによって「公共の福祉の増進に寄与する」とある。つぎに、第二章では、「温泉源を保護するために必要な事項を規定し」、具体的には、「温泉の掘鑿湧出路の増掘、湧出量増加のための動力装置」については知事の許可を必要とし、「温泉を枯渇させるような採取とか、他の温泉を侵害するような採取を防止するため」、知事は温泉の採取者にたいし、「採取の制限を命ずることができる」ことが主目的であるとしている。また、他目的掘さくについても知事に「必要な措置を命ずることができるように」した。第三章では、「公共の福祉の増進に寄与せしめるに必要な規定を設け」、「温泉を公共の浴用または飲用に供」するときには知事の許可を必要とした。「温泉の成分、禁忌症、入浴または飲用上の注意を」。「施設内の見やすい」場所に掲示させることも公共の福祉によるとしている。第四章では、「行政処分を民主的にするために」、「関係行政庁の官公使、関係業者、学識経験者をもって組織した」温泉審議会を設けて、案件について「審議会には議」することを規定している。第五章は罰則規定である。

補註　権利としての温泉の採取量は、ある一定時点（時期）における温泉採取量を基本とする。自然湧出の温泉については、その自然の状態において採取し・利用（使用）している温泉量であり、掘さくによる温泉については、掘さく時において採取し利用している温泉の量とすべきであろう。掘さくから、後日においていくらでも採取できるということではなく、増量（増採取量）を意図するのであるならば、当該知事にたいして申請すべきである。

二　『温泉法』における温泉

『温泉法案』（以下、温泉法とする）は、温泉について、「地中からゆう出する温水、鉱水及び水蒸気その他のガス（炭化水素を主成分とする天然ガスを除く。）で、別表に掲げる温泉又は物質を有するものをいう。」（第二条）と定義している。

「別表」には、「温度」と「物質」があって、温度は、「温泉源から採取されるときの温度」であり、「摂氏二十五度以上」とある。「物質」は、一九種類あって、それぞれ最低基準の「含有量」が示されている。このうち、一つの物質があれば温泉である。この温泉の認定基準には問題がないのか、というと、そうではない。まず、温度が二五度以上であれば温泉と認められるというのでは、この温泉には、医薬上の有効性の物質的基準は存在しない。したがって、温泉成分（物質）のない湯が温泉として表示され、『温泉法』の適用をうけることになる。温泉成分のない湯であるならば、市中の銭湯（公衆共同浴場）のように、水を加熱して入浴温度としたのと同じことになる。『温泉法』では、その第二条において、「地中からゆう出する温水、鉱水及び水蒸気その他のガス（炭化水素を主成分とする天然ガスを除く。）」と規定して、温泉であるためには「地中からゆう出」することが規定されている。雨水を単に集めたものであるならば、たとえ二五度以上の温度があっても温泉ではない。しかし、雨水が地下に浸透した、いわゆる地下水となり、これが地表にでた水の場合には、いわゆる水道水とは異なったものと観念されるのであろう。川の水を貯水池にため込んで（水源）、これを水道水とした場合でも、その水の多くは地下水である。地中からゆう出する温度二五度以上の水は、「別表二」の「物質」を含有しなくとも温泉なのであるから、いったい、「別表二」の「物質」の規定はなんのために存在するのか、ということになる。単純な解釈上においては、温度二五度未満での地中からゆう出する水が、温泉であるための規定ということになる。

いずれにしても、地中からゆう出する水の温度が二五度以上あれば、温泉なのであるから、「温泉の成分等の掲示」（第一四条）をする必要がない。ということは、二五度（以上）の温度をもつ温泉が成分表に該当しない、あるいは、温泉の効用をもたない場合には、温泉分析表にどのような記載をし、これを掲示しなければならないのか。この掲示は、温度が二五度未満の水についての規定だからである。しかし、それにもかかわらず、温泉の成分についての規定について詳細なのは、温泉に一般的な水とは異なりなんらかの医薬上の効用を認めているのであるから、温度二五度以上を温泉と認める規定は矛盾している。一律に成分主義をとるべきであろう。その成分分析も、温泉の湯出口と、浴槽の二か所でなければならないことは言うまでもない。

ところで、温泉を「定義」した第二条は、第二項において、「温泉源」を「未だ採取されない温泉をいう」と規定している。ということになると、すでに採取されている温泉が存在した温泉脈については、法律上において「温泉源」とよべないことになる。この用語上の定義は、温泉権とのかかわりにおいて問題となるところである。すなわち、地中において存在し、なんらかのかたちで権利の対象となっている温泉を一般的には「温泉源」とよべないからである。

川島武宜氏は、これについてつぎのごとく述べている。

温泉法にいわゆる温泉は、前述したように地上に「ゆう出する」ものに限られているが、たとえ地上に湧出していなくても人の支配に属するものは、権利の客体として保護されるに値する（あるいは、必要がある）ことがあり得るのであるから、私法の観点からは、地上湧出ということを温泉の概念に含めるべきではないであろう。

要するに、私法上の概念としては、「その温度または成分のゆえに社会がこれに『温泉』としての特殊の利用価値——したがつて、交換価値——を認めるところの天然水（人が温度または成分を人工的に加えたのでない状態における水）」を意味するものとすべきである。

そうしてさらに、「私法上の特別の権利関係の客体としての温泉」において、温泉に対する私法上の権利関係が独自のカテゴリーとして取り扱われることを要するのは、温泉が地中に在るか、あるいは地上に在るとしても未だ土地から分離されて独立の動産とされるに至らないか、の何れかの状態に在る場合に限られる。たとえば、びん入りの鉱水のごとく、温泉が独立の動産とされるに至った場合には、その温泉は一般の液体たる動産（たとえば、びん入りのビールやサイダー等）と同様に法的に処理されればよいのであり、私法上これを特に「温泉」として処理する必要は存しないからである。

そこで、独立の動産となるに至らない状態における温泉を、私法上の権利関係との関連でさらに次のごとく区別することができる。すなわち、温泉が地中に在り、これに対し未だ人が現実に物理的支配を及ぼしていない場合には、そのような温泉を「泉源」あるいは「泉脈」と呼び、これに対し、温泉が、未だ土地から分離されていないが、何時でも人がこれを土地から分離し得る状態に在る場合には、そのような温泉を「源泉」と呼ぶこととし、源泉の所在する場所を「湯口」と呼ぶこととする。

と述べている。[五]

川島武宜氏は、未採取の状態で置かれている温泉を「泉源」あるいは「泉脈」というように呼んでいる。また、温泉が「土地から分離されていないが」、いつでも採取できる状態にある場合の温泉を「源泉」と呼び、「源泉の所在する場所を『湯口』と呼」んでいる。[六]『温泉法』第二条で規定する「温泉源」とは、川島武宜氏では「泉源」・「泉脈」なのである。採取ないしは人の支配にいたったときの温泉は、「源泉」である。『温泉法』において問題となるのは、「温泉源」ではなく、「源泉」なのである。「源泉」には、なんらかのかたちで権利の法律関係が存在するからである。「未だ採取されない温泉」を「温泉源」とよんで定義づけするのは、いったい、温泉の「保護」ないしは、「利用の適正」からみて、いかなるかかわりがあるのであろうか。未利用・未採取の温泉であるならば、これを掘さくしても井戸干渉が生ずることもなく権利の侵害ともかかわりのない温泉ということになる。このような「泉脈」は、ほとんどその存在を知られていないのであるから、掘さくによって温泉を発見しないかぎり、権利の対象にもならないし、温泉の保護ないしは濫掘の問題もない。

三　『温泉法』における温泉の保護と掘さく

『温泉法』は、その主たる目的が温泉の保護でありながら、温泉の権利関係について、なんら規定するところがない。川島武宜氏はこれについて、「温泉に対する私法上の権利関係を規定する法律は、今日まで全く存しないのである。」と指摘している。『温泉法』はそれだけではない。そもそも、「温泉」についての定義ですら曖昧ないしは不備なのである。たとえば、その一例としてあげれば、『温泉法』第二条の温泉の「定義」に、温泉とは、「地中からゆう出する温水、鉱水及び水蒸気その他のガス（炭化水素を主成分とする天然ガスを除く。）で、別表に揚げる温度又は物質を有するものをいう。」と規定しているが、その「別表」では、温度について「摂氏二十五度以上」とあり、温度が二五度以上の水であれば成分含有のいかんにかかわりなく、温泉ということになる。なんとなれば、「別表に揚げる温度又は物質」なのであるから、温度か物質ということになり、温度が二五度以上ある水か、もしくは、「別表二」に提出された一九種の物質が一つでも含有していれば温泉と認められるからである。温度が二五度以上あれば「別表二」の物質（成分）がなくても温泉なのである。これでは、市中にある一般の「銭湯」（浴場）とは変わりはない。地下水を汲み上げれば、市中公衆浴場の「銭湯」でも温泉ということになる。これでは、『温泉法』の基本概念にも反するし、温泉にたいする社会通念上の意識にも反する。この点については、先に指摘したとおりである。しかし、『温泉法』の改正は、昭和二四（一九四九）年以来、今日まで一三次の改正が行なわれているにもかかわらず、右の点についてなんらの解決策を行なったことはない。政府は参議院厚生委員会（昭和二三（一九四八）年六月二八日）において、「ただこれからの権利、いわゆる独立いたしました不動産、物権としての温泉権というような問題につきましては、この法律案におきましても最初触れたかったのでございますが、併しながら幾多の慣習その他の問題、地方的な事情もございまして、今直ちに温泉権なる特別の物権を設定することはどうであろうか」ということで、「次回改正のときに一つ、それまで研究いたしたい」と答弁している。温泉権の立法は早急の課題でありながら、半世紀以上も手をつけないままになって、今日にいたっているのである。若干、「通知」によって補正されているところもあるが、法をこえての行政庁の指示は認められないから、補正にも限度がある。その一例として、昭和二三（一九四八）年八月二五日の厚生省発衛第一四号の次官通知がある。これは四項目あって、その第一の「本法の目的」で、

本法の目的とするところは、温泉の保護と温泉利用の適正化とによって、公共の福祉の増進を図ることにある。従って、温泉の保護に急なるあまり、徒らに既得権者の擁護に堕し、却って本法の趣旨を没却することのないよう留意すると共に、温泉の利用については、十分科学的基礎に立脚して公衆保健上の指導に遺憾なきを期せられたい。

とある。ここでは、「徒らに既得権者の擁護に堕し」とある。この文言が、現実にどのような事態について指示しているのかは明らかではないが、「既得権者」というのが、民法上の権利者である温泉権者を含むものとして解釈したのならば――あるいは、温泉権利者を指したものとしたならば――問題がある。私法上の権利として、すでに大審院以来の判決例において確定している温泉権を否定することになるからである。まして、「既得権者の擁護に堕し」というような文言を使用することは、立法の趣旨・目的を説明する担当省庁においてふさわしくない。反法律的であるとさえ思われるからである。思うに、こうした文言を使用することは、一般的観念として、当時における温泉旅館・

ホテルの社会的地位の低さを示すものであると同時に、立法者（政府＝厚生省）が温泉権について熟知していなかったことにもよる。

例えば、「既得権者の擁護に堕し」という文言に該当する意識の一つは、参議院厚生委員会（六月二八日）における質問（山下委員）にもある。すなわち、

いずれにいたしましてもこの法案をそのまま実施いたしたのでは、成る程表面は温泉を保護するいうことでありましよう。けれども現実はその温泉によつて、営業をいたしておる温泉営業者、温泉企業者を保護することに終る、これは虞れが多分にあるのではないか、こう思うのである。新規に温泉を堀鑿することが、非常に抑制されて來るのでありまして、その一面には現在の温泉業者を非常に保護するということに相成る。それだけ保護した温泉を如何に公共のために開放させるか、如何に温泉療養のためにそれを十分に活用させるかということがこの法案の上に出ていない。言うまでもなく温泉盡くが然りではございませんが、今日の源泉を一つの企業といたしておりまする所は、到るところの温泉地はいわゆる享樂地に相成つております。温泉によつて療養しようといたしまする大衆は莫大な金を持つて参りません限りには、十分にこの温泉で療養ができないということに相成りましたのでは、私はこの法律の目的は達しないのではないかと考えます。そういう点につ

きまして、一面には現在の温泉企業者を保護するように相成りましても、一面にはその温泉を公共のために非常に廉價で利用させるというふうに導かなければならないのではないかと思うのであります……。

ということによっても明らかなように、『温泉法』は、「営業をいたしておる温泉営業者、温泉企業者を保護すること」になると考えているのである。ここでは、私的権利である温泉権が無視されて、単純に「温泉地はいわゆる享樂地」になっているために「温泉営業者、温泉企業者を保護する」というように考えているのである。この、「温泉営業者、温泉企業者」の対極にあるのが「大衆」の温泉療養であり、「公共」である、という発想方法であろう。温泉権という私的権利は、誰が持って――すなわち、所有・占有――いようとも関係がない。享楽地での温泉営業者・温泉企業者が温泉を持つということは、それらの者が利益をうけるのは不当であるように思っているのであろうか。しかし、結論的にいって、『温泉法』が「一面には現在の温泉企業者を保護することになっても」と言って、『温泉法』が既存の権利を「保護」する法律であることを認識している。質問者は、「営業いたしておる温泉営業者、温泉企業者」の営利の対極にあるものを「療養」として位置づけ、「一面にはその温泉を公共のために非常に廉價で利用させるというふうに導かなければならない」という政策論を述べている。

ところで、『温泉法』立法当時における全国の温泉の態様は、温泉の所有ないしは占有という点からみると、温泉営業者・温泉企業者よりも、部落有・組有・財産区有等のがはるかに数が多いのであり、利用という点からでは、温泉営業者・温泉企業者（旅館・ホテル）の施設による温泉利用以外の共同浴場における温泉利用もその数は宿泊施設よりも多かったのである。したがって、温泉の所有・占有、そうしてその利用は、質問者が指摘するようなものではなかった。その上、全国のいたるところの温泉地には自炊を含めた療養・保養宿泊施設の数も多かったのである。こうした歴史的事実——当時においては現実——を把握し認識することはきわめて重要なのである。

質問にたいする政府委員の答弁はつぎのものである。

先ずこの法律案のやり方では、單に既得権の保護ということになつてしまう虞れはないかという御質疑のようでございまするが、御指摘になりましたように、本法案第四條におきまして「温泉のゆう出量、温度若しくは成分に影響を及ぼし、その他公益を害する虞があると認めるときの外は、前條第一項の許可を與えなければならない。」となつておるのであります。この書き方におきましても成るべく許可をする、許可が原則であるということになつておりますことが一つ、それから更に「温泉のゆう出量、温度若しくは成分に影響を及ぼす」など、公益に害を及ぼすと認めたときは許可をしない、公益を害する虞れがなければ許可をするという、こういう表現に相成つておるのであります。御存じのように今日の温泉界の問題は、丁度法律及び命令の空白時代でございまするので、先程御指摘のありましたような各地における濫掘或いは掘下げにおきまして、大きな動力を使う問題が随所にあることは、御指摘の通りでございまして、この故にこそ、我々は全体として温泉源の枯渇を防ぐために、これらの泉源の保護ということを先ず第一に取上げて規定しなければならないと考えておる次第であります。従いまして、この法律の條項によりまして、公益を害さない場合においてはできるだけ許可して行くけれども、併しその場合におきましては温泉脈全体を大局的見地から見て、温泉源の枯渇ということが公益を害するという見地に立つのでございまして、聊かの私益をも侵してはならないというような、既得権の権利の濫用という面につきましては、我々は十分注意して行かなければならん、かように考えておる次第であります。

併しながら結果論的に申しますというと、温泉の既得権者に対して利益を與えるかのごときことにならないとは限りません。さような場合におきましては第九條に規定してございますように「温泉源保護のため必要があると認めるときは、温泉源より温泉を採取する者に対して、温泉の採取の制限を命ずることができる。」というように規定いたしておるのでございます。既得権を持っておりましても、その既得権を侵害せられる形になるのでありますが、公益のためにその採取の制限も受けなければならないように規定いたしまして、能う限りこれらの既得権の濫用というようなことのないように、公益的見地から規正を加えて、利用開発と既得権というものとの調整を図つて行くというような行き方にいたしたいという趣旨で以て、規定いたしておる次第でございます。

まず、ここで問題となるのは、「公益」についての概念規定が曖昧である、ということである。政府委員がいう『温泉のゆう出量、温度若しくは成分に影響を及ぼす』など、公益に害を及ぼす」という表現をそのまま理解すれば、「温泉のゆう出量、温度若しくは成分に影響を及ぼす」掘さくは公益を害する部類に入ることになるからである。第四条は、「温泉のゆう出量、温度若しくは成分に影響を及ぼし、その他公益を害する虞れがある」と規定している。この条文の解釈を政府委員の説明のように理解するとするならば、「温泉のゆう出量、温度若しくは成分に影響を及ぼす」掘さくは「公益に害を及ぼす」ものであるということになる。厚生委員の質問には、「温泉によって、営業をいたしておる温泉営業者・温泉企業者」は、公益を目的としていない、ということになるのであるから、これらの営利業者の温泉所有ないし占有が、公益に該当するのであるというならば、どのような論理にもとづくのか。これにたいする基準はなにも示されていない。

つぎに、『温泉法』第一条第二項で、「この法律で『温泉源』とは、未だ採取されない温泉をいう」とある。ということは、「採取されない温泉」であるから、未利用はもとより、自然の状態で存在している未開発の温泉ということになる。したがって、この「温泉源より採取する者」にたいして、「温泉源保護のため」に「採取の制限を命ずる」ことができる、と規定する（第九条）ことはおかしい。これは、掘さくについての許可条件とみてよいが、政府委員の説明では、「既得権を持っておりましても、その既得権を侵害せられる形になる」とある。未掘さくの自然の状態に置かれている温泉なのであるから、「既得権」は存在しないはずである。したがって、ここにいう「既得権」とは、いったい何を示すものなのであるかが明らかではない。「温泉源」にたいする理解不足としか言いようがない。「既得権」とは、すでに温泉を所有ないし占有して採取を行なっている権利者（温泉権）の権利を示すことばなのであるから用語の使い間違いとしか言いようがない。いずれにしても、温泉ならびにその権利関係についての知識がないことからくるものである。「既得権」というものは、「温泉源」――「未だ採取されない温泉」（第二条）――にたいして、掘さくの許可を得たものでないとするならば――これを含むものであっても――、すでに温泉の採取を行なっている権利を指すものである。この民法上の権利は重大な事態を生じないかぎり、あるいは明確におそれがあるかぎり、いかなることがあっても侵すことはできない。ただし、新しく掘さくする者については、条件を付けて掘さくを認めることはできる。

ところで、温泉の保護を目的（第一条）とする『温泉法』においては、濫掘・濫採を防止するために規制を設けている。第三条の「土地の掘削の許可」ならびに第九条の「増掘又は動力の装置の許可」がこれである。温泉の権利関係に重要かつ基本的（原初的）問題として掘さくがある。戦後このかた、自然の状態において温泉が湧出し、これを人が発見するということは少なく、最近ではほとんどないから、温泉の発見は掘さくによるしかない。掘さくについては、『温泉法』に規定があって、温泉を発見するための掘さくをするには、都道府県知事にたいして掘さくを申請しなければならない（第三条）。都道府県知事は、申請の場所ならびに申請者が、まず、第四条の各号に該当しなければ掘さくを許可しなければならないが、その前提として、審議会（その他合議制の機関）の「意見を聴かなければならない」（第二八条）と規定している。この「聴く」というのは、たんに意見をうけたまわる、という程度のものではなく、知事の許認可の判断の基準ともなり、知事はこの答申に拘束されるということである。そうでなければ、なんのために法にもとづいて審議会を設置しなければならないのか、ということの意味がないからである。

温泉を発見するためには掘さくによらなければならないことは今日では常態となっている。掘さくを予定している場所の周辺にまったく既存の温泉井をみないのであるのならばともかく、附近に既存の温泉井がある場合にはそれがボーリングによる温泉か自然湧出の温泉であるかにかかわりなく井戸干渉があることを想定するのは一般的常識である。地下の温泉脈（源泉）は、個別的土地所有地をこえて広い範囲にわたっているからにほかならない。多くの場合、この温泉脈が明確に特定され、生成される温泉の量ならびに温度と質（温泉成分）が把握されることができないために、掘さくにあたっては、近隣の温泉所有者の同意（条件付）をとりつけるのが一般的である。経験則上において、温泉脈のだいたいの範囲や生成される温泉の量や温度ならびに質がわかっている場合には、掘さくの禁止地域をなんらかの方法で設定するのは当然のことである。鉱区禁止地域の設定や源泉間の距離制限などは、その法律的効果はともかくとして、その一例である。ただし、鉱区禁止地域の設定が、法律上において温泉掘さくの禁止地域となるかは問題である。しかし、このことは、温泉の濫掘を抑止するとともに、新しい掘さく（と増掘）によって既得の権利を侵害し、これがために紛争が生じるのを防止するためには有効でもある。もっとも、掘さくによる権利の侵害については、私法上の問題であって、『温泉法』とはかかわりがない、と厚生省（当時）では言うが、実際問題として、掘さくによる影響をうけるのは既存の温泉であるから、これを無視して掘さくの許可・不許可を判断することはできない。そうでなければ、『温泉法』は権利を無視したうえに成り立っていることになるからである。

温泉の掘さくは、いわゆる未採取の「温泉源」を発見することであるが、この温泉源の存在を知ることは容易なことではないであろう。掘さくが既存の「源泉」に影響をあたえる可能性があるからである。既存の温泉に影響をあたえないための『温泉法』なのである。

ところで、なぜ、このようなことが問題となるのか。現行『温泉法』はその第一条（目的）において「この法律は、温泉を保護しその利用の適正を図り、公共の福祉の増進に寄与する」とある。「温泉の保護」とは具体的にはなにか。「利用の適正」とはなにか。さらに「公共の福祉の増進」とはなにか。あらためて問わねばならないが、これらのことばは第一条の「目的」の大義名分のためのまくらことばのような存在なのであるから深く追求しないまでも、立法当時においては、すでに、温泉は法律的には独立した物権であり、財産としての価値物であることが認識されていて、法の保護のもとに置かれていることは、判決上においても明らかである。しかも、そのほとんどが私有財産にほかならない。温泉の権利は、温泉が観光用（歓楽・享楽用）に供されているか、あるいは、療養・保養用に供されているかにかかわりなく、私有財産制度のもとにおいては財産権であることには変わりはない。したがって、この「温泉の保護」といのは、これまでに発見され、利用されていない泉源（温泉脈）を保護するというのではなく、既存の温泉脈にたいして掘さくして、温泉を揚湯し、その結果として濫掘ないしは濫採を生じ、泉源の涸渇にいたることを想定しているのである。

昭和二三（一九四八）年六月二九日の衆議院厚生委員会において政府委員（厚生政務次官）は、『温泉法』第二章について、「また、温泉を枯渇させるような採取とか、他の温泉を侵害するような採取を防止するため、都道府県知事は温泉を採取する者に対し、採取の制限を命ずることができるようにしております。」と説明している。既存の温泉の権利は私権なのであるから、新しく掘さくする者は、この既存の権利を侵すことはできない。『温泉法』は、温泉の権利関係についてなんら規定することがないと言われているが、少なくとも、法の目的は温泉権を保護することを明確にしているのである。つまり、濫掘・濫採の結果、既存の温泉口からの湧出（揚湯・汲みあげ）が減少ないしは涸渇するにいたる。このことを別の角度でみるならば、権利の制限ないしは減消ということになる。これを社会的にみるならば、尨大な資本を投下して温泉を発見し、さらに費用をかけて温泉を揚湯し、配湯をしている者にとっては死活の問題である。そればかりではない。温泉地を形成し、これによって経営を行ない、生活している者（温泉事業者・関係者、そのほかの施設者）にとって湯量（温泉）の減少や温度の低下、泉質の変化は入浴客・施設利用者の減少をまねき、経営にとって脅威であるばかりでなく、温泉地に温泉の湧出をみないのでは、温泉地の存亡にかかわる問題でもある。昨今、温泉に異種の人工的成分（薬品）を投入しただけで（白骨温泉事件）入湯客が減少し、当該の温泉旅館が閉業の止むなきにいったことを思えば、温泉と温泉施設経営者は、温泉地との密接な関連は明らかであろう。

このような社会的・経済的・現実的な背景を考慮ないしは直視しないで、法律条文の抽象的かつ曖昧な規定を勝手に解釈しただけでは、法の科学的な解釈や、これにもとづく解決とはならないのである。『温泉法』は、現実的な法律関係を解決したり、権利関係の理論的究明にとって役に立たないということで、等閑視していたのでは、さらに問題の解決はできなくなり、研究もおろそかになる。こうしたことから、『温泉法』を体系的に見直し、そこから掘さく制限について究明する必要性があり、さらに、『温泉法』の解釈や判決の妥当性について考察しなければならないのである。

四　『温泉法』の解釈

まず、『温泉法』における温泉は、立法の段階において、どのように意識されていたのであろうか。これについては、すでに指摘してあるが、別の角度から検討する。

すでにみたように、『温泉法』案を国会に提出する際の趣旨説明では、『温泉法』の目的は、「温泉の保護とその利用の適正を確保」することであり、「その内容は温泉源を保護するため都道府県知事は温泉の掘さく又は増さく等の行為の許可及び採取行為の制限を命ずることができる」とある（『官報号外』昭和二三年七月五日）。法案を提出したのは、それまで、「温泉に対する取締は、従来都道府県令」によっていたが、「新憲法の施行により昭和二十二年十二月三十一日限りでその効力を失ったので、この際従来の都道府県令の内容を基礎としてこれを拡充し」（前出）とあるから、温泉行政は、その基本に取締りがあり、その対象は「温泉の保護」であるから、とりもなおさず濫掘と濫採の防止にほかならない。

『温泉法』が公布された四か月後に、所官庁の厚生省国立公園部管理課長は『温泉法のはなし』[七]で、「温泉の多い府県では、実際の必要から、府県知事の命令で温泉の取締規則を作っていたのである。それが新憲法の施行に伴って、昨年末で効力を失うことになったので、あちらこちらで温泉を勝手に掘り出し、色々紛争を起こすところも出て来て、これを放って置くわけに行かなくなった。」と述べて、『温泉法』は、これまでの「府県の取締規制」に代わって、いわゆる濫掘による紛争の防止を目的として制定したものである、と明確に指摘している。ただし、『温泉法』には、「温泉権に関する規定等が漏れていて、理想的な温泉法とは大分へだたりがある」ことも指摘している。したがって、温泉の権利関係については、『温泉法』では直接に規定しないということになり、温泉権についての法律的根拠ならびに態様――ケース――は、各地方における温泉の権利関係の実態ならびに研究、学説および判決のなかに求めなければならないことになる。しかし、温泉権に関する実態調査はそれほど多い量ではなく、さらに、学説も集成されたものはきわめて少ない。[八]

『温泉法』は、その編成を、第一章総則、第二章温泉の保護、第三章温泉の利用、第四章諮問及び聴聞、第五章雑則、第六章罰則としている。この編成によっても明らかなように、温泉の保護が法の基本であり、中心であることがわかる。編成上において、掘さくの自由、ないしは温泉の無制限での開発を目的としてはいない。掘さくの自由というのは、厚生委員会でもしばしば言及されているが、土地を所有していれば温泉を発見するために掘さくすることができるというのであるが、濫掘・濫採ならびに他の権利関係に影響するような掘さくは認められないのであるから、これを考慮しないで、ただたんに「自由」と言っても、法律上は意味をなさないのである。

このような点について、政府委員（三木行治）はつぎのように説明している。

本法案第四條におきまして「温泉のゆう出量、温度若しくは成分に影響を及ぼし、その他公益を害する虞れがあると認めるときの外は、前條第一項の許可を與えなければならない。」となつておるのであります。この書き方におきましても成るべく許可をする、許可が原則であるということになつておりますことが一つ、それから更に「温泉のゆう出量、温度若しくは成分に影響を及ぼす」など、公益に害を及ぼすと認めたときは許可をしない、公益を害する虞れがなければ許可をするという、こういう表現に相成つておるのであります。御存じのように今日の温泉界の問題は、丁度法律及び命令の空白時代でございまするので、先程御指摘のありましたような各地における濫掘或いは掘下げにおきまして、大きな動力を使う問題が随所にあることは、御指摘の通りでございまして、この故にこそ、我々は全体として温泉源の涸渇を防ぐために、これらの泉源の保護ということを先ず第一に取上げて規定しなければならないと考えておる次第であります。従いまして、この法律の條項によりまして、公益を害さない場合においてはできるだけ許可して行くけれども、併しその場合におきましては温泉脈全体を大局的見地から見て、温泉源の涸渇ということが公益を害するという見地に立つのでございまして、聊かの利益をも侵してはならないというような、既得権の権利の濫用という用につきましては、我々は十分注意して行かなければならん、かように考えておる次第であります。

政府委員は、第四条について、「成るべく許可をする、許可が原則であるということになつております」と言うが、許可をするにあたっては、その前提条件として、「温泉のゆう出量、温度若しくは成分に影響を及ぼし」、さらに、「その他公益を害する虞れがあると認めるときの外は」許可をあたえるのであるから、掘さくが既存の温泉に影響をあたえたり、「公益を害する虞れ」があるときには掘さくの許可をしないというのである。なんでも掘さくを許可してよいというのではないのである。これは、掘さくを予定している土地が掘さく者の所有地であることによって、掘さくができるというものではない。土地所有権の自由は温泉湧出による井戸干渉（権利侵害）という面において制限をうけるのである。『温泉法』においては、「泉源の保護ということを先ず第一に取上げて規定しなければならない」という説明は、このことを示している。

右にみたように、『温泉法』は濫掘・濫採の防止を目的としているのであるから、その内容において不備があるかどうかはともかくとして、温泉の掘さくを地方の行政機関においてコントロールする濫掘防止法であるといってよい。したがって、従来、学説・判決も含めて『温泉法』は土地所有権の効果として、自由掘さくを前提としているというような理解が存在していることには問題があろう。それは、『温泉法』第四条において、温泉掘さくの申請が知事にあったとき、「次の各号のいずれかに該当する場合を除き、同項の許可をしなければならない。」という規定があり、この、「しなければならない」というのを強行規定として拡張解釈したからにほかならない。『温泉法』には、土地所有ないしは占有の効果としての温泉掘さくの自由の規定はどこにも存在しない。むしろ、制限されているのである。土地所有ないしは占有と温泉権とは別個のものだからである。しかし、事実において、『温泉法』制定以後、掘さく申請が続出するが、この原因としてあげられるのは、法案提出の理由にもあるように、温泉掘さくの規制も含む温泉関係の規制が廃止されたことである。これに加えて、戦後における経済発展と国民の温泉レジャーへの指向の増大による温泉施設への投資が温泉掘さくへの投資へと重なったからにほかならないからで、『温泉法』そのものにのみ原因があるわけではない。温泉発見のための掘さくと揚湯には、『温泉法』を根拠法律として、その規定によって知事への申請とその許可が条件となっているからにほかならないからである。それでは、不許可条件とはなにか。

まず、温泉発見のため掘さくについては、『温泉法』第二章「温泉の保護」において、三条から一二条までの新規の規定を設けている。すなわち、そのもっとも基本的な掘さくについての規定は第四条である。第一項第一号において、「掘削が温泉のゆう出量、温度又は成分に影響を及ぼすと認めるとき。」である。第二章は、そのタイトルにもあるとおり、「温泉の保護」であって、これについて厚生省（前出）の『温泉法案』提出に際する参議院・衆議院の厚生委員会において政府委員が説明したことによっても明らかであり、法律成立後においても厚生省では、「温泉源を保護するための規定であって」と注釈している。したがって、第二章の「温泉」というのは、「温泉源」のことであることがわかる。ということは、第四章第一項の「掘削」による「温泉のゆう出量、温度又は成分」の影響というのは、既存の源泉にたいするものでなければならないことになる。掘さく予定地の周辺に、既存の源泉がまったくないときには、この第一号の規定を適用する必要性がないからである。なお、ここにいう、源泉とは、川島武宜氏の規定（前出）によるものであり、すでに湧出口から湧出をみるが温泉が地下において泉脈に直結するものと解せられる。『温泉法』においては、既存の源泉についての名称づけはなされていない。これも不備の一つである。したがって、この、温泉の存在にたいする位置づけならびに概念規定がなければ、掘さくが他の温泉湧出口になんらかのかたちで「影響を及ぼす」ことにはないからである。よって、ここでの規定は、既設の、人が温泉を現実的に支配しているということになる。これが常態である。しかし、『温泉法』においては、「温泉源」とは、第一章総則の第二条において「未だ採取されない温泉をいう」と定義している。この意味することが明らかではない。温泉源からの温泉の採取が「未開発の温泉」（前出、厚生省注釈）からではなく、「厳密に言えば、具体的採取者の支配に入らぬ温泉という程の意味」であって、「既に開発されている場合でも、未だ具体的に採取されず、採取施設の外にある間は、温泉源に含まれることになる。」（前出）と補足説明をしている。

意味するところが、はっきりと明らかではないが、すでに湧出口（湯口）から湧出をみている温泉源とは別の温泉源ということではないであろう。同じ地域内にいくつもの温泉源があるとでも思っているのであろうか。それであれば温泉の実態をあまりにも知らなすぎるということになる。狭い地域内にいくつもの温泉源があるのは、きわめて稀なことだからである。おそらく、同一の温泉源において、既存の湧出口から採取される温泉の量・温度・成分に影響（井戸干渉）をあたえないということであろう。厚生省（前出）の説明中に、「既存の温泉利用者といえども多少の影響を忍ばねばならないことは当然であって」（この解説の問題については後述）とあるから、同一の温泉源からの採取ということを想定していると思われるからである。いずれにしても曖昧な規定である。厚生委員会でもこの用語を誤って使用していることによっても明らかである。「温泉源」が「未だ採取されない温泉」であるならば、井戸干渉の生ずる余地がないのであるから自由掘さくということになる。しかし、未採取の温泉を、同一の源泉において、すでに採取されている量（すなわち、権利化されている温泉）以外に温泉が存在する場合を指し、これを他の者が掘さくによって採取しても、既存の採取量に影響を与えないと注釈しなければ、第二条第二項の意味は無意味となる。

ところで、温泉掘さくの許可・不許可の判断の基準となっている第四条についてである。第四条の旧規定では、「温泉のゆう出量、温度若しくは成分に影響を及ぼし、その他公益を害する虞れがあると認めるときの外は」となっている。すなわち、第一に「ゆう出量、温度若しくは成分に影響を及ぼし」とあるのであるから、既存の「温泉のゆう出量」に影響をあたえるような場合か、あるいは、温泉の「温度」・「成分」に影響をあたえるような場合について、右の要件（湧出量、温度と成分）の一つにでも該当するときには不許可とすることができる。言いかえるならばしなければならないのである。第二に、「その他公益を害する虞れがあると認めるとき」には不許可とする。知事には、不許可について、右の四点（ゆう出量、温度、成分、公益）について、その一つにでも該当すれば不許可処分とすることができる。このうち、「公益」については、『温泉法のはなし』（前出）で河野鎮雄氏（厚生省管理課長）が「亜硫酸ガス」・「箬崩れ」（崖崩れ、か）というように説明している。これによっても明らかなように、右の四つは概念を異にしているのである。これは当然のことである。

しかし、昭和六一（一九八六）年の『逐条解説温泉法』[九]（環境庁自然保護担当施設整備課・監修、温泉法研究会編）の解説では、「この場合、ゆう出量の減少、温度の低下及び成分の変化は、いずれも『公益を害する』場合の例示であるから、掘さくによる影響が公益侵害の程度に至らないときは不許可処分に付することはできないと考える」と言って私見を述べ、参考資料として、行政裁判判決をあげているが、その判決を提出したものでもなければ、判決の内容についてもなんら言及するところがない。したがって、これをそのまま肯定することはできない。以上によっても明らかなように、第四条を例示として、湧出量・温度・成分を公益にすべてひっくるめて、しかも「公益侵害の程度に至らない」という新しい造語をもって公益の基準にしてしまっているのである。

すなわち、右のように、それぞれ分離独立した概念規定を、公益であると理解し解したことは、法解釈としては基本的認識について欠けるところがある。『温泉法』にいうところの「公益」が、さきの『温泉法のはなし』の例示、もしくは例示の類推解釈にとどまるものかどうかはともかく、公益性については、もっと具体的に論じて規定しなければならない。しかし、いかなるかたちにおいても、「温泉のゆう出量、温度又は成分に影響を及ぼすと認めるとき。」には、これを「公益」を侵すものと認めて掘さくの禁止、あるいは、温泉採取の禁止もしくは制限を行政上の強制措置として行なうことができるものとするならばともかく、同じ温泉業者でありながら、言うところの「歓楽的」・「観光的」・「享楽的」な温泉については「公益」ないしは「公共」性を認めず、「療養」温泉についてのみ認めるというのであれば、「歓楽的」等の温泉は『温泉法』の外に置かれてしまうことになる。ということになれば、『温泉法』は温泉一般を規律することができなくなり、『温泉法』を制定した意味もなくなる。したがって、『温泉法』は、換言すれば、療養温泉法ならびに公共浴場温泉法ということになりかねない。そのような内容の質疑は、立法趣旨を理解しないものであるにしても、立法説明者（政府）においても理解されていない点も指摘される。掘さく禁止等の規定が公共とは別の規定にかかわるものであるとも解釈されるものであるならば、公益性とは別にそれによって判断しなければならない。

しかしながら、さきに述べたように、「公益」なるものの概念規定が適格であり、掘さくによる温度・泉質・湯量に変化をきたすおそれがある場合には、すべてこれをもって公益を害すると解釈してもかまわない。ただし、ここに言う公益とは、さきのような受忍程度をともなわないものである。掘さくによる温度・泉質・湯量の変化は、公益であるか否かにかかわりなく、既存の温泉の権利に変化をあたえるからである。その権利がいかなる態様——たとえば、歓楽的旅館業者の権利か、療養温泉業者の権利なのか、公共浴場経営者の権利なのか等——にかかわらず、法律上における権利なのであるから、掘さくがこの権利を侵害することにたいして、これを予防することが、審議会の答申をうけて知事が行政権能によって予防措置（不許可処分）をこうじなければならない責務であるからにほかならないからである。

いずれにしても、さきの、「温度」と「成分」と「湯量」への影響が、「公益」とは別にそれぞれ独立したものである、と解釈しなければならないし、すべきである。このことは、『温泉法』第四条の規定が、第一次改正により、

一　当該申請に係る掘削が温泉のゆう出量、温度又は成分に影響を及ぼすと認めるとき
二　前号に掲げるもののほか、当該申請に係る掘削が公益を害するおそれがあると認めるとき

とわけられ、さらに、第三次改正により、

一　当該申請に係る掘削が温泉のゆう出量、温度又は成分に影響を及ぼすと認めるとき
二　当該申請に係る掘削のための施設の位置、構造及び設備並びに当該掘削の方法が掘削に伴い発

生する可燃性天然ガスによる災害の防止に関する環境省令で定める技術上の基準に適合しないものであると認めるとき

三　前二号に掲げるもののほか、当該申請に係る掘削が公益を害するおそれがあると認めるとき

とわけられ、湧出量・温度・成分が公益に包摂されるものではないことを表示し、公益をわかりやすく独立したことによっても明らかである。これは、『温泉法』の解釈からみると妥当性をもつ。もともと、第四条は右のように解釈しなければならなかったからである。したがって、従来一部の行政機関や裁判所が解釈しているように、湧出量・温度・成分を、きわめて狭い概念や解釈による公益の内容のように解釈してこれに受忍をつけ加えていた誤りは正されるべきである。なお、念のために付言すれば、一号の、「ゆう出量」、「温度」、「成分」は、それぞれ独立したものであることを指摘しておく。

この改正は、『温泉法』第四条の概念規定を変えたものではなく、わかりやすくしたまでのものなのである。知事は、温泉の掘さく申請に際して、右の内容を審議会が科学的、ないしは歴史・経験的検討によって乱掘・乱採のおそれがあると判断し、不許可処分が妥当と答申したときには、行政上の権能によって、不許可処分に若干のとまどいを残している場合であっても、知事は、その答申を判断し行政裁量権として不許可処分にするべきである。なんとなれば、乱掘・乱採を防ぐのが温泉保護をたて前とした『温泉法』制定の主旨だからである。

五　温泉の掘さくと権利関係

『温泉法』では、温泉権についての直接の規定はない。『温泉法』に権利関係の規定がないということは、立法の段階において、立法者が権利関係の規定を欠いた『温泉法』は、法としては不備であることを認めている。『温泉法』は、濫掘・濫採による紛争を防止するために、急きょ立法化されたことから、複雑な温泉の権利関係を法制化するいとまがなかったことを認めている。『温泉法』に、温泉の権利関係を直接に規定する法律条文がみられないからといって、『温泉法』が温泉の権利関係にかかわりがない、と言うことはできない。『温泉法』第四条の「掘削が温泉のゆう出量、温度又は成分に影響を及ぼす」というのは、他の温泉（既成泉）に影響することを示すのであるから、他の井泉へ影響をあたえることは権利を侵害することになり、そのために紛争を生じるのである。それを防止するための立法にほかならないから、権利関係とは無関係ではありえない。温泉権とは、土地の所有権とは別の独立した物権的権利であるから、温泉は土地所有（ないしは占有）の規定のもとにはおかれていない、ということについては多少なりとも認識があったものと思われるが、これについて適確に示す文言はなく、かえって、土地の所有権と温泉権とが同一のもののように理解しているような点がみられる。

すなわち、さきに厚生省国立公園部管理課長が昭和二三（一九四八）年の解説で「既存の温泉利用者といえども多少の影響を忍ばねば」と言う発言をしているが、権利関係からみた場合、これにはいくつかの問題がある。まず、ここにいう「温泉利用者」というのはどのような法律関係にあるのかが明白ではない。自然湧出か掘さくによるかのいかんにかかわらず、湧出口から湧出をみる温泉は土地所有者によってのみその所有が認められるものではない。つまり、必ずしも土地所有権と温泉の権利とが同時的（合同）なものではないからなのである。もし、土地所有権と温泉権とが同一のものであるのならば、一坪（三・三平方メートル）の土地を所有している者は、一坪の土地の下（地下）にある温泉だけを所有し、したがって、それだけの温泉しか採取することができない、ということになる。なんとなれば、温泉湧出地の近隣を多くの人が所有している（たとえば、一〇〇〇坪＝三三〇〇平方メートルに土地所有者が一〇〇人いたとする）場合には、近隣の人の温泉所有権を侵害することになる。厚生省係官は、「大審院の判例によると、原則として土地所有権の効果として」・「温泉の利用権」があるようにと言うが、このような理解の仕方に問題があるし、また、判例として確定したものであるならば、それを示すべきである。また、さきの「温泉利用者」に関連して、ここでは「温泉の利用権」というが、温泉利用権の法律内容についても明らかではない。あるいは、地下にある温泉は国有」とでも思っているのであろうか。ということになると、土地所有権の効果というものは掘さくという技術上のものにとどまるのであって、掘さくの効果としての温泉の採取は所有ではなくして国有財産を利用するだけにとどまるということになるのであろうか。旧慣上の温泉権も含めて、温泉権は独立した物権的権利ではないとい

うことになる。これは、学説上もしくは判例上にも反することになる。[十]

地中にある温泉は、一定の広さと容量において貯蓄されていて、これを汲み上げれば温泉はなくなるというものではなく、絶えず生成されているものである。したがって流動性を帯びている。しかし、この流動性のある温泉も決して無限のものではなく、採取量に一定の限度があるのは多くの温泉に共通している。それゆえに、温泉の採取に限度が加えられるのである。これを別の角度からみて、濫掘による温泉涸渇の現象を防ぐために温泉の保護ということを目的とした法規制が生じたのである。そのかぎりにおいて『温泉法』の制定は「不備」であるにもかかわらず、一定の有効性をもっている。したがって、『温泉法』がその法律的構成において、第一章「総則」に温泉の保護を目的とし、第二章「温泉の保護」としたのは当然である。これが『温泉法』の基本である。ということは、濫掘・濫採の防止にほかならないからである。このことは同時に温泉採取・支配という温泉所有権の現実性の保護にほかならない。もっとも、『温泉法』においては、「温泉権に関する規定等が漏れて」(前出)、あるいは、「温泉に対する私法上の権利関係を規定する法律は、今まで全く存在しない」と言われているが、[十一]既存の温泉源にたいする、したがって温泉の所有権の保護は、掘さくについては、第一に、『温泉法』第四条と、これの具体的・客観的判断である第四章「諮問及び聴聞」の規定、ならびに関連する諸規定によって保護される。また保護されなければならない。さきに述べたように、既成泉(源泉)のほとんどは私的権利であるから、温泉の保護は同時に私的権利(温泉権)の保護である。この私的権利の存在をはなれて、実際上において温泉を保護するということはないから、『温泉法』が「私法上の権利関係」(川島氏・前出)とはまったく離れたものとは必ずしもいえないのである。いな、むしろこの私権関係を考慮しないで、都道府県では審議の結論を出すことはできないし、知事もまた許可をあたえることはできない。ということになると、第四条とこれの具体的基準である第二八条(審議会その他の合議制の機関への諮問)は、温泉の財産権としての私的譲利について考慮しなければならないことになる。すなわち、温泉の掘さくの許可は、「公益上の見地から」のものであるとか、「民法上の譲利関係に変更を加えるものではない」(『温泉法のはなし』前出)とかいうのは法律上の解釈ではなく、『温泉法』が行政法に属していて、しかも、形式上公益をたて前としているためか、温泉所有権の一般性(すなわち、私的所有)に触れれば、私権の保護をしたとみられるための言いのがれか、さもなければ奇弁にしかすぎない。まして「多少の影響を忍ばねばならない」(前出)ということは、法律上、いったいなにを意味するのであろうか。温泉という私的権利としての財産にたいして損害をあたえても、「多少の影響を忍ばねばならない」というのでは、財産を法のもとにおいて守ることができないということになる。ここにいう「多少」というのは、いったいいかなる内容なのであろうか。行政的判断によって、権利の侵害があっても「多少」は受忍せよ、というのでは、私的財産制度の上に立つ現行『民法』の存在意味がなくなる。これが行政の権力ないしは横暴でないとしたならば、無知としかいいようがない。あるいは、温泉掘さくの行政判断は、温泉の権利関係とはかかわりがないから、許可をした掘さくによって既存の温泉に影響がでた場合――いわゆる権利侵害――には、民法の規定によって司法裁判所で解決してもらえとでもいうのであろうか。たしかに、『温泉法のはなし』(前出)では、『温泉法』により「掘さくの許可は、以上のべてきたように専ら公益上の見地からその許否を決定するものであるから、そのために民法上の権利関係に変更を加えるものではない。例えば、損害賠償などの問題は民法の規定によって司法裁判所が判断すべきことがらである。」（前出）と述べていることは、そのようにも受けとれるのである。しかし、その当否はともかくとして、この文言は法律的ではないし、無責任である。

なんとなれば、掘さくによって井戸干渉――実際上の温泉採取量等の変化――が生じるということは、既存の温泉量を私的権利として所有し、これを自由に使用・処分している財産権を害することになるからであり、したがって、「多少なりとも」権利の侵害は受忍すべきであるなどとは言えない。また、すでに権利関係が明確であり、具体的に存在している社会利益を、あとの者が否定したり介入することは許されない。そうでないと、私的権利を中心として成り立つ『民法』の基本原則は崩壊する。このことは、「多少なりとも」権益が侵害されても仕方がないという見解の違法性にもつながるのである。したがって、「多少」の多とはどのような内容なのであるのか。少とはどのような内容であるのか。これらの基準を明確にしなければならない。また、法律的理論も明らかにしなければならない。ただ、ことばの上で表現してこれを具体的に適用するというのでは法律上は成り立たない。

どうしてこのようなことを指摘しなければならないのか。すでに述べたように、掘さくについての許可条件には「温泉のゆう出量、温度又は成分に影響を及ぼすと認めると」きに（第四条）、は不許可とすることができるからであり、この条項は、既存の温泉を示していることにほかならないからである。つまり、掘さくにより既成泉に「影響を及ぼす」というのは、温泉の権利関係につい影響をあたえるからである。この権利というのは、抽象的・観念的なものだけでなく、温泉発見のための掘さくに多大の資本を投下し、さらに、温泉の揚湯施設にも多大の資本を投下し、維持・管理・運営にも多大の費用をかけて、はじめて浴槽に温泉を供給するという圣済的問題に大きなかかわりがある。宿泊施設は、温泉が存在し使用することができることによって営業が成り立つ。外湯（共同浴場）についても同じことである。濫掘が行なわれれば、まず、既存の温泉利用者（権利者）に、その量・質・成分において影響をあたえることになる。そのために経営にも重大な損失をもたらす。まして、裁判にでもなればなおさらである。知事が、既井泉に影響があるおそれがあるにもかかわらず、掘さくを許可し、業者や地方自治体などが掘さくして揚湯設備や施設等を建設したあとで、その揚湯が既井泉に影響をあたえたために、これの取消しをできるのは、『温泉法』第七条に規定するところである。これは、たんなる法の手続きである。実際に取り消しを行なえば、当然のことながら、この取り消しにたいして利害関係者は出訴することは明らかである。こうして、二重、三重の出費と、解決までの長い日数を要することになる。この経済損失は、はかり知れないものがある。したがって、知事の許認可――その前提である審議会――は、この点について十分に考慮しなければならない。

こうした濫掘の結果の経済的損失を事前に防ぐためにも、温泉の掘さくの適否を判断し、その許認可権を知事にあたえているのである。知事は濫掘――したがって、井戸干渉――のおそれがなく、かつ、自然保護の上からも不安がない場合には掘さくの許可をすることができる。第四条の「許可をしなければならない。」というのは、このように解すべきなのである。なんでも許可すべき、というのではないし、また、『温泉法』は自由掘さくを原則とするものではないからである。第四条の規定をみれば、これだけの拘束力があることがわかるであろう。

こうしたことによって、従前に、『温泉法』が自由掘さくの原則の上に立っているのであるとか、あるいは、土地所有権にもとづく掘さく自由の権利によって揚湯することができるとか、というような学説があるのであれば排されなければならない。判決についても同じである。温泉は、通常、土地台帳によって、温泉湧出地の土地所有権を確認することができる。きわめて小面積（一坪等）の土地が温泉地（鉱泉地）として登記されているために、温泉の権利を確認することができると思われている。この温泉地は、現在、温泉が湧出しているか、中止状態にあるかにかかわらず、温泉湧出地であることを示すものでしかすぎないのである。この温泉地は、温泉の湧出地の所有権の登記なのであって、温泉の権利の登記ではないのである。湧出（自然湧出、掘さくによる揚湯）する温泉の権利関係をみることができるのに保健所の『温泉台帳』がある。これは、十全なものではないが、或程度は温泉所有の現況をみることができる。しかし、ここでは、土地の所有者と温泉所有者とが一致しない。

以上のように、『温泉法』は濫掘・濫採による温泉の保護を目的とし、その内容は、掘さくによる既存の温泉の温度・泉質・湧出量に影響のおそれがあると判断したときには掘さくの申請を却下しなければならない。また、公益を害するおそれがあると判断した場合についても同じである。既井泉、もしくは公益を害するおそれがあると思われるにもかかわらず、これを許可し、その結果として既井泉に影響がでた場合には、この損害をどう補填するというのであろうか。これは、裁判所の判決についても同じである。知事は、おそれがあると思われることに力点を置くべきである。

六　温泉台帳

温泉を湧出口において確認することができる方法――いわゆる明認方法――として、現実に温泉が地中から湧出している場所に行くことによってできる。しかし、それは温泉が湧出している現実的確認であって、その温泉の所有等の権利関係については確認することはできない。これを書証上において確認するとなると、『不動産登記法』にもとづく土地台帳と、いわゆる「温泉分析表」（第一四条、温泉の成分等の掲示）がある。「温泉分析表」では、温泉所有者が必ずしもその温泉の所有者を確定することはできない。また、土地台帳の表示では、温泉地（鉱泉地）の所有を公書上において証明するか、この温泉地に温泉が湧出しているかどうかについては明らかでないし、温泉量・泉質についてはまったく明らかではない。

これにたいして、都道府県管轄の部署において管掌している『温泉台帳』が温泉の実情をある程度まで把握している。同時に、行政の最末端機関（たとえば、保健所、地方事務所）においても保管する。温泉関係の申請は、この末端機関において受付けるからである。この『温泉台帳』は、温泉の湧出関係（土地所有、温泉所有）について知ることができる。したがって、一般的には、温泉権利基本台帳というように認識されていた。

それでは、いったい『温泉台帳』の法律関係とはなにか。まず第一にあげられるのは、根拠法がないということである。すなわち、『温泉法』には「温泉台帳」の規定がない。それならば、『温泉法施行規則』（昭和二三年八月九日、厚生省令第三五号）についてはどうか。ここにも「温泉台帳」を規定する条文をみない。しかし、それにもかかわらず、「温泉台帳」は温泉存在の基本的登録台帳として都道府県の当該部署に統一様式をもって必置されているのである。その根拠となるのは、法律ではなく、「通知」である。その初出は、昭和二三（一九四八）年八月二六日の『温泉法施行に関する件』である。この「通知」は、「厚生省公衆衛生局長通知」で、都道府県知事にたいして出されたものである。

今般温泉法の施行に際し、八月二十五日厚生省発衛第一四号を以て次官より本法の運営方針に関し指示せられたが、本法の実施については、更に左記事項に御留意願いたい。

五　温泉台帳

温泉に関する行政の基礎として、又、将来温泉権設定の場合に備え、温泉台帳を整備し、温泉の現況把握に努められたい。

温泉法第六条において工事が終了したときは、その旨を届け出させることにしているが、現地立会調査により、許可条件との相違の有無、ゆう出量等を調査し、これに基づいて前号の台帳を整理し置かれたい。

右にみるように、通知は「左記事項に御留意願いたい」というものであって消極的である。この通知は、前日（八月二五日）の厚生次官通知をうけて出されたものであるが、次官通知には「温泉台帳」の作成ならびに法律上の位置づけなどについては触れていない。この局長通知では、「温泉台帳」は、（一）温泉行政の基礎と、（二）将来温泉権設定の場合に備えること、を目的としていることが述べられている。「温泉台帳」は、温泉行政の基本となる資料的価値の役割りを持たすことが第一の目的であるが、この「温泉台帳」が将来において、温泉の権利設定の基本台帳となることを目的としていることは、重要な意味をもつ。このことは、『温泉法』の立法段階において、温泉権についての規定を欠くことの不備を認めていて、将来、権利関係について規定することを明言していることに照応するものである。したがって、ここにいう「温泉台帳」は、もっぱら温泉行政の基本的資料ということになり、温泉の権利関係についての法律上の基本台帳としての性格をもつものではない。

「基本台帳」という名称については、昭和二四年一二月二二日の厚生大臣官房国立公園部管理課長通知によると、表記が「温泉源泉台帳用紙送付について」となっていて、「温泉源泉台帳」であり「温泉台帳」ではない。ところが、昭和三一（一九五六）年一一月十四日の、右の同じ国立公園部管理課長通知では、表記が「温泉の台帳の整備について」となっていて、ここでは「温泉台帳」である。このように、台帳の表題や名称に混乱があるが、ここでは、『温泉台帳』とする。

『温泉台帳用紙』(原名『温泉源泉台帳用紙』)の送付について管理課長が通知した「各欄注意」には、

五、温　　度　二十五度C未満のものは冷泉とみなし、測定時の気温も記すること。

六、ゆう出状況　自然ゆう出(引湯又は浴底ゆう出)及びくっさく泉(自噴又は動力装置)等に分けること。

七、温泉所有者　該当者多数の場合は外何名とし、団体が所有する場合は団体名と代表者名を記すること。

八、温泉利用権者　右に同じ。

とある。ここには、「温泉所有者」と「温泉利用権者」の二様の記載事項があり、温泉の権利関係の基本台帳作成への意向を示している。『温泉台帳』の様式については、(イ)「温泉土地所有者」、(ロ)「温泉所有者」、(ハ)「温泉利用権者」の三つの項目をみる。この三者が、どのような法律関係にあるのか、ということについては成文化されていないし、また、説明されていないので、法律的基準ないしは権利の内容については明らかではないが、単純に、土地所有者が温泉権利者であるというような理解をしていない。

しかし、いずれにしても、『温泉台帳』は公衆衛生局長通知によって「行政の基礎」として都道府県が作成依頼されたものであって、『温泉法』にもとづくものではない。

おわりに

『温泉法』は、戦争直後に急いで立法化されたために、その立法段階において、立法者（厚生省・当時）が権利関係の規定を欠いていることを認めている。つまり、不備な法律なのである。この不備を補うために、大急に改正されることの必要性を立法者は明言している。しかし、『温泉法』の制定以来、半世紀以上を経て一三回の改正を行なっているが、それにもかかわらず、権利関係の規定についてはなんらの改正——というよりも法制定——も行なわれていない。

『温泉法』において、温泉の権利関係に直接の関係を有するのは、温泉の掘さくと増採である。この掘さくと増採の許認可権は都道府県知事の行政措置にまかせられているが、その前提として、学識経験者による審議会の議を経て、その決定によらなければならない。審議会では、既得の権利を井戸干渉の有無ということで判断するのである。つまり、『温泉法』は、温泉の権利関係とはかかわりがないとは言えないのである。しかし、権利関係の明確な規定を欠くのであるから、『温泉法』の改正か新法制定は急務である。

つぎに、温泉そのものの規定ないしは基準の不備である。これもまた、改正の急務がのぞまれなければならない。温泉の権利関係の法律的・法社会学的研究は、戦前以来、今日にいたるまでの研究において一定の水準に達しているのであるから、さらに、この研究を『温泉法』との関連のもとに研究をすすめなくてはならないであろう。

このことに関連して問題となるのは、大審院・最高裁判所の温泉判決についての検討である。温泉の権利関係の研究・検討は、温泉権の実態調査と判決研究とをともなうものである。判決の研究・検討は、実態調査による研究・検討よりも遅れているのである。

註

一　『温泉』二巻六号（日本温泉協会、一九三一〔昭和六〕年）。

二　杉山直治郎『温泉法概論』（御茶の水書房、二〇〇七〔平成一九〕年）を参照されたい。

三　『法学協会雑誌』『川島武宜著作集第九巻』（岩波書店、一九八六〔昭和六一〕年）。

四　いずれも、川島武宜・潮見俊隆・渡辺洋三編で、正編は（勁草書房、一九六四〔昭和三九〕年）、続編は（勁草書房、一九八〇〔昭和五五〕年）。

五　川島武宜編『注釈民法（7）物権』六一二頁（有斐閣、一九七三〔昭和四八〕年）。

川島武宜氏は、土地から分離されて「独立の動産」とされた温泉は、「私法上これを特に『温泉』として処理する必要は存しない」と言われるが、使用価値を前提とするかぎり、「独立の動産」となっても、温泉はあくまでも温泉なのであるから、その使用価値面において温泉の規定のもとに置くべきである。

六　「湯口」というのは、「源泉の所在する場所」ではなく、温泉が湧出する場所のことであろう。このことについては、川島武宜監修・北條浩編『旧慣温泉権資料集』（宗文館、一九六三〔昭和三八〕年）の解説を参照されたい。

七　『温泉』一六巻一号（日本温泉協会、一九四八〔昭和二三〕年）。

八　集成されたものとして、戦前においては、武田軍治『地下水利用権論』（有斐閣、一九四二〔昭和一七〕年）がある。また、『温泉法に関する文献』（日本温泉協会、一九三九〔昭和一四〕年）もある。現在では、前掲の『温泉権の研究』・『続温泉権の研究』、川島武宜編『注釈民法（7）物権（2）』（有斐閣、一九七三〔昭和四八〕年）、川島武宜『温泉権』（岩波書店、一九九四〔平成六〕年）があり、温泉権を解明することができる基本的文献ということになる。このほかについては、前掲『注釈民法（7）物権（2）』の注を参照されたい。

九　温泉法研究会というものは実態がない、一温泉担当官のかくれみのとしているものなのである。川島武宜氏は、この『逐条解説温泉法』について欠陥を有すると指摘したために、版を重ねることなく（したがって再版中止）、今日にいたっている。

十　この点については川島武宜氏が前掲『温泉権』もしくは前掲『川島武宜著作集第九巻』で明確な法律論を展開しているのでこれを参照されたい。

著者紹介

北條　　浩（ほうじょう　ひろし）

東京市神田に生れる。
帝京大学法学部教授、同大学院法学研究科教授、アメリカ・ヴァージニア州立ジョージメイスン大学客員教授等を歴任。

主要著書

旧慣温泉権史料集（川島武宜監修・北條浩編著、1963年、宗文館書店）、下呂温泉史料集（川島武宜監修・北條浩編著、1967年、日本温泉協会）、城崎温泉史料集（川島武宜監修・北條浩編著、1968年、湯島財産区）、集中管理からみた温泉に関する権利の法制的研究（川島武宜氏と共著、1969年、厚生省）河口湖水利権史（1970年、慶応書房）、赤倉温泉権史論（1975年、楡書房）、温泉の法社会学（2000年、御茶の水書房）（2004年、御茶の水書房）その他。

村田　　彰（むらた　あきら）

佐賀大学経済学部助教授等を経て、現在、流通経済大学法学部教授、同大学院教授。
リーガルスタディ・法学入門（村田彰編著、2002年、酒井書店）、債権総論（村田彰編著、2005年、成文堂）、現代とガバナンス（村田彰・大塚祚保編著、2008年、酒井書店）、渡辺洋三著・慣習的権利と所有権（北條浩・村田彰編集、2009年、御茶の水書房）、「温泉法25条に定める地域指定の地域指定選定基準を見直した場合に伴う法律問題」環境省業務報告書・平成17年度国民保養温泉地における温泉の利用に関する検討調査（2006年、日本温泉協会）、「台湾の温泉法規（1）――温泉法」温泉75巻6号（通巻810号）（周作彩と共訳、2007年、日本温泉協会）、「三田用水事件における渡辺洋三氏の『鑑定書』」流経法学8巻1号（2008年）その他。

温泉法《おんせんほう》の立法《りっぽう》・改正《かいせい》審議《しんぎ》資料《しりょう》と研究《けんきゅう》

2009年11月５日　第１版第１刷発行

編著者　北　條　　浩
　　　　村　田　　彰
発行者　橋　本　盛　作
発行所　株式会社御茶の水書房
〒113-0033　東京都文京区本郷5-30-20
電話　03-5684-0751
FAX　03-5684-0753
振替　00180-4-14774

Printed in Japan　　印刷・製本／（株）平河工業社

ISBN 978-4-275-00850-3　C3032